测量与GIS常用投影算法及程序设计

丁士俊　邹进贵　曹明　编著

WUHAN UNIVERSITY PRESS
武汉大学出版社

图书在版编目(CIP)数据

测量与GIS常用投影算法及程序设计/丁士俊,邹进贵,曹明编著.—武汉:武汉大学出版社,2023.6
ISBN 978-7-307-23477-2

Ⅰ.测… Ⅱ.①丁… ②邹… ③曹… Ⅲ.①地理信息系统—梯度投影算法 ②地理信息系统—程序设计 Ⅳ.P208

中国版本图书馆CIP数据核字(2022)第226488号

责任编辑:鲍 玲 责任校对:李孟潇 版式设计:马 佳

出版发行:**武汉大学出版社** (430072 武昌 珞珈山)
(电子邮箱:cbs22@whu.edu.cn 网址:www.wdp.com.cn)
印刷:武汉图物印刷有限公司
开本:787×1092 1/16 印张:13.75 字数:315千字 插页:1
版次:2023年6月第1版 2023年6月第1次印刷
ISBN 978-7-307-23477-2 定价:49.00元

前　　言

“一带一路”是“丝绸之路经济带”和“21 世纪海上丝绸之路”的简称. 2013 年由国家主席习近平分别提出建设“新丝绸之路经济带”和“21 世纪海上丝绸之路”的合作倡议. 联合国大会和安理会均将“一带一路”写入相关决议和发展议程，“一带一路”将有助于实现欧亚非大陆一体化与共同发展. 2015 年 3 月，国家发展改革委、外交部、商务部联合发布了《推动共建丝绸之路经济带和 21 世纪海上丝绸之路的愿景与行动》. 近年来中国企业纷纷走出国门积极参与非洲、欧洲、东南亚等国的基础设施建设，涵盖铁路、公路、水利水电、航道与码头、地质物探等工程项目. 众所周知，对工程建设项目从设计、施工到运营等各个环节而言，测量是重要的技术保障. 这对于我国工程测量人员而言，熟练地掌握“一带一路”沿线及周边国家测绘基础信息资料是很有必要的. 由于历史发展原因，不同国家大地坐标系统、参考椭球以及大地测量投影方法不尽相同，就同一投影方法而言，不同国家投影坐标系的建立也存在方法与投影参数的差异. 有些国家考虑到不同的应用需求，就同一国家不同的地区采用诸多不同的大地坐标系统与投影方法，这导致后续工作比较复杂. 过去大多数测量技术人员对有关问题接触较少，尤其是对一些不常使用投影方法的正反解算法模型缺少系统的认知，这样给我国工程技术人员在工程建设中带来不少的困惑与烦恼.

基于上述原因，本书作者通过查阅、分析与整理相关资料，建立了全球范围内主要国家和地区大地测量坐标系统数据库；对其所涉及的常用投影理论与方法，建立较完整的投影正反算数学模型. 本书中所采用的公式一部分来源于 *Map Projection*，该书的作者是 John P. Snyder，由美国地质调查局出版，书中对当前常用的地图投影作了全面介绍，提供了球面和椭球面上的地图投影计算公式，并对计算方法及计算结果精度作了详细论述. 除了引用该书的公式外，亦引用了其他地图投影文献中能见到的不同形式的地图投影公式，其中有一些是解析式，而另外一些是便于计算的级数展开式，为了使其平面直角坐标的计算精度能达到毫米级，经纬度的计算满足 $10^{-5''} \sim 10^{-4''}$ 精度要求，本书进一步对一些级数展开式进行扩展，使其公式能满足大比例尺地图投影以及工程测量等计算方面的精度需要.

本书共分为 6 章，第 1 章地球椭球体有关参数与公式，包括椭球的基本参数、椭球的几种曲率半径、椭球面弧长的计算、椭球面上特殊性质的曲线以及椭球面上梯形面积的计算. 第 2 章侧重于介绍地图投影的基本理论，包括投影的分类与方法、地图投影参数、投影常用纬度及其相互关系、球面坐标及其应用、地球椭球面在球面上的描写、椭球变换理论与方法等. 第 3、4、5 章侧重于介绍地图投影方法，基于圆锥投影、圆柱投影以及方位投影三个层面，从实用的角度介绍测量与 GIS 在全球范围内较常用的投影方法，其中对一些使用频率较高的投影方法(如等角圆锥投影、横轴墨卡托投影等)从理论上做了详细推导，对于使用频率较低的投影方法(如 Hotine 投影、Laborde 投影等)给出了计算的数学模型. 除此之外，考虑到工程独立坐标系建立的特点，作者详细研究了斜轴圆锥投影与斜轴墨卡托投影的基本理论与方法. 第 6 章基于椭球面相关投影理论与算法编制了相应的计算程序，利用附带的程序在不同的章节给出了计算示例.

本书是一本实用性较强的参考书，适合大地测量与测绘工程专业的本科或专科学生以及具备一定的测量专业知识的测量工程技术人员使用与参考. 由于作者水平有限，难免有错误和不妥之处，欢迎大家批评指正.

编　者

2022 年 5 月于武汉大学

目　　录

第 1 章　地球椭球体有关参数与公式

1.1　地球椭球的形状与大小

地球是一个极不规则的形体，有高山、深谷、平原和海洋，其自然表面是一个非常复杂的曲面. 地球的形体通常用大地水准面来加以描述，大地水准面是连续闭合不规则的曲面，它是测量的基准面，在测量与地图制图中通常选择旋转椭球面作为大地水准面的近似形体，它可以用简单的数学公式来表达，所以测量计算中通常以旋转椭球面作为测量计算的基准面，同时它又是研究地球形状与地图投影的参考面，通常称它为地球椭球面或参考椭球面.

旋转椭球是椭圆绕其短轴旋转而成的几何体，在图 1-1 中，O 是椭球中心，NS 为旋转轴，a 为长半轴，b 为短半轴，包含短轴的平面与椭球面相交的平面 $NKAS$ 叫子午面(或经圈与子午椭圆)，其交线为子午线，垂直于旋转轴的平面与椭球面相交的圆 QKQ_1 称为平行圈(或纬圈)，通过椭球中心的平行圈为赤道 EAW. 在图 1-2 中，P 点子午圈 NPS 与起始子午圈 NGS 之间的夹角 L 为 P 点的经度，由起始子午线起算，向东为正（0 ~ + 180°），向西为负（0 ~ − 180°）. P 点法线 Pn 与赤道面的夹角 B 为 P 点的大地纬度，由赤道面起算，向北为正（0 ~ + 90°），向南为负（0 ~ − 90°）.

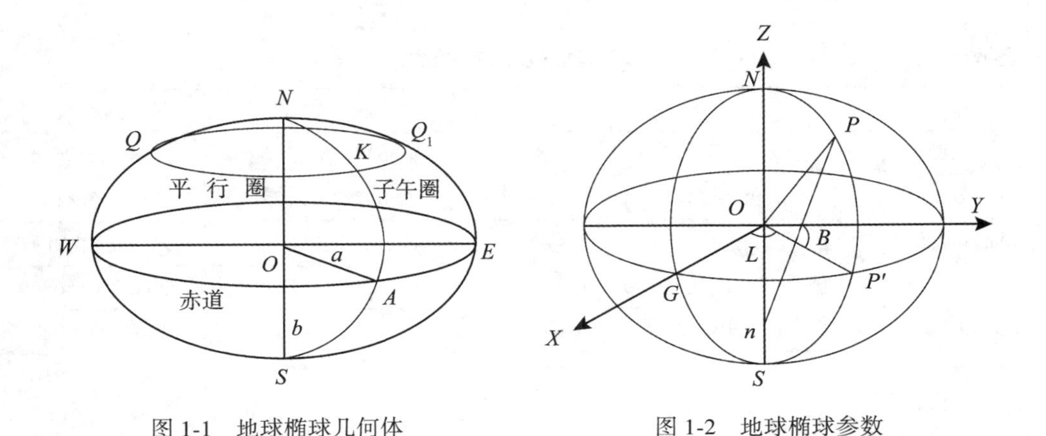

图 1-1　地球椭球几何体　　　　图 1-2　地球椭球参数

地球椭球的形状与大小用椭球长半径 a，短半径 b，椭球扁率 f，第一偏心率 e，第二偏心率 e' 来表示，在测量计算中，通常选择椭球长半径 a 和椭球扁率 f(或第一偏心率

e）两参数作为地球椭球的形状与大小参数．椭球体的各参数有如下关系：

椭球的扁率：

$$f = \frac{a - b}{a} \tag{1-1}$$

椭球第一偏心率：

$$e = \frac{\sqrt{a^2 - b^2}}{a} \tag{1-2}$$

$$e^2 = 2f - f^2 \tag{1-3}$$

椭球第二偏心率：

$$e' = \frac{\sqrt{a^2 - b^2}}{b} \tag{1-4}$$

$$e'^2 = \frac{e^2}{1 - e^2} \tag{1-5}$$

在三维空间直角坐标系中（如图 1-2 所示），旋转椭球面方程由下式来表示：

$$\frac{X^2 + Y^2}{a^2} + \frac{Z^2}{b^2} = 1 \tag{1-6}$$

19 世纪以来，世界各国采用传统大地测量、天文大地测量与重力测量资料推求地球椭球的几何参数，比较著名的有贝塞尔椭球（欧洲 1841）、克拉克椭球（英国 1866）、海福特椭球（美国 1909）、克拉索夫斯基椭球（苏联 1940）等．20 世纪 60 年代以来，空间大地测量为研究地球形状和地球引力场开辟了新的途径，国际大地测量和地球物理联合会 IUGG 已推荐了更精确的椭球参数（如 1975 国际椭球），除此之外，世界上不同国家与地区在大地坐标系建立过程中，在不同的历史时期采用过许多不同的参考椭球，表 1-1 列出了一些具有代表性的椭球体参数．

表 1-1　**地球椭球及几何参数**

椭球体名称	国家或地区	长半轴 a	扁率的倒数 $1/f$
Airy 1830	英国、爱尔兰	6377563. 396	299. 3249646
Bessel 1841	印度尼西亚、德国、希腊	6377397. 155	299. 1528128
Clarke 1880	牙买加、圣基茨和尼维斯	6378249. 14480801	293. 466307655625
Clarke 1858	中国香港、伯利兹、特立尼达和多巴哥	6378293. 64520875	294. 260676369
Clarke 1866	古巴、加拿大、美国	6378206. 4	294. 9786982
CGCS2000	中国	6378137	298. 257222101
Everest 1830	缅甸、印度、巴基斯坦	6377299. 36	300. 8017
GRS 1980	日本、北美洲、欧洲	6378137	298. 257222101
Helmert 1906	阿拉伯联合酋长国、卡塔尔	6378200	298. 3
Hayford 1909	沙特、伊朗、土耳其	6378388	297

续表

椭球体名称	国家或地区	长半轴 a	扁率的倒数 $1/f$
International 1975	中国	6378140	298.257
Krassovsky 1940	中国、越南、苏联	6378245	298.3
WGS 1984	美国	6378137	298.257223563

1.2 椭球的几种曲率半径

过椭球面上任意一点可作一条垂直于椭球面的法线，包含这条法线与椭球面的相交的截面可形成无数个法截面和法截线. 其中有两条相互垂直的法截弧，称为主法截弧，即子午圈与卯酉圈. 由于子午圈与卯酉圈都为曲线，它们的曲率半径可根据微分学中曲率半径公式来加以计算.

椭球面上任意点 P 子午线的曲率半径：

$$M=\frac{a(1-e^2)}{\sqrt{(1-e^2\sin^2B)^3}} \tag{1-7}$$

卯酉圈曲率半径：

$$N=\frac{a}{\sqrt{1-e^2\sin^2B}} \tag{1-8}$$

除此之外，在测量中经常使用到的还有平行圈曲率半径与平均曲率半径.

椭球面上任意点 P 平行圈曲率半径：

$$r=N\cos B=\frac{a\cos B}{\sqrt{1-e^2\sin^2B}} \tag{1-9}$$

椭球面上任意点 P 平均曲率半径：

$$R=\sqrt{MN}=\frac{a\sqrt{1-e^2}}{1-e^2\sin^2B}. \tag{1-10}$$

1.3 平行圈与子午线弧长

椭球面上的弧长计算是有关椭球体的计算内容之一，在测量与地图投影计算中往往要涉及子午线及平行圈弧长计算.

1.3.1 平行圈弧长公式

在椭球面上，如果已知平行圈上任意两点的经差 l，则两点间平行圈的弧长为

$$S=N\cos Bl=\frac{a\cos B}{\sqrt{1-e^2\sin^2B}}l; \tag{1-11}$$

式中，N 为卯酉圈曲率半径，B，l 以弧度为单位.

1.3.2　子午线弧长公式

椭球面子午线上任意两点间的微分弧长可表达为

$$\mathrm{d}S = M\mathrm{d}B, \tag{1-12}$$

为了计算从赤道到任意纬度 B 的子午线弧长，可对上式积分

$$S = \int_0^B M\mathrm{d}B = \int_0^B \frac{a(1-e^2)}{\sqrt{(1-e^2\sin^2 B)^3}}\mathrm{d}B. \tag{1-13}$$

为了便于积分，将被积函数按牛顿二项式展开，即

$$\frac{1}{\sqrt{(1-e^2\sin^2 B)^3}} = 1 + \frac{3e^2}{2}\sin^2 B + \frac{15e^4}{8}\sin^4 B + \frac{105e^6}{48}\sin^6 B + \frac{945e^8}{384}\sin^8 B + \frac{693e^{10}}{256}\sin^{10} B + \cdots \tag{1-14}$$

将正弦函数幂级数化为三角函数的倍角函数

$$\left.\begin{aligned}
\sin^2 B &= \frac{1}{2} - \frac{1}{2}\cos 2B \\
\sin^4 B &= \frac{3}{8} - \frac{1}{2}\cos 2B + \frac{1}{8}\cos 4B \\
\sin^6 B &= \frac{5}{16} - \frac{15}{32}\cos 2B + \frac{3}{16}\cos 4B - \frac{1}{32}\cos 6B \\
\sin^8 B &= \frac{35}{128} - \frac{7}{16}\cos 2B + \frac{7}{32}\cos 4B - \frac{1}{16}\cos 6B + \frac{1}{128}\cos 8B \\
\sin^{10} B &= \frac{63}{256} - \frac{105}{256}\cos 2B + \frac{15}{64}\cos 4B - \frac{45}{512}\cos 6B + \frac{5}{256}\cos 8B - \frac{1}{512}\cos 10B
\end{aligned}\right\} \tag{1-15}$$

将式(1-15)代入式(1-14)整理得到

$$\frac{1}{\sqrt{(1-e^2\sin^2 B)^3}} = \alpha - \beta\cos 2B + \gamma\cos 4B - \delta\cos 6B + \xi\cos 8B - \tau\cos 10B + \cdots \tag{1-16}$$

式中，

$$\left.\begin{aligned}
\alpha &= 1 + \frac{3}{4}e^2 + \frac{45}{64}e^4 + \frac{175}{256}e^6 + \frac{11025}{16384}e^8 + \frac{43659}{65536}e^{10} + \cdots \\
\beta &= \frac{3}{4}e^2 + \frac{15}{16}e^4 + \frac{525}{512}e^6 + \frac{2205}{2048}e^8 + \frac{72765}{65536}e^{10} + \cdots \\
\gamma &= \frac{15}{64}e^4 + \frac{105}{256}e^6 + \frac{2205}{4096}e^8 + \frac{10395}{16384}e^{10} + \cdots \\
\delta &= \frac{35}{512}e^6 + \frac{315}{2048}e^8 + \frac{31185}{131072}e^{10} + \cdots \\
\xi &= \frac{315}{16384}e^8 + \frac{3465}{65536}e^{10} + \cdots \\
\tau &= \frac{693}{131072}e^{10} + \cdots
\end{aligned}\right\} \tag{1-17}$$

将式(1-16)代入式(1-13)，积分可得

$$S = a_0B + a_2\sin 2B + a_4\sin 4B + a_6\sin 6B + a_8\sin 8B + a_{10}\sin 10B + \cdots; \tag{1-18}$$

式中各系数分别为

$$\left.\begin{aligned}
a_0 &= a\left(1 - \frac{1}{4}e^2 - \frac{3}{64}e^4 - \frac{5}{256}e^6 - \frac{175}{16384}e^8 - \frac{441}{65536}e^{10} - \cdots\right)\\
a_2 &= -a\left(\frac{3}{8}e^2 + \frac{3}{32}e^4 + \frac{45}{1024}e^6 + \frac{105}{4096}e^8 + \frac{2205}{131072}e^{10} + \cdots\right)\\
a_4 &= a\left(\frac{15}{256}e^4 + \frac{45}{1024}e^6 + \frac{525}{16384}e^8 + \frac{1575}{65536}e^{10} + \cdots\right)\\
a_6 &= -a\left(\frac{35}{3072}e^6 + \frac{175}{12288}e^8 + \frac{3675}{262144}e^{10} + \cdots\right)\\
a_8 &= a\left(\frac{315}{131072}e^8 + \frac{2205}{524288}e^{10} + \cdots\right)\\
a_{10} &= -a\left(\frac{693}{1310720}e^{10} + \cdots\right)
\end{aligned}\right\} \tag{1-19}$$

或

$$\left.\begin{aligned}
a_0 &= a\left(1 - e_1 + \frac{5}{4}e_1^{\ 2} - \frac{5}{4}e_1^{\ 3} + \frac{81}{64}e_1^{\ 4} - \frac{81}{64}e_1^{\ 5} + \cdots\right)\\
a_2 &= a\left(-\frac{3}{2}e_1 + \frac{3}{2}e_1^{\ 2} - \frac{21}{16}e_1^{\ 3} + \frac{21}{16}e_1^{\ 4} - \frac{165}{128}e_1^{\ 5} + \cdots\right)\\
a_4 &= a\left(\frac{15}{16}e_1^{\ 2} - \frac{15}{16}e_1^{\ 3} + \frac{45}{64}e_1^{\ 4} - \frac{45}{64}e_1^{\ 5} + \cdots\right)\\
a_6 &= a\left(-\frac{35}{48}e_1^{\ 3} + \frac{35}{48}e_1^{\ 4} - \frac{385}{768}e_1^{\ 5} + \cdots\right)\\
a_8 &= a\left(\frac{315}{512}e_1^{\ 3} - \frac{315}{512}e_1^{\ 5} + \cdots\right)\\
a_{10} &= a\left(-\frac{693}{1280}e_1^{\ 5} + \cdots\right)
\end{aligned}\right\} \tag{1-20}$$

式中 e_1 称为椭球第三偏心率，即

$$e_1 = \frac{1 - \sqrt{1 - e^2}}{1 + \sqrt{1 - e^2}} = \frac{a - b}{a + b}. \tag{1-21}$$

将国际 1975 椭球参数代入式(1-19)计算，得到子午线弧长计算公式

$$\begin{aligned} S = {} & 6367452.1327B - 16038.5282\sin 2B + 16.8326\sin 4B \\ & - 0.0219\sin 6B + 3.1 \times 10^{-5}\sin 8B - 4.5 \times 10^{-8}\sin 10B + \cdots; \end{aligned} \tag{1-22}$$

式中，B 以弧度为单位，S 以米为单位. 由于 a_8 项的最大值为 0.03mm，因此计算时取至 a_8 项即可满足距离计算的精度要求.

1.3.3　子午线弧长反解大地纬度

1. 数值迭代法

由子午线弧长求解大地纬度可借助式(1-18)，采用迭代法计算

$$B^{(i+1)} = 1/a_0(S - a_2\sin 2B^{(i)} - a_4\sin 4B^{(i)} - a_6\sin 6B^{(i)} - a_8\sin 8B^{(i)} + \cdots); \quad (1\text{-}23)$$

迭代的初始值

$$B^{(0)} = S/\left[a\left(1 - \frac{1}{4}e^2 - \frac{3}{64}e^4 - \frac{5}{256}e^6 - \frac{175}{16384}e^8 - \frac{441}{65536}e^{10} - \cdots\right)\right] \quad (1\text{-}24)$$

直到满足 $|B^{(i+1)} - B^{(i)}| \leqslant 0.00001'' \approx 5 \times 10^{-12}$ 时，迭代结束.

2. 符号迭代法

符号迭代法是一种不断用变量的解来递推新解的计算过程，对于非线性方程式 $F(x)=0$，利用递推关系 $x^{(k+1)}=f(F:x^{(k)})$，从 $x^{(0)}$ 开始依次计算 $x^{(1)}$，$x^{(2)}$，… 来逼近方程的根 x. 与数值迭代法不同，符号迭代法的每一次迭代结果 $x^{(i)}$ 为符号形式，而非数值形式，最终通过迭代计算得到方程解的符号表达式.

在测量计算中存在大量非线性求解问题，许多反解问题往往采用数值迭代法求解，符号迭代法通常很少采用，这是因为符号迭代法进行手动推算非常复杂，随着计算机代数系统的发展，利用其强大的数学分析功能与符号运算能力，比较容易实现符号迭代法的计算.

利用符号迭代法求解子午线的反解问题，由式(1-23)可得

$$B^{(i+1)} = \psi - P_2\sin 2B^{(i)} - P_4\sin 4B^{(i)} - P_6\sin 6B^{(i)} - P_8\sin 8B^{(i)} - \cdots; \quad (1\text{-}25)$$

式中 ψ 称为等距离纬度，且

$$\psi = S/\left[a\left(1 - \frac{1}{4}e^2 - \frac{3}{64}e^4 - \frac{5}{256}e^6 - \frac{175}{16384}e^8 - \frac{441}{65536}e^{10} - \cdots\right)\right]; \quad (1\text{-}26)$$

$$\left.\begin{aligned}
P_2 &= -\frac{3}{8}e^2 - \frac{3}{16}e^4 - \frac{111}{1024}e^6 - \frac{141}{2048}e^8 - \frac{1533}{32768}e^{10} - \cdots \\
P_4 &= \frac{15}{256}e^4 + \frac{15}{256}e^6 + \frac{405}{8192}e^8 + \frac{165}{4096}e^{10} + \cdots \\
P_6 &= -\frac{35}{3072}e^6 - \frac{35}{2048}e^8 - \frac{4935}{262144}e^{10} - \cdots \\
P_8 &= \frac{315}{131072}e^8 + \frac{315}{65536}e^{10} + \cdots
\end{aligned}\right\} \quad (1\text{-}27)$$

利用 Mathematica 计算机工具软件，符号迭代计算过程如下：

取初值 $B^{(0)}=\psi$，代入式(1-25)，第一次迭代：

$$B^{(1)} = \psi - P_2\sin 2B^{(0)} - P_4\sin 4B^{(0)} - P_6\sin 6B^{(0)} - P_8\sin 8B^{(0)} - \cdots$$

$$B^{(1)} = \psi + \left(\frac{3}{8}e^2 + \frac{3}{16}e^4 + \frac{111}{1024}e^6 + \frac{141}{2048}e^8 + \frac{1533}{32768}e^{10} + \cdots\right)\sin 2\psi$$
$$- \left(\frac{15}{256}e^4 + \frac{15}{256}e^6 + \frac{405}{8192}e^8 + \frac{165}{4096}e^{10} + \cdots\right)\sin 4\psi$$
$$+ \left(\frac{35}{3072}e^6 + \frac{35}{2048}e^8 + \frac{4935}{262144}e^{10} + \cdots\right)\sin 6\psi$$
$$- \left(\frac{315}{131072}e^8 + \frac{315}{65536}e^{10} + \cdots\right)\sin 8\psi + \cdots;$$

第二次迭代:

$$B^{(2)} = \psi - P_2\sin 2B^{(1)} - P_4\sin 4B^{(1)} - P_6\sin 6B^{(1)} - P_8\sin 8B^{(1)} - \cdots;$$

$$B^{(2)} = \psi + \left(\frac{3}{8}e^2 + \frac{3}{16}e^4 + \frac{105}{2048}e^6 - \frac{69}{4096}e^8 - \frac{30235}{524288}e^{10} + \cdots\right)\sin 2\psi$$
$$+ \left(\frac{21}{256}e^4 + \frac{21}{256}e^6 + \frac{415}{4096}e^8 + \frac{247}{2048}e^{10} + \cdots\right)\sin 4\psi$$
$$- \left(\frac{173}{6144}e^6 + \frac{173}{4096}e^8 + \frac{3573}{65536}e^{10} + \cdots\right)\sin 6\psi$$
$$+ \left(\frac{17}{131072}e^8 + \frac{17}{65536}e^{10} + \cdots\right)\sin 8\psi + \cdots.$$

第三次迭代:

$$B^{(3)} = \psi - P_2\sin 2B^{(2)} - P_4\sin 4B^{(2)} - P_6\sin 6B^{(2)} - P_8\sin 8B^{(2)} - \cdots;$$

$$B^{(3)} = \psi + \left(\frac{3}{8}e^2 + \frac{3}{16}e^4 + \frac{213}{2048}e^6 + \frac{255}{4096}e^8 + \frac{35765}{524288}e^{10} + \cdots\right)\sin 2\psi$$
$$+ \left(\frac{21}{256}e^4 + \frac{21}{256}e^6 + \frac{209}{8196}e^8 - \frac{127}{4096}e^{10} + \cdots\right)\sin 4\psi$$
$$+ \left(\frac{151}{6144}e^6 + \frac{151}{4096}e^8 + \frac{4089}{65536}e^{10} + \cdots\right)\sin 6\psi$$
$$- \left(\frac{1495}{131072}e^8 + \frac{1495}{65536}e^{10} + \cdots\right)\sin 8\psi + \cdots.$$

第四次迭代:

$$B^{(4)} = \psi - P_2\sin 2B^{(3)} - P_4\sin 4B^{(3)} - P_6\sin 6B^{(3)} - P_8\sin 8B^{(3)} - \cdots;$$

$$B^{(4)} = \psi + \left(\frac{3}{8}e^2 + \frac{3}{16}e^4 + \frac{213}{2048}e^6 + \frac{255}{4096}e^8 + \frac{13085}{524288}e^{10} + \cdots\right)\sin 2\psi$$
$$+ \left(\frac{21}{256}e^4 + \frac{21}{256}e^6 + \frac{533}{8196}e^8 + \frac{197}{4096}e^{10} + \cdots\right)\sin 4\psi$$
$$+ \left(\frac{151}{6144}e^6 + \frac{151}{4096}e^8 + \frac{2103}{131072}e^{10} + \cdots\right)\sin 6\psi$$
$$+ \left(\frac{1097}{131072}e^8 + \frac{1097}{65536}e^{10} + \cdots\right)\sin 8\psi + \cdots.$$

第五次迭代:

$$B^{(5)} = \psi - P_2\sin 2B^{(4)} - P_4\sin 4B^{(4)} - P_6\sin 6B^{(4)} - P_8\sin 8B^{(4)} - \cdots;$$

$$\begin{aligned} B^{(5)} = \psi &+ \left(\frac{3}{8}e^2 + \frac{3}{16}e^4 + \frac{213}{2048}e^6 + \frac{255}{4096}e^8 + \frac{20861}{524288}e^{10} + \cdots\right)\sin 2\psi \\ &+ \left(\frac{21}{256}e^4 + \frac{21}{256}e^6 + \frac{533}{8196}e^8 + \frac{197}{4096}e^{10} + \cdots\right)\sin 4\psi \\ &+ \left(\frac{151}{6144}e^6 + \frac{151}{4096}e^8 + \frac{5019}{131072}e^{10} + \cdots\right)\sin 6\psi \\ &+ \left(\frac{1097}{131072}e^8 + \frac{1097}{65536}e^{10} + \cdots\right)\sin 8\psi + \cdots. \end{aligned}$$

第六次迭代：

$$B^{(6)} = \psi - P_2\sin 2B^{(5)} - P_4\sin 4B^{(5)} - P_6\sin 6B^{(5)} - P_8\sin 8B^{(5)} - \cdots;$$

$$\begin{aligned} B^{(6)} = \psi &+ \left(\frac{3}{8}e^2 + \frac{3}{16}e^4 + \frac{213}{2048}e^6 + \frac{255}{4096}e^8 + \frac{20861}{524288}e^{10} + \cdots\right)\sin 2\psi \\ &+ \left(\frac{21}{256}e^4 + \frac{21}{256}e^6 + \frac{533}{8196}e^8 + \frac{197}{4096}e^{10} + \cdots\right)\sin 4\psi \\ &+ \left(\frac{151}{6144}e^6 + \frac{151}{4096}e^8 + \frac{5019}{131072}e^{10} + \cdots\right)\sin 6\psi \\ &+ \left(\frac{1097}{131072}e^8 + \frac{1097}{65536}e^{10} + \cdots\right)\sin 8\psi + \cdots. \end{aligned}$$

第六次与第五次迭代系数相同，故终止迭代，因此有

$$\begin{aligned} B = \psi &+ \left(\frac{3}{8}e^2 + \frac{3}{16}e^4 + \frac{213}{2048}e^6 + \frac{255}{4096}e^8 + \frac{20861}{524288}e^{10} + \cdots\right)\sin 2\psi \\ &+ \left(\frac{21}{256}e^4 + \frac{21}{256}e^6 + \frac{533}{8196}e^8 + \frac{197}{4096}e^{10} + \cdots\right)\sin 4\psi \\ &+ \left(\frac{151}{6144}e^6 + \frac{151}{4096}e^8 + \frac{5019}{131072}e^{10} + \cdots\right)\sin 6\psi \\ &+ \left(\frac{1097}{131072}e^8 + \frac{1097}{65536}e^{10} + \cdots\right)\sin 8\psi + \cdots. \end{aligned} \tag{1-28}$$

1.4　椭球面上特殊性质的曲线

1.4.1　大地线及其性质

椭球面上任意两点 P_1 和 P_2 之间最短程的曲线称为大地线(Geodesic)，在球面上称为大圆弧(Orthodrome). 依据大地线克莱罗定理“大地线上每个点的平行圈的半径与大地线在该点的大地方位角的正弦的乘积等于常数”，则有下式成立：

$$r\sin\alpha = N\cos B\sin\alpha = C, \tag{1-29}$$

式中，C 为大地线常数.

根据大地线克莱罗定理可以导出大地线的一些特性：

(1) 当 $B=0$ 时，$N=a$，则有

$$\sin\alpha = \frac{C}{a}. \tag{1-30}$$

大地线与赤道相交，其大地方位角 $\alpha = \arcsin\left(\frac{C}{a}\right)$.

(2) 当 $\alpha = 90°$时，大地线到达最小平行圈. 设最小平行圈纬度为 B_0，即满足

$$N\cos B_0 = N\cos(-B_0) = C, \tag{1-31}$$

由上式可得对称于赤道的两个最小纬度值.

(3) 当 $\alpha = 0°$ 时为子午线，纬度 B 无解，即子午线是大地线. 虽然平行圈也满足式(1-29)，但平行圈不是大地线. 大地线如图 1-3 所示.

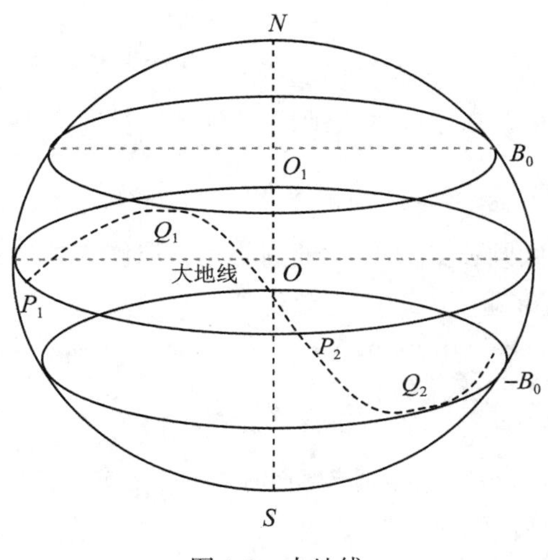

图 1-3 大地线

椭球面上任意两点之间的大地线在球面上则为大圆弧.

(1) 如图 1-4 所示，已知球面上两点P_1和P_2的球面经纬度分别为 (φ_1, λ_1) 与 (φ_2, λ_2)，利用球面三角形公式，从起始点P_1到终点P_2，依次计算大圆弧上中间点P的球面经纬度 (φ, λ).

由极球面三角形公式可知

$$\tan\alpha = \frac{\sin(\lambda_2 - \lambda_1)\cos\varphi_2}{\cos\varphi_1\sin\varphi_2 - \sin\varphi_1\cos\varphi_2\cos(\lambda_2 - \lambda_1)}, \tag{1-32}$$

由上式可得

$$\tan\varphi = \frac{\cot\alpha\sin(\lambda - \lambda_1) + \sin\varphi_1\cos(\lambda - \lambda_1)}{\cos\varphi_1}, \tag{1-33}$$

结合上述两式，整理得

$$\tan\varphi = \frac{\tan\varphi_2\cos\lambda_1 - \tan\varphi_1\cos\lambda_2}{\sin(\lambda_2 - \lambda_1)}\sin\lambda - \frac{\tan\varphi_2\sin\lambda_1 - \tan\varphi_1\sin\lambda_2}{\sin(\lambda_2 - \lambda_1)}\cos\lambda, \tag{1-34}$$

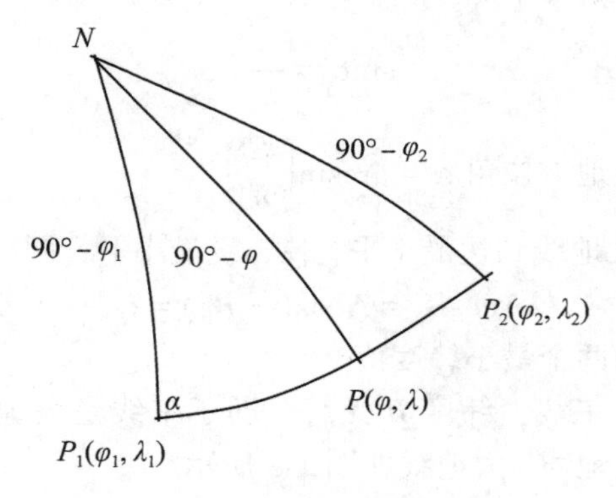

图1-4　极球面三角形

上式满足 $\lambda_2 > \lambda > \lambda_1$，已知 λ 即可计算 φ.

(2)球面上任意两点 P_1、P_2 之间的大地线(大圆弧)长度等于

$$S_{P_1P_2} = R\frac{Z}{\rho}; \tag{1-35}$$

式中，R 为球半径，Z 为大圆弧 P_1P_2 所对的圆心角，以度为单位，$\rho = 57°.29578$.

由球面三角形 P_1NP_2 可知

$$Z = \arccos[\sin\varphi_1\sin\varphi_2 + \cos\varphi_1\cos\varphi_2\cos(\lambda_2 - \lambda_1)]. \tag{1-36}$$

1.4.2　等角航线及其弧长

在椭球面上一条与所有经线相交成等角的曲线叫做等角航线(Loxodrome). 等角航线不是地球椭球面上两点间最短的距离. 如图1-5所示，AB 是等角航线上的一条微分弧段，AB 与经线 BC、纬线 AC 构成微分直角三角形. 等角航线与经线相交成相等方位角 α. 由图1-6可知，在微分直角三角形中可得

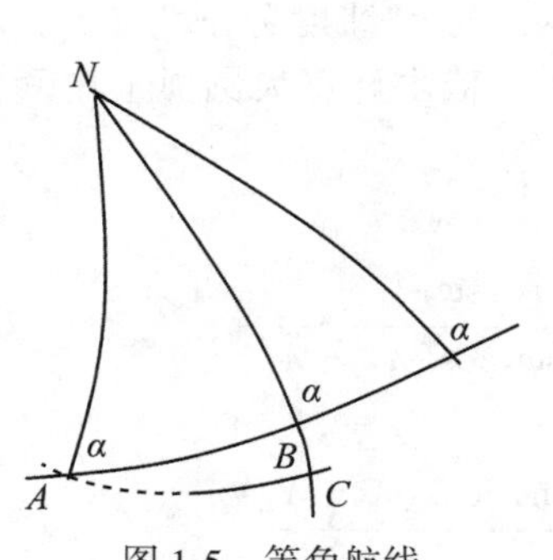

图1-5　等角航线

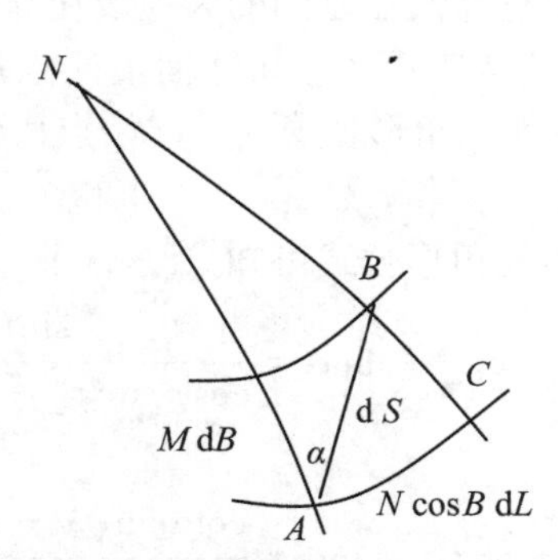

图1-6　等角航线的微分

$$\tan(90° - \alpha) = \frac{M\mathrm{d}B}{N\cos B\mathrm{d}L}, \tag{1-37}$$

则有

$$dL = \tan\alpha \frac{1-e^2}{1-e^2\sin^2 B}\frac{dB}{\cos B}; \tag{1-38}$$

求等角航线方程，即对上式积分

$$\int_{L_1}^{L} dL = \tan\alpha \int_{B_1}^{B} \frac{1-e^2}{1-e^2\sin^2 B}\frac{dB}{\cos B}; \tag{1-39}$$

因为

$$\begin{aligned}
\int \frac{1-e^2}{1-e^2\sin^2 B}\frac{dB}{\cos B} &= \int \frac{1-e^2\sin^2 B - e^2\cos^2 B}{1-e^2\sin^2 B}\frac{dB}{\cos B} \\
&= \int \frac{dB}{\cos B} - \int \frac{\frac{e^2}{2}\cos B + \frac{e^2}{2}\cos B + \frac{e^3}{2}\cos B\sin B - \frac{e^3}{2}\cos B\sin B}{(1-e\sin B)(1+e\sin B)} \\
&= \int \frac{dB}{\cos B} + \frac{e}{2}\int \frac{-e\cos B}{1-e\sin B}dB - \frac{e}{2}\int \frac{e\cos B}{1+e\sin B}dB \\
&= \ln\tan\left(\frac{\pi}{4}+\frac{B}{2}\right) + \frac{e}{2}\ln\left(\frac{1-e\sin B}{1+e\sin B}\right) \\
&= \ln\left\{\tan\left(\frac{\pi}{4}+\frac{B}{2}\right)\left(\frac{1-e\sin B}{1+e\sin B}\right)^{e/2}\right\};
\end{aligned}$$

令

$$U = \tan\left(\frac{\pi}{4}+\frac{B}{2}\right)\left(\frac{1-e\sin B}{1+e\sin B}\right)^{e/2}, \tag{1-40}$$

则有

$$\int_{L_1}^{L} dL = \tan\alpha(\ln U - \ln U_1),$$

积分得

$$L - L_1 = \tan\alpha(\ln U - \ln U_1). \tag{1-41}$$

上式为已知初始点和方位角的等航迹方程，其中$(B,\ L)$为动点. 如果已知椭球面上两点大地坐标，则可求得航向方位角为

$$\tan\alpha = \frac{L_2 - L_1}{\ln U_2 - \ln U_1}. \tag{1-42}$$

等航线曲线的特点：

(1)如果 $B_1 = B_2$，则 $\tan\alpha = \infty$或 $\alpha = 90°$，等航线曲线为平行圈；

(2)如果 $\lambda_1 = \lambda_2$，则 $\alpha = 0$，等航线曲线为子午线；

(3)如果 $B = 90°$，则 $L - L_1$ 为不确定值，等航线曲线是以极点为渐近点螺旋上升的曲线(如图 1-7 所示).

等角航线上任意两点之间的距离为

$$dS = \frac{M dB}{\cos\alpha}, \tag{1-43}$$

积分可得

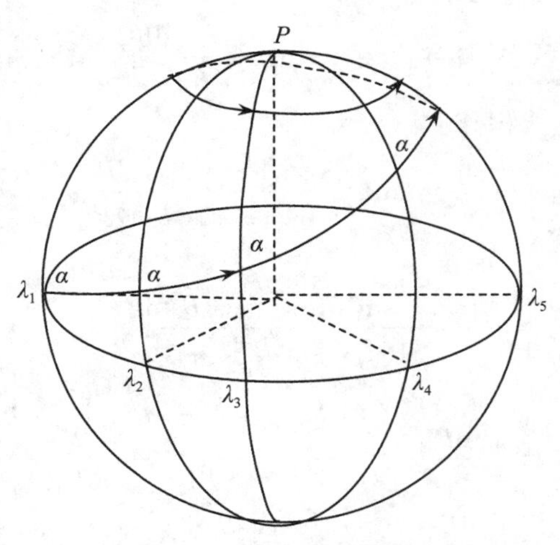

图1-7　等角航线螺旋曲线

$$S=\sec\alpha\int_{B_1}^{B_2}M\mathrm{d}B \tag{1-44}$$

即等角航线的长度等于子午线弧长乘以航线角的正割值.

1.5　地球椭球面上梯形的面积

设地球椭球面上有无限接近的两条经线，其经度为 L 与 $L+\mathrm{d}L$，两条无限接近的纬线，其纬度为 B 和 $B+\mathrm{d}B$，它们相交构成一个微分梯形，该梯形的边即经线与纬线的弧长，设梯形的微分面积为 $\mathrm{d}F$，则梯形的面积为

$$\mathrm{d}F=M\mathrm{d}B\times N\cos B\mathrm{d}L, \tag{1-45}$$

则

$$\mathrm{d}F=\frac{a^2(1-e^2)\cos B}{(1-e^2\sin^2B)^2}\mathrm{d}B\mathrm{d}L;$$

$$F=a^2(1-e^2)\int_{L_1}^{L_2}\int_{B_1}^{B_2}\frac{\cos B}{(1-e^2\sin^2B)^2}\mathrm{d}B\mathrm{d}L. \tag{1-46}$$

将上式右边的积分按换元方法转换化为基本函数，令 $e\sin B=\sin A$，可得

$$\int\frac{\cos B}{(1-e^2\sin^2B)^2}\mathrm{d}B=\frac{1}{e}\int\frac{\mathrm{d}A}{\cos^3A}, \tag{1-47}$$

则有

$$F=\frac{1}{2}a^2(1-e^2)(L_2-L_1)\left|\frac{\sin B}{1-e^2\sin^2B}+\frac{1}{2e}\ln\frac{1+e\sin B}{1-e\sin B}\right|_{B_1}^{B_2}; \tag{1-48}$$

实际上大多数情况下，将式(1-46)的被积函数二项式展开

$$\frac{1}{(1-e^2\sin^2 B)^2} = 1 + 2e^2\sin^2 B + 3e^4\sin^4 B + 4e^6\sin^6 B + 5e^8\sin^8 B + 6e^{10}\sin^{10} B + \cdots, \tag{1-49}$$

则有

$$F = b^2(L_2 - L_2)\int_{B_1}^{B_2}(\cos B + 2e^2\sin^2 B\cos B + 3e^4\sin^4 B\cos B + 4e^6\sin^6 B\cos B + 5e^8\sin^8 B\cos B + 6e^{10}\sin^{10} B\cos B + \cdots)\mathrm{d}B; \tag{1-50}$$

上式积分后，可得

$$F = b^2(L_2 - L_2)\left| \sin B + \frac{2}{3}e^2\sin^3 B + \frac{3}{5}e^4\sin^5 B + \frac{4}{7}e^6\sin^7 B + \frac{5}{9}e^8\sin^9 B + \frac{6}{11}e^{10}\sin^{11} B \right|_{B_1}^{B_2}. \tag{1-51}$$

第2章　地图投影的基本理论

2.1　地图投影分类

地图投影的种类有很多，一般按两种方法来分类：一是按投影的变形性质分类，二是按正轴投影经纬网的形状分类.

2.1.1　按投影的变形性质分类

等角投影(Conformal Projection)：投影前后的角度不变形，投影的长度比与方向无关，某点的长度比是一个常数，但不同点的长度比不同，等角投影又称为正形投影. 投影条件为经线长度比 m 与纬线长度比 n 相等，即 $m = n$.

等面积投影(Equivalent Projection)：投影前后的面积不变形. 其投影满足等面积条件 $P = m \cdot n = 1$.

任意投影(Aphylactic Projection)：既不等角，又不等积. 任意投影的长度、角度和面积变形，在任意投影中，有一类投影称为等距投影，满足经线长度比 $m = 1$.

2.1.2　按正轴投影的经纬网的形状分类

方位投影(Azimuthal Projection)：取一平面与椭球极点相切，将极点附近区域投影在该平面上. 纬线投影后成为以极点为圆心的同心圆，而经线则为它的向径，且两经线交角保持相等. 在方位投影中，又分为透视方位投影与非透视方位投影. 其投影极坐标方程为

$$\rho = f(B), \quad \theta = l;$$

圆柱投影(Cylindrical Projection)：取圆柱与椭球赤道相切，将赤道附近区域投影到圆柱面，然后将圆柱面展开成平面. 投影后的纬线为平行线，经线投影后为与纬线垂直且间隔相等的平行线，两经线间的距离与经差成比例. 其投影直角坐标方程为

$$x = f(B), \quad y = Cl;$$

式中，C 为比例常数.

圆锥投影(Conic Projection)：取一圆锥面与椭球某条纬线相切，将纬圈附近的区域投影于圆锥面上，再将圆锥面沿某条经线剪开成平面. 纬线投影后成为同心圆弧，经线投影后为同心圆的半径，两经线间的夹角与相应的经差成比例. 其投影极坐标方程为

$$\rho = f(B), \quad \gamma = \beta l;$$

式中，β 为比例常数.

多圆锥投影(Polyconic Projection)：纬线投影后为同轴的圆弧，其圆心位于投影成直

线的中央子午线上，其余经线投影后为对称于中央子午线的曲线. 其投影极坐标方程为

$$\rho_0 = f_1(B), \quad \rho = f_2(B), \quad \gamma = f_3(B, l).$$

伪方位投影(Psendo-azimuthal Projection)：纬线投影为同心圆，经线投影为交于纬线共同中心且对称于中央子午线的曲线，其投影极坐标方程为

$$\rho = f_1(B), \quad \delta = f_2(B, l).$$

伪圆柱投影(Psendo-cylindrical Projection)：投影后的纬线为一组平行线，中央子午线投影后成为直线，其余经线投影后为对称于中央子午线的曲线.

其投影直角坐标公式为

$$x = f_1(B), \quad y = f_2(B, l).$$

伪圆锥投影(Psendo-conic Projection)：纬线投影后成为同心圆弧，中央子午线投影后为直线，其余经线投影后为对称于中央子午线的曲线. 其投影极坐标方程为

$$\rho = f_1(B), \quad \gamma = f_2(B, l).$$

2.1.3 投影面与地球表面的位置关系

投影面与地球表面(球体或椭球体)的位置关系不同，上述投影又可分为正轴、横轴和斜轴投影，见表2-1.

表2-1 **投影面与地球表面的位置关系**

位置 名称	正轴	斜轴	横轴
方位投影	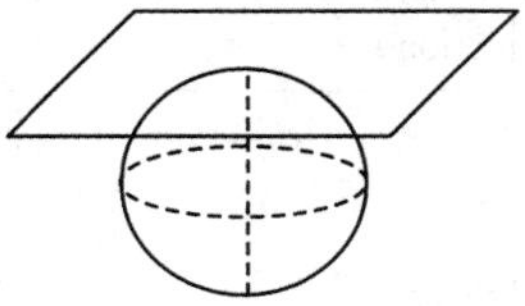	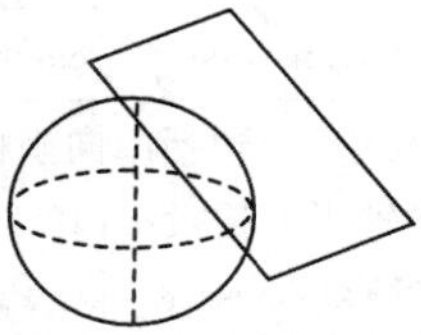	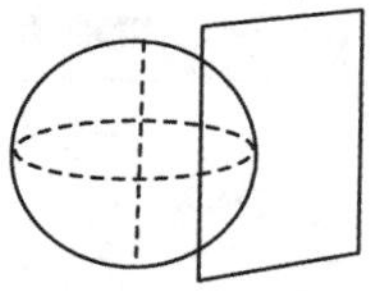
圆柱投影(椭圆柱)	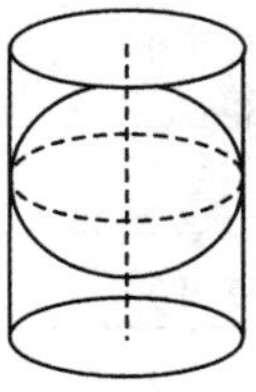	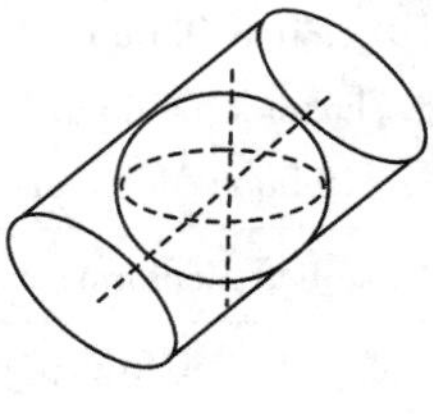	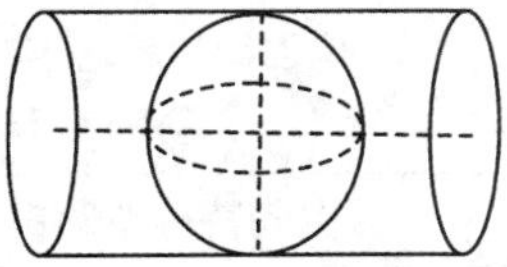
圆锥投影	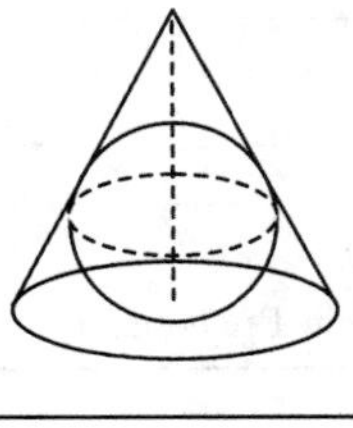	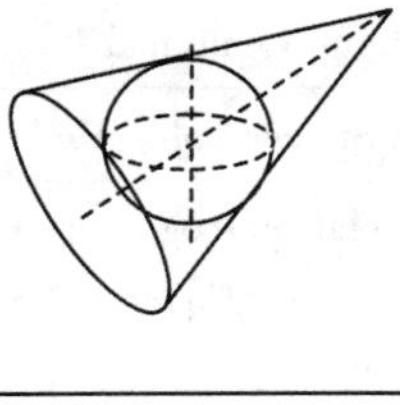	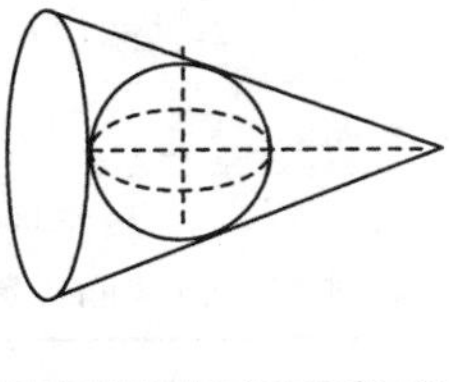

2.2　地图投影方法

地图投影方法有很多，如用于地图册的地图投影，小比例尺勘探图件的地图投影，以及用于世界或大洲挂图的地图投影，这里只重点讨论大、中比例尺地形图或勘探图中常用的等角投影.

小比例尺成图通常假定地球为球体，因为这一假设对小比例尺地图的精度影响不大，而大、中比例尺的地图要求高精度的坐标，此时就不得不考虑地球实际形状，因此相应的坐标参照系总是建立在椭球体及其对应的地图投影上，本书主要涉及椭球体投影计算问题.

表 2-2 列出了最常用的大、中比例尺地图的投影方法，其中有一些方法使用频率相对较低，仅在个别国家使用. 投影方法按性质相似程度分组如下，未经注明的投影均为等角投影.

表 2-2　**常用的地图投影方法**

投影名称	分类
墨卡托投影(Mercator Projection)	圆柱投影
单标准纬线墨卡托投影 双标准纬线墨卡托投影	
卡西尼-索尔特奈投影(Cassini-Soldner Projection，非等角投影)	横轴圆柱投影
横轴墨卡托投影(Transverse Mercator Projection)	横轴圆柱投影
横轴墨卡托投影(包括南向坐标系) 通用横轴墨卡托投影(UTM) 高斯-克吕格投影(Gauss-Kruger Projection)	
斜轴墨卡托投影(Oblique Mercator Projection)	斜轴圆柱投影
洪特尼斜轴墨卡托投影(Hotine Oblique Mercator Projection) 拉伯德斜轴墨卡托投影(Laborde Oblique Mercator Projection) 斜轴墨卡托投影(Oblique Mercator Projection)	
兰勃特等角圆锥投影(Lambert Conformal Conical Projection)	圆锥投影
单标准纬线兰勃特等角圆锥投影 双标准纬线兰勃特等角圆锥投影	
斜轴圆锥投影(Oblique Conformal Conical Projection)	斜轴圆柱投影
球面投影(Stereographic Projection)	方位投影
极球面投影(Polar Stereographic Projection) 斜轴与赤道球面投影(Oblique and Equatorial Stereographic Projection)	

2.3 地图投影参数

地图投影网格与椭球体地理网格之间的对应关系可以通过坐标转换方法及其参数定义来确定. 不同转换方法包含不同的参数，即便是同一种转换方法可能包含多个不同的参数，每个参数对应世界特定国家和地区特定的地图投影带.

假定投影平面和椭球面之间有一个公共点，从该点起椭球体上的地理坐标和投影平面上的网格坐标开始递增或递减，则称该点为初始原点(又称为自然原点)，初始原点即为网格坐标点(0, 0). 以横轴墨卡托投影的坐标参照系为例，它们的初始原点定义在特定纬线和中央子午线的交点，通常选择赤道作为起始纬线，不过这不是必需的，例如球面投影的原点位于投影中心，在该中心点上投影平面与椭球面相切.

由于初始原点可能位于投影中心或投影中心附近，在直角坐标系中就有可能出现坐标负值，为避免这种情况引入了原点伪坐标，于是初始原点就可能有东坐标平移量(*FE*)和北坐标平移量(*FN*)，例如通用横轴墨卡托投影(UTM)的原点东坐标平移量为 500000m. 由于 UTM 投影的原点在赤道上，赤道以北地区没有北坐标平移，但南半球区域的北坐标平移量为 10000000m，以此确保北坐标无负值.

即使实际原点或初始原点包含东坐标平移或北坐标平移，网格原点坐标(0, 0)依然存在，该网格原点的地理位置可以通过计算得到，不过该点的位置无关紧要. 以 WGS-84 北半球 UTM 31 带(WGS-84/UTM Zone 31N)坐标参照系为例，该投影的初始原点在(0°N, 3°E)，东坐标平移为 500000m，北坐标平移为 0m，但网格原点却在(0°N, 1°29′19.478″W). 有时坐标参照系原点是一个特定的经纬线交点，在该点定义东坐标平移量和北坐标平移量.

初始原点位置取决于经线的选择，大多数国家的经度从格林尼治本初子午线起算，但有些国家常常依据本国的天文观测资料，将本初子午线设置在首都或其附近，早期尤其如此，比如法国的巴黎、哥伦比亚的波哥大等. 过投影带原点的子午线称为原点经线，某些投影类型又将其称为中央经线，该子午线确定了投影坐标系 X 轴方向.

随着与原点距离的增加，投影的尺度变形逐渐增大，通常将投影范围限定在原点或某线一定纬度或经度范围内，例如 UTM 或其他横轴墨卡托投影带通常限定在中央子午线东或西 2°或 3°范围内，超出该范围就需要定义新的原点和中央子午线，从而创建新的投影带. UTM 系统为 60 分带，每带宽 6°，覆盖南纬 80°至北纬 84°的椭球面. 其他横轴墨卡托投影带的中央经线和原点可以根据国家或地区的特殊情况定义. 同理，兰勃特等角圆锥投影沿南、北方向长度变形逐渐增大，所以需要纬向分带.

2.3.1 横轴墨卡托投影与斜轴墨卡托投影

为了进一步控制投影带或投影区域内的长度变形，一部分投影在原点(横轴墨卡托投影的中央经线)引入了尺度因子，以此减小该点或线的尺度比，确保一定距离以外的点或线保持尺度不变. 就 UTM 或某些横轴墨卡托投影而言，它们在中央经线上定义了一个略小于 1 的比例因子，以保证中央经线左右两侧有两条经线的尺度因子等于 1，由此减小投影带东西两端的尺度变形. 不过无论尺度因子是否等于 1，它都是必备的投影参数，通常记作 k_0.

横轴墨卡托投影系列的地图投影参数定义如下：

①原点纬度 (B_0)；

②原点经度或中央子午线 (L_0)；

③原点(中央经线)尺度因子 (k_0)；

④原点东坐标平移量(FE)；

⑤原点北坐标平移量(FN).

通过限定中央经线两侧的投影区域范围来控制尺度变形，因此横轴墨卡托投影常用于经向可分带地域的地图投影. 但有些国家的领土形状、延伸区域范围仅需要一个单独的投影带即可覆盖，只要用一条平行领土延伸方向的中心线替代中央经线，因此，有些国家选取穿越领土的斜方位线作为投影的中心线，而不是像横轴墨卡托投影那样将比例不失真的中央经线作为中心线，也不像墨卡托投影那样将赤道作为中心线，然后利用横轴墨卡托投影原理导出斜轴墨卡托投影公式. 如 Hotine 投影(Hotine Oblique Mercator)，由英国大地测量学家 Hotine 提出，用于东马来西亚和西马来西亚的地图投影. 早先拉伯德(Laborde)为马达加斯加研制了斜轴墨卡托投影系统，瑞士采用了 Rosenmund 提出的类似投影系统.

1974 年提出了一种最小尺度因子投影用于新西兰，称为新西兰地图网格. 新西兰地图网格的最小尺度线方向与两个主岛的延伸方向一致，这类似于斜轴墨卡托投影，但不是严格意义上的斜轴墨卡托投影，因为该投影是斜轴球面投影(Oblique Stereographic Projection)的数学变形，所以有时又将该投影归入球面投影类. 由于新西兰地图网格投影比较独特，在一些国际成图软件中很少采用，近几年新西兰开始改用横轴墨卡托地图投影.

斜轴墨卡托投影参数定义如下：

①投影中心纬度 B_c (初始线上的原点)；

②投影中心经度 L_c；

③过投影中心初始线方位角 α_c；

④初始线上的尺度因子 k_c；

⑤网格斜方位角 γ_c；

⑥初始原点东平移量 FE 或投影中心东平移量 E_c；

⑦初始原点北平移量 FN 或投影中心北平移量 N_c。

斜轴墨卡托投影方位角可以通过初始线上两个远距离点的经纬度来计算.

2.3.2　兰勃特投影与墨卡托地图投影

圆锥投影可以视为椭球面在其外切圆锥上的投影，此时圆锥与椭球面相切于一条纬线上，该纬线被称为标准纬线，标准纬线上一般无投影变形. 如果圆锥与椭球体相割，那么两者的交线就形成两条标准纬线. 兰勃特投影的所有纬线都是与标准纬线平行的同心圆，兰勃特投影的所有经线是自圆心向外的等角距辐射线，为了控制长度变形，兰勃特等角圆锥投影的纬线间距是变化的. 与横轴墨卡托投影一样，为了限制投影的最大长度变形量，使长度变形能在投影区域内均匀分布，在单标准纬线上常常引入略小于1的比例因子，此时在标准纬线两侧就会有两条不变形的纬线，选择双标准纬线也能达到上述同样的目的，因为双标准纬线上的尺度比是保持不变的. 严格地说，标准纬线上的尺度比应总保持不变，因此单或双标准纬线上的比例因子都应该等于1，但将单标准纬线兰勃特等角圆锥投影的比例因子设定为小于1的值是一条便捷途径，其中单标准纬线纬度称为初始原点纬度. 就双标准纬线而言，其初始原点一般落在两条标准纬线中间略偏极点的方向. 通常将原点经度或中央经线设定在投影的中央，中央经线与标准纬线的交点为投影坐标参照系的初始原点. 如果是双标准纬线，投影原点通常是指定的一个原点，该点一般是中央经线与一条特殊纬线的交点. 与横轴墨卡托投影一样，为了保证投影区域不出现坐标负值，通常在初始原点各坐标方向加上平移量.

兰勃特投影分带取决于单或双标准纬线的选取，美国各州平面坐标带就是如此. 通常选择趋近于中线的纬线作为国家或地区的单标准纬线，而双标准纬线的选取则应该包括投影区大部分区域. 采取双标准纬线是为了使投影最大变形值达到最小，为此很多数学家(如 Kavraosky)提出了各种算法用于标准纬线的选取. 不过标准纬线的选择与兰勃特投影公式本身无关.

(1)兰勃特投影的参数定义如下：

①单纬线兰勃特等角圆锥投影：

原点纬度 B_0(通常等于标准纬度 B_p)；

原点经度 L_0；

标准纬度 B_p；

原点尺度因子 k_0；

原点东坐标平移量 FE；

原点北坐标平移量 FN.

②双标准纬线兰勃特等角圆锥投影：

原点纬度 B_0；

原点经度 L_0；

第一标准纬线纬度 B_1；

第二标准纬线纬度 B_2；

原点东坐标平移量 FE；

原点北坐标平移量 FN.

若将圆锥的顶点移到无穷远处，兰勃特等角圆锥投影即成为圆柱投影，也就是所谓的墨卡托投影，墨卡托投影是兰勃特等角圆锥投影的特例. 在此特例下，单标准纬线等角圆锥投影的初始原点落在赤道上，而等角圆锥投影双标准纬线在南、北半球的纬度绝对值将相等. 此外，无论是单标准纬线还是双标准纬线，网格坐标的初始原点均为赤道和中央经线的交点.

(2)墨卡托地图投影定义参数如下：

①单标准纬线墨卡托投影：

原点纬度 $B_0 = 0$；

原点经度 L_0；

标准纬度 $B_p=0$（一般为缺省值）；

原点尺度因子 k_0（在赤道上）；

原点东坐标平移量 FE；

原点北坐标平移量 FN.

单标准纬线墨卡托投影公式并未要求初始原点纬度参数，为了确保坐标参照系（CRS）参数标识的完整性，在投影参数中定义该参数，并要求该参数值设置为零.

②双标准纬线墨卡托投影：

原点纬度 B_0；

原点经度 L_0；

第一标准纬度 B_1；

第二标准纬度 $B_2=-B_1$（省略此参数）；

原点东坐标平移量 FE；

原点北坐标平移量 FN；

其中，第一标准纬线取其纬度的绝对值.

方位投影在地形图中并不常用，它的初始原点通常设置在投影中心，在投影中心投影平面与椭球面相切，中央经线过初始原点，初始原点上也可以有东坐标平移和北坐标平移.

（3）球面投影（Stereographic Projection）定义参数如下：

原点纬度 B_0；

原点经度 L_0；

原点尺度因子 k_0；

东坐标平移量 FE；

北坐标平移量 FN.

投影坐标变换中使用的椭球参数见表 2-3，投影变换参数见表 2-4.

表 2-3　**投影坐标变换中使用的椭球参数**

参数名称	符号	说　明
椭球长半径	a	椭球长半轴的长度，及赤道的半径
椭球短半径	b	椭球短半轴的长度，即赤道面与极点之间的距离
椭球扁率的倒数	$1/f$	$1/f=a/(a-b)$
椭球扁率	f	$f=(a-b)/a$
椭球第一偏心率	e	$e^2=2f-f^2$
椭球第二偏心率	e'	$e'=\sqrt{e^2/(1-e^2)}$
椭球第三偏心率	e_1	$e_1=(1-\sqrt{1-e^2})/(1+\sqrt{1-e^2})$

续表

参数名称	符号	说　明
子午线曲率半径	M	$M = a(1 - e^2)/\sqrt{(1 - e^2\sin^2 B)^3}$
卯酉线曲率半径	N	$N = a/\sqrt{1 - e^2\sin^2 B}$
平行圈半径	r	$r = N\cos B$
球半径	R	椭球面当作球面处理时球体半径的值
子午线弧长	S	从赤道起算到纬度 B 处子午线长度
梯形的面积	F	椭球面单位经差由赤道至纬度 B 所围成的梯形面积

表 2-4　**投影变换参数**

参数名称	符号	参数说明
格网斜方位角	r_0	斜轴投影初始原点上的初始坐标参照系北轴与正北的夹角
初始线方位角	α_c	投影中心上的斜轴投影中心线方位角(从正北起算向东为正)
中央子午线经度	L_0	见初始原点经度
原点东坐标平移	FE	赋给投影网格初始原点的横坐标(东西向)值
原点北坐标平移	FN	赋给投影网格初始原点的纵坐标(南北向)值
网格原点		(0，0)坐标点，该点相对初始原点的平移量等于北平移值和东平移值
初始线		斜轴投影网格的轴线，在地球表面定义
第一标准纬线纬度	B_1	割投影中圆锥与椭球面靠南边交线的纬度
第二标准纬线纬度	B_2	割圆锥中圆锥与椭球面靠北边交线的纬度
原点纬度	B_0	在无平移时(0，0)网格坐标点的纬度
投影中心纬度	B_c	投影中心点纬度，用于斜轴投影，初始线方位角在该中心点定义
标准纬线纬度	B_p	圆锥或圆柱投影的标准纬线纬度
伪标准纬线纬度	φ_p	用于斜轴投影，标准纬线上的比例因子设置为 1
原点经度	L_0	在无平移时(0，0)网格坐标点的经度，初始原点经度有时也称中央子午线
投影中心点经度	L_c	用于斜轴投影，初始线方位在该投影中心点定义
原点		无平移时的(0，0)网格坐标点. 例如横轴墨卡托投影坐标参数将初始原点定义为指定纬线与中央经线的交点
投影中心北坐标平移	N_c	投影中心北坐标平移值
投影中心东坐标平移	E_c	投影中心东坐标平移值
投影中心		斜轴圆柱或圆锥投影，圆柱或圆锥的轴向及伪坐标在该点上定义

续表

参数名称	符号	参数说明
原点尺度因子	k_0	原点上定义的比例因子，用于控制投影的地图网格缩放
初始线尺度因子	k_c	中心线上定义的比例因子，用于控制斜轴投影的地图网格的缩放
标准纬线比例因子	k_p	标准纬线上定义的比例因子，一般设置为 1

2.4 地图投影常用纬度及其关系

2.4.1 几种常用纬度的定义

在测量与地图投影中，椭球面与球面之间的投影变换等往往涉及六种纬度的应用问题，其相互计算有着广泛的应用.

如图 2-1 所示，椭球面上子午圈为椭圆，椭球面上一点 P，过 P 点作椭球面法线与短轴相交于 n 点，与子午椭圆 x 轴交于 P_3，由 P 点作 x 轴的垂线，与 x 轴交于 P_2，与以椭球长半径 a 为半径的辅助圆交于 P_1，则 $\angle P_1OP_2$ 为归化纬度 u，$\angle POP_2$ 为地心纬度 ϕ，$\angle PP_3P_2$ 为大地纬度 B.

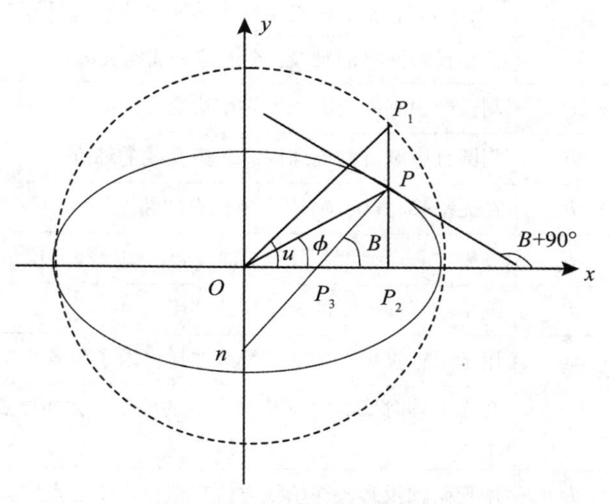

图 2-1　子午椭圆及其坐标系

除上述定义的纬度之外，在测量与投影变换中还经常涉及等量纬度、等距离纬度和等面积纬度，除熟知的大地纬度之外，其余纬度通常称为辅助纬度. 下面先分别给出各种纬度的定义，而后在下一小节讨论大地纬度与辅助纬度之间的相互计算问题.

1. 归化纬度 u(reduced or parametric latitude)

由归化纬度的定义可得

$$\left.\begin{aligned} x &= a\cos u \\ y &= b\sin u \end{aligned}\right\} \tag{2-1}$$

因 P 点的法线 Pn 与 x 轴的夹角是大地纬度 B，过 P 点切线的斜率为

$$\tan(90° + B) = \cot B = \frac{\mathrm{d}y}{\mathrm{d}x};$$

对式(2-1)微分，代入上式可得

$$\cot B = \frac{b}{a}\cot u,$$

注意到 $b = a\sqrt{1 - e^2}$，则归化纬度与大地纬度的关系

$$\tan u = \sqrt{1 - e^2}\tan B. \tag{2-2}$$

2. 地心纬度 ϕ(geocentric latitude)

由地心纬度的定义，可知

$$\tan\phi = \frac{y}{x} = \frac{b}{a}\tan u,$$

将式(2-2)代入上式可得，地心纬度与大地纬度之间的关系为

$$\tan\phi = (1 - e^2)\tan B. \tag{2-3}$$

3. 等量纬度 q(isometric latitude)

由等量纬度的定义可知

$$q = \int_0^B \frac{M}{N\cos B}\mathrm{d}B = \int_0^B \frac{1 - e^2}{(1 - e^2\sin^2 B)\cos B}\mathrm{d}B,$$

对上式进行分解

$$q = \int_0^B \frac{\mathrm{d}B}{\cos B} - \int_0^B \frac{e^2\cos B}{1 - e^2\sin^2 B}\mathrm{d}B; \tag{2-4}$$

为了方便积分，变量代换令 $\sin A = e\sin B$，则有

$$\int_0^B \frac{e^2\cos B}{1 - e^2\sin^2 B}\mathrm{d}B = e\int_0^A \frac{dA}{\cos A}.$$

由式(2-4)积分，得

$$\begin{aligned} q &= \int_0^B \frac{\mathrm{d}B}{\cos B} - e\int_0^A \frac{\mathrm{d}A}{\cos A} = \ln\tan\left(\frac{\pi}{4} + \frac{B}{2}\right) - e\ln\tan\left(\frac{\pi}{4} + \frac{A}{2}\right) \\ &= \frac{1}{2}\ln\left(\frac{1 + \sin B}{1 - \sin B}\right) - \frac{e}{2}\ln\left(\frac{1 + \sin A}{1 - \sin A}\right), \end{aligned}$$

将变量 $\sin A = e\sin B$ 回代整理后得

$$q = \frac{1}{2}\ln\left(\frac{1 + \sin B}{1 - \sin B}\right) - \frac{e}{2}\ln\left(\frac{1 + e\sin B}{1 - e\sin B}\right), \tag{2-5}$$

或

$$q = \ln\left\{\tan\left(\frac{\pi}{4} + \frac{B}{2}\right)\left(\frac{1 - e\sin B}{1 + e\sin B}\right)^{e/2}\right\} = \ln U. \tag{2-6}$$

4. 等角纬度 χ(conformal latitude)

依据等量纬度与大地纬度之间关系式(2-6)，若 $e = 0$，则椭球体为球体，相应的大地纬度 B 为球面等角纬度 χ，即

$$q = \ln\tan\left(\frac{\pi}{4} + \frac{\chi}{2}\right), \tag{2-7}$$

由上式则有

$$\chi = 2\arctan(e^{q}) - \frac{\pi}{2}; \tag{2-8}$$

比较式(2-6)与式(2-7)可得

$$\tan\left(\frac{\pi}{4} + \frac{\chi}{2}\right) = \tan\left(\frac{\pi}{4} + \frac{B}{2}\right)\left(\frac{1 - e\sin B}{1 + e\sin B}\right)^{e/2}, \tag{2-9}$$

因此有

$$\chi = 2\arctan\left\{\tan\left(\frac{\pi}{4} + \frac{B}{2}\right)\left(\frac{1 - e\sin B}{1 + e\sin B}\right)^{e/2}\right\} - \frac{\pi}{2} = 2\arctan(U) - \frac{\pi}{2}; \tag{2-10}$$

式中 χ 称为球面等角纬度.

5. 等距离纬度 ψ(rectifying latitude)

由地图投影理论可知，椭球面在半径为 R 的球面上等距离投影关系式为

$$\psi = \frac{S}{S_p} \cdot \frac{\pi}{2} = \frac{S}{R}, \tag{2-11}$$

式中 S 为椭球面子午线弧长，S_p 为纬度 $B = 90°$ 所对应的子午线弧长，R 为球半径. ψ 为球面大圆弧的弧长，它等于椭球面子午线弧长 S 所对应的圆心角，称为等距离纬度.

由式(2-11)可得球半径

$$R = \frac{2S_p}{\pi}, \tag{2-12}$$

由子午线弧长公式可得 $B = 90°$，$S_p = a_0\pi/2$，则有

$$R = a_0 = a\left(1 - \frac{1}{4}e^2 - \frac{3}{64}e^4 - \frac{5}{256}e^6 - \frac{175}{16384}e^8 - \frac{441}{65536}e^{10} - \cdots\right). \tag{2-13}$$

6. 等面积纬度 ω(authalic or equivalent latitude)

椭球面单位经差由赤道至纬度 B 所围成的梯形面积为

$$F = \int_0^B MN\cos B\mathrm{d}B\mathrm{d}L, \tag{2-14}$$

且

$$F = \frac{1}{2}a^2(1 - e^2)\left(\frac{\sin B}{1 - e^2\sin^2 B} + \frac{1}{2e}\ln\frac{1 + e\sin B}{1 - e\sin B}\right). \tag{2-15}$$

当 $B=90°$，则有

$$F_P=\frac{1}{2}a^2(1-e^2)\left(\frac{1}{1-e^2}+\frac{1}{2e}\ln\frac{1+e}{1-e}\right) \tag{2-16}$$

设有 $R_p^2=F_P$ 的球面，则单位经差与由赤道到纬度 ω 所围成的球面面积与椭球面面积 F 相等，由球面积分可得

$$R_p^2\sin\omega=F; \tag{2-17}$$

式中 ω 称为等面积纬度，R_p 为与椭球面等面积的球半径，即

$$R_p=\sqrt{F_p}=a\left[\frac{1}{2}(1-e^2)\left(\frac{1}{1-e^2}+\frac{1}{2e}\ln\frac{1+e}{1-e}\right)\right]^{1/2}, \tag{2-18}$$

则有

$$\sin\omega=\frac{1}{A}\left[\frac{\sin B}{2(1-e^2\sin^2B)}+\frac{1}{4e}\ln\frac{1+e\sin B}{1-e\sin B}\right]; \tag{2-19}$$

式中，$A=\dfrac{1}{2(1-e^2)}+\dfrac{1}{4e}\ln\dfrac{1+e}{1-e}$，

或

$$\omega=\arcsin\left(\frac{F}{F_p}\right). \tag{2-20}$$

2.4.2 大地纬度与辅助纬度的相互计算

大地纬度 B 之外的其他纬度，如等角纬度 χ、等距离纬度 ψ 与等面积纬度 ω 等，通常称为辅助纬度. 大地纬度求解辅助纬度可由式(2-2)~式(2-20)相对应的闭合式来计算，但上述各闭合式往往不便于数值分析. 在实际应用中，经常采用大地纬度的级数展开式来计算辅助纬度. 另外，由辅助纬度反解大地纬度，也是测量与地图投影反解中常见的计算问题，对此分别加以讨论.

1. 球面等角纬度与大地纬度间相互计算

1)大地纬度求解球面等角纬度

由地图投影理论可知，大地纬度求解球面等角纬度闭合计算式为

$$\chi=2\arctan\left\{\tan\left(\frac{\pi}{4}+\frac{B}{2}\right)\left(\frac{1-e\sin B}{1+e\sin B}\right)^{e/2}\right\}-\frac{\pi}{2}, \tag{2-10}$$

为了便于数值分析计算，习惯于将球面等角纬度 χ 表达为大地纬度 B 的三角函数展开式. 由于 e 的取值一般很小，球面等角纬度与大地纬度相差也很小，因此可将上式展开为 e 的幂级数形式：

$$\chi(B,\ e)=\chi(B,\ 0)+\frac{\partial\chi}{\partial e}\bigg|_{e=0}e+\frac{1}{2}\frac{\partial^2\chi}{\partial e^2}\bigg|_{e=0}e^2+\cdots+\frac{1}{10!}\frac{\partial^{10}\chi}{\partial e^{10}}\bigg|_{e=0}e^{10}+\cdots; \tag{2-21}$$

上式中高阶导数手工计算比较复杂，利用 Mathematica 计算各导数：

$$\left.\frac{\partial \chi}{\partial e}\right|_{e=0}=\left.\frac{\partial^3 \chi}{\partial e^3}\right|_{e=0}=\left.\frac{\partial^5 \chi}{\partial e^5}\right|_{e=0}=\left.\frac{\partial^7 \chi}{\partial e^7}\right|_{e=0}=\left.\frac{\partial^9 \chi}{\partial e^9}\right|_{e=0}=0;$$

$$\left.\frac{\partial^2 \chi}{\partial e^2}\right|_{e=0}=-\sin 2B;$$

$$\left.\frac{\partial^4 \chi}{\partial e^4}\right|_{e=0}=-\frac{5}{2}(2\sin 2B-\sin 4B);$$

$$\left.\frac{\partial^6 \chi}{\partial e^6}\right|_{e=0}=-\frac{3}{2}(45\sin 2B-42\sin 4B+13\sin 6B);$$

$$\left.\frac{\partial^8 \chi}{\partial e^8}\right|_{e=0}=\frac{1}{4}(-7868\sin 2B+9758\sin 4B-5532\sin 6B+1237\sin 8B);$$

$$\left.\frac{\partial^{10} \chi}{\partial e^{10}}\right|_{e=0}=-\frac{45}{2}(4704\sin 2B-6696\sin 4B+5079\sin 6B-2096\sin 8B+367\sin 10B).$$

将上述各阶导数代入式(2-21)，按三角函数的倍角函数合并同类项，得到三角函数级数展开式为

$$\chi=B+P_2\sin 2B+P_4\sin 4B+P_6\sin 6B+P_8\sin 8B+P_{10}\sin 10B+\cdots, \tag{2-22a}$$

式中，各系数为

$$\left.\begin{aligned}
P_2&=-\frac{1}{2}e^2-\frac{5}{24}e^4-\frac{3}{32}e^6-\frac{281}{5760}e^8-\frac{7}{240}e^{10}-\cdots\\
P_4&=\frac{5}{48}e^4+\frac{7}{80}e^6+\frac{697}{11520}e^8+\frac{93}{2240}e^{10}+\cdots\\
P_6&=-\frac{13}{480}e^6-\frac{461}{13440}e^8-\frac{1693}{53760}e^{10}-\cdots\\
P_8&=\frac{1237}{161280}e^8+\frac{131}{10080}e^{10}+\cdots\\
P_{10}&=-\frac{367}{161280}e^{10}-\cdots
\end{aligned}\right\} \tag{2-22b}$$

将 CGCS2000 椭球元素值代入式(2-22)计算，可得数值计算公式

$$\begin{aligned}\chi=&B-692.33974''\sin 2B+0.96833''\sin 4B-1.69''\times 10^{-3}\sin 6B\\&+3.21''\times 10^{-6}\sin 8B-6.31''\times 10^{-9}\sin 10B+\cdots;\end{aligned} \tag{2-23}$$

式中系数 P_8 项的最大值为 3.2×10^{-6} 秒，因此 P_8 项后各系数项可忽略不计.

2)球面等角纬度反解大地纬度

由式(2-9)可得球面等角纬度反解大地纬度的迭代式为

$$B^{(i+1)}=2\arctan\left\{\tan\left(\frac{\pi}{4}+\frac{\chi}{2}\right)\left(\frac{1+e\sin B^{(i)}}{1-e\sin B^{(i)}}\right)^{e/2}\right\}-\frac{\pi}{2} \tag{2-24}$$

初始值为 $B^{(0)}=2\arctan[\tan(\pi/4+\chi/2)]-\pi/2$，满足 $|B^{(i+1)}-B^{(i)}|\leqslant 5\times10^{-12}$ 终

止迭代.

在测量与地图投影中，除上述迭代法之外，经常采用球面等角纬度反解大地纬度的直接解法，其公式推导如下：

球面等角纬度求解大地纬度可表达为

$$B = \chi + f(B);\tag{2-25}$$

式中：

$$f(B) = -(P_2\sin 2B + P_4\sin 4B + P_6\sin 6B + P_8\sin 8B + P_{10}\sin 10B + \cdots).\tag{2-26}$$

为了求得式(2-22)的反解计算式，利用拉格朗日级数公式(见附录A)

$$B = \chi + f(\chi) + \frac{1}{2!}\frac{\mathrm{d}}{\mathrm{d}\chi}[f^2(\chi)] + \frac{1}{2!}\frac{\mathrm{d}^2}{\mathrm{d}\chi^2}[f^3(\chi)] + \cdots + \frac{1}{n!}\frac{\mathrm{d}^{n-1}}{\mathrm{d}\chi^{n-1}}[f^n(\chi)];\tag{2-27}$$

利用式(2-26)计算上式中各阶导数，即可得到反解大地纬度的三角函数级数展开式

$$B = \chi + a_2\sin 2\chi + a_4\sin 4\chi + a_6\sin 6\chi + a_8\sin 8\chi + a_{10}\sin 10\chi + \cdots.\tag{2-28}$$

借助 Mathematica 计算式(2-27)中各阶导数，通过三角函数约化，将三角函数的幂级数转换三角函数倍角函数，合并同类项，经整理后即可得到式(2-28). 计算表明，如果将系数项精确计算至 e^{10} 项，至少求五阶导数，即 $n \geqslant 5$；若系数项取至 e^8 项，取 $n \geqslant 4$ 即可. 取 $n = 5$，经计算得到反解式(2-28)与正解式(2-22)的系数关系式

$$\left.\begin{aligned}
a_2 &= -P_2 - P_2P_4 - P_4P_6 + \frac{1}{2}P_2^3 + P_2P_4^2 - \frac{1}{2}P_2^2P_6 + \frac{1}{3}P_2^3P_4 - \frac{1}{12}P_2^5 + \cdots\\
a_4 &= -P_4 + P_2^2 - 2P_2P_6 + 4P_2^2P_4 - \frac{4}{3}P_2^4 + \cdots\\
a_6 &= -P_6 + 3P_2P_4 - 3P_2P_8 - \frac{3}{2}P_2^3 + \frac{9}{2}P_2P_4^2 + 9P_2^2P_6 - \frac{27}{2}P_2^3P_4 + \frac{27}{8}P_2^5 + \cdots\\
a_8 &= -P_8 + 2P_4^2 + 4P_2P_6 - 8P_2^2P_4 + \frac{8}{3}P_2^4 + \cdots\\
a_{10} &= -P_{10} + 5P_2P_8 + 5P_4P_6 - \frac{25}{2}P_2P_4^2 - \frac{25}{2}P_2^2P_6 + \frac{125}{6}P_2^3P_4 - \frac{125}{24}P_2^5 + \cdots
\end{aligned}\right\}\tag{2-29}$$

利用上式计算可将系数精确展开到 e^{10} 项，一般在保证计算精度的情况下，系数展开到 e^8 项即可满足计算的精度要求，故式(2-29)可简化为：

$$\left.\begin{aligned}
a_2 &= -P_2 - P_2P_4 + \frac{1}{2}P_2^3 + \cdots\\
a_4 &= -P_4 + P_2^2 - 2P_2P_6 + 4P_2^2P_4 - \frac{4}{3}P_2^4 + \cdots\\
a_6 &= -P_6 + 3P_2P_4 - \frac{3}{2}P_2^3 + \cdots\\
a_8 &= -P_8 + 2P_4^2 + 4P_2P_6 - 8P_2^2P_4 + \frac{8}{3}P_2^4 + \cdots
\end{aligned}\right\}\tag{2-30}$$

在大地测量计算中，式(2-29)或式(2-30)称为三角级数回求公式.

将正解式(2-22)中各系数代入式(2-29)，利用 Mathematica 计算得到式(2-28)的系数

$$\left.\begin{aligned} a_2 &= \frac{1}{2}e^2 + \frac{5}{24}e^4 + \frac{1}{12}e^6 + \frac{13}{360}e^8 + \frac{3}{160}e^{10} + \cdots \\ a_4 &= \frac{7}{48}e^4 + \frac{29}{240}e^6 + \frac{811}{11520}e^8 + \frac{81}{2240}e^{10} + \cdots \\ a_6 &= \frac{7}{120}e^6 + \frac{81}{1120}e^8 + \frac{3029}{53760}e^{10} + \cdots \\ a_8 &= \frac{4279}{161280}e^8 + \frac{883}{20160}e^{10} + \cdots \\ a_{10} &= \frac{2087}{161280}e^{10} + \cdots \end{aligned}\right\} \tag{2-31}$$

将国际 CGC2000 椭球参数值代入式(2-31)，则有

$$\begin{aligned} B =& \chi + 692.339092''\sin2\chi + 1.3555473''\sin4\chi + 0.0036396''\sin6\chi \\ &+ 1.099\times10^{-5}{}''\sin8\chi + 3.588\times10^{-8}{}''\sin10\chi + \cdots \end{aligned} \tag{2-32}$$

式中，a_{10} 系数项最大值为 $3.6\times10^{-8}{}''$，取至 a_8 系数项其计算精度可达 $10^{-7}{}''$.

取 $B=60°30'35.000055''$，由式(2-22)计算等角纬度 $\chi=60°20'40.814852''$，按式(2-28)反解大地纬度 $B=60°30'35.000055''$.

由 $e_1=\dfrac{1-\sqrt{1-e^2}}{1+\sqrt{1-e^2}}$，可得 $e=\dfrac{2\sqrt{e_1}}{1+e_1}$，将其代入式(2-31)，忽略 a_{10} 系数项，则系数可简化为

$$\left.\begin{aligned} a_2 &= 2e_1 - \frac{2}{3}e_1^2 - 2e_1^3 + \frac{116}{45}e_1^4 + \frac{26}{45}e_1^5 + \cdots \\ a_4 &= \frac{7}{3}e_1^2 - \frac{8}{5}e_1^3 - \frac{227}{45}e_1^4 + \frac{2704}{315}e_1^5 + \cdots \\ a_6 &= \frac{56}{15}e_1^3 - \frac{136}{35}e_1^4 - \frac{1262}{105}e_1^5 + \cdots \\ a_8 &= \frac{4279}{630}e_1^4 - \frac{332}{35}e_1^5 + \cdots \end{aligned}\right\} \tag{2-33}$$

2. 等量纬度与大地纬度间相互换算

1)大地纬度求解等量纬度

大地纬度求解等量纬度由式(2-6)闭合式可直接进行计算，即

$$q = \ln\left\{\tan\left(\frac{\pi}{4}+\frac{B}{2}\right)\left(\frac{1-e\sin B}{1+e\sin B}\right)^{e/2}\right\} \tag{2-6}$$

或者利用式(2-10)计算球面等角纬度

$$\chi = 2\arctan\left\{\tan\left(\frac{\pi}{4}+\frac{B}{2}\right)\left(\frac{1-e\sin B}{1+e\sin B}\right)^{e/2}\right\} - \frac{\pi}{2} \tag{2-10}$$

也可以利用球面等角纬度与大地纬度的三角函数展开计算，即

$$\begin{aligned}\chi = B &- (e^2/2 + 5e^4/24 + 3e^6/32 + 281e^8/5700 + 7e^{10}/240 + \cdots)\sin 2B \\ &+ (5e^4/48 + 7e^6/80 + 697e^8/11520 + 93e^{10}/2240 + \cdots)\sin 4B \\ &- (13e^6/480 + 461e^8/13440 + 1693e^{10}/53760 + \cdots)\sin 6B \\ &+ (1237e^8/161280 + 131e^{10}/10080 + \cdots)\sin 8B + \cdots\end{aligned} \tag{2-22}$$

再由球面等角纬度计算等量纬度

$$q = \ln\{\tan(\pi/4 + \chi/2)\} \tag{2-7}$$

2) 等量纬度反解大地纬度

由式(2-6)可以得到等量纬度反解大地纬度的迭代式

$$B^{(i+1)} = 2\arctan\{\mathrm{e}^q[(1 + e\sin B^{(i)})/(1 - e\sin B^{(i)})]^{e/2}\} - \pi/2 \tag{2-34}$$

初始值取 $B^{(0)} = 2\arctan(\mathrm{e}^q) - \pi/2$，式中 e 为自然对数的底.

为了避免迭代计算，常常利用等量纬度 q 计算球面等角纬度 χ，利用球面等角纬度与大地纬度的三角函数展开式计算大地纬度，即

$$\chi = 2\arctan(\mathrm{e}^q) - \pi/2 \tag{2-8}$$

$$\begin{aligned}B = \chi &+ (e^2/2 + 5e^4/24 + e^6/12 + 13e^8/360 + 3e^{10}/160 + \cdots)\sin 2\chi \\ &+ (7e^4/48 + 29e^6/240 + 811e^8/11520 + 81e^{10}/2240 + \cdots)\sin 4\chi \\ &+ (7e^6/120 + 81e^8/1120 + 3029e^{10}/53760 + \cdots)\sin 6\chi \\ &+ (4279e^8/161280 + 883e^{10}/20160 + \cdots)\sin 8\chi + \cdots\end{aligned} \tag{2-28}$$

或

$$\begin{aligned}B = \chi &+ (2e_1 - 2e_1^2/3 - 2e_1^3 + 116e_1^4/45 + 26e_1^5/45 + \cdots)\sin 2\chi \\ &+ (7e_1^2/3 - 8e_1^3/5 - 227e_1^4/45 + 2704e_1^5/315 + \cdots)\sin 4\chi \\ &+ (56e_1^3/15 - 136e_1^4/35 - 1262e_1^5/105 + \cdots)\sin 6\chi \\ &+ (4279e_1^4/630 - 332e_1^5/35 + \cdots)\sin 8\chi + \cdots\end{aligned} \tag{2-33}$$

除上述算法外，等量纬度求解大地纬度可以通过建立等量纬差与大地纬差的幂级数关系来计算，其解算方法推导如下：

$$\mathrm{d}q = \frac{M}{N\cos B}\mathrm{d}B$$

上式两边积分可得

$$q = \int_0^B \frac{M\mathrm{d}B}{N\cos B} = f(B) \tag{2-35}$$

设 $q = q_0 + \Delta q = f(B_0 + \Delta B)$，采用泰勒级数将其展开

$$q = q_0 + \Delta q = f(B_0) + \frac{\mathrm{d}q}{\mathrm{d}B_0}\Delta B + \frac{1}{2}\frac{\mathrm{d}^2q}{\mathrm{d}B_0^2}\Delta B^2 + \frac{1}{3!}\frac{\mathrm{d}^3q}{\mathrm{d}B_0^3}\Delta B^3 + \cdots + \frac{1}{n!}\frac{\mathrm{d}^nq}{\mathrm{d}B_0^n}\Delta B^n \tag{2-36}$$

即

$$\Delta q = \frac{\mathrm{d}q}{\mathrm{d}B_0}\Delta B + \frac{1}{2}\frac{\mathrm{d}^2q}{\mathrm{d}B_0^2}\Delta B^2 + \frac{1}{6}\frac{\mathrm{d}^3q}{\mathrm{d}B_0^3}\Delta B^3 + \cdots + \frac{1}{n!}\frac{\mathrm{d}^nq}{\mathrm{d}B_0^n}\Delta B^n \tag{2-37}$$

上式可改写为

$$\Delta q = t_1'\Delta B + t_2'\Delta B^2 + t_3'\Delta B^3 + t_4'\Delta B_4 + t_5'\Delta B^5 + t_6'\Delta B^6 + \cdots . \tag{2-38}$$

手动推导式(2-38)中系数可利用如下基本导数关系：

$$\frac{\mathrm{d}q}{\mathrm{d}B} = \frac{M}{N\cos B} = \frac{1}{V^2\cos B};$$

$$\frac{\mathrm{d}V^2}{\mathrm{d}B} = -2\eta^2 t, \qquad \frac{\mathrm{d}}{\mathrm{d}B}\left(\frac{1}{V^2}\right) = \frac{2\eta^2 t}{V^4};$$

$$\frac{\mathrm{d}t}{\mathrm{d}B} = 1 + t^2, \qquad \frac{\mathrm{d}\eta^2}{\mathrm{d}B} = -2\eta^2 t;$$

$$\frac{\mathrm{d}\cos B}{\mathrm{d}B} = -t\cos B, \qquad \frac{\mathrm{d}}{\mathrm{d}B}\left(\frac{1}{\cos B}\right) = \frac{t}{\cos B}.$$

手动推导高阶导数相对复杂繁琐，可借助于 Mathemetica 计算机代数系统工具，依次计算各阶导数，略去 t，η 及其乘积 6 次项以上高次项得

$$\left.\begin{aligned}
t_1' &= \frac{1}{\cos B_0}(1 - \eta_0^2 + \eta_0^4) \\
t_2' &= \frac{t_0}{2\cos B_0}(1 + \eta_0^2 - 3\eta_0^4) \\
t_3' &= \frac{1}{6\cos B_0}(1 + 2t_0^2 + \eta_0^2 - 3\eta_0^4 + 6t_0^2\eta_0^4) \\
t_4' &= \frac{t_0}{24\cos B_0}(5 + 6t_0^2 - \eta_0^2 + 21\eta_0^4 - 6t_0^2\eta_0^4) \\
t_5' &= \frac{1}{120\cos B_0}(5 + 28t_0^2 + 24t_0^4 - \eta_0^2 + 21\eta_0^4 - 60t_0^2\eta_0^4) \\
t_6' &= \frac{t_0}{720\cos B_0}(61 + 180t_0^2 + \eta_0^2 + 120t_0^4 - 183\eta_0^4 + 60t_0^2\eta_0^4)
\end{aligned}\right\} \tag{2-39}$$

式中，$t = \tan B$，$V^2 = 1 + \eta^2$，$\eta^2 = e'^2\cos^2 B$.

利用幂级数级数回代公式可得

$$\Delta B = t_1\Delta q + t_2\Delta q^2 + t_3\Delta q^3 + t_4\Delta q_4 + t_5\Delta q^5 + t_6\Delta q^6 + \cdots; \tag{2-40}$$

$$B = B_0 + t_1\Delta q + t_2\Delta q^2 + t_3\Delta q^3 + t_4 q^4 + t_5\Delta q^5 + t_6\Delta q^6 + \cdots . \tag{2-41}$$

或建立相应泰勒级数展开式，利用下列常用导数关系手动推导

$$\frac{\mathrm{d}B}{\mathrm{d}q} = (1 + \eta^2)\cos B;$$

$$\frac{\mathrm{d}\cos B}{\mathrm{d}q} = -t(1 + \eta^2)\cos^2 B, \qquad \frac{\mathrm{d}}{\mathrm{d}q}\left(\frac{1}{\cos B}\right) = t(1 + \eta^2);$$

$$\frac{\mathrm{d}t}{\mathrm{d}q} = (1 + t^2 + \eta^2 + t^2\eta^2)\cos B;$$

$$\frac{\mathrm{d}\eta^2}{\mathrm{d}q} = -2t(\eta^2+\eta^4)\cos B.$$

同理，手动推导繁琐而复杂，借助于 Mathemetica 计算工具，利用复合函数求导法则，计算各阶高阶导数

$$\frac{\mathrm{d}^n B}{\mathrm{d}q^n} = \frac{\mathrm{d}}{\mathrm{d}B}\left(\frac{\mathrm{d}^{n-1}B}{\mathrm{d}q^{n-1}}\right)\frac{\mathrm{d}B}{\mathrm{d}q} \tag{2-42}$$

省略 t，η 及其乘积 6 次项和以上高次项，式(2-41)中各系数为

$$\left.\begin{aligned}
t_1 &= (1+\eta_0^2)\cos B_0\\
t_2 &= \frac{1}{2}t_0(-1-4\eta_0^2-3\eta_0^4)\cos^2 B_0\\
t_3 &= \frac{1}{6}(-1+t_0^2-5\eta_0^2+13t_0^2\eta_0^2-7\eta_0^4)\cos^3 B_0\\
t_4 &= \frac{1}{24}t_0(5-t_0^2+56\eta_0^2-40t_0^2\eta_0^2+154\eta_0^4)\cos^4 B_0\\
t_5 &= \frac{1}{120}(5-18t_0^2+t_0^4+61\eta_0^2-418t_0^2\eta_0^2+210\eta_0^4)\cos^5 B_0\\
t_6 &= \frac{1}{720}t_0(-61+58t_0^2-t_0^4-1324\eta_0^2+2632t_0^2\eta_0^2-7153\eta_0^4)\cos^6 B_0
\end{aligned}\right\} \tag{2-43}$$

利用式(2-41)计算时，需要计算级数展开式的初值：

$$\left.\begin{aligned}
B_0 &= 2\arctan(\mathrm{e}^q)-\frac{\pi}{2}\\
q_0 &= \ln\left\{\tan\left(\frac{\pi}{4}+\frac{B_0}{2}\right)\left(\frac{1-e\sin B_0}{1+e\sin B_0}\right)^{e/2}\right\}\\
\Delta q &= q-q_0
\end{aligned}\right\} \tag{2-44}$$

式中，e 为自然对数的底.

3. 等距离纬度 ψ 与大地纬度 B 相互换算

1)大地纬度求解等距纬度

由等距离纬度的定义可知

$$\psi = \frac{S}{R} = \frac{S}{a_0}; \tag{2-11}$$

式中，S 为自赤道起算至大地纬度 B 处的子午线弧长.

$$S = a_0 B + a_2\sin 2B + a_4\sin 4B + a_6\sin 6B + a_8\sin 8B + a_{10}\sin 10B + \cdots. \tag{1-18}$$

由上述两式通过 Mathemetica 工具计算得到

$$\psi = B + p_2\sin 2B + p_4\sin 4B + p_6\sin 6B + p_8\sin 8B + p_{10}\sin 10B + \cdots. \tag{2-45a}$$

式中，

$$
\left.\begin{aligned}
p_2 &= -\frac{3}{8}e^2 - \frac{3}{16}e^4 - \frac{111}{1024}e^6 - \frac{141}{2048}e^8 - \frac{1533}{32768}e^{10} - \cdots \\
p_4 &= \frac{15}{256}e^4 + \frac{15}{256}e^6 + \frac{405}{8192}e^8 + \frac{165}{4096}e^{10} + \cdots \\
p_6 &= -\frac{35}{3072}e^6 - \frac{35}{2048}e^8 - \frac{4935}{262144}e^{10} - \cdots \\
p_8 &= \frac{315}{131072}e^8 + \frac{315}{65536}e^{10} + \cdots \\
p_{10} &= -\frac{693}{1310720}e^{10} - \cdots
\end{aligned}\right\} \tag{2-45b}
$$

由 $e_1 = (1 - \sqrt{1 - e^2})/(1 + \sqrt{1 - e^2})$，将式(2-45)简化为

$$
\begin{aligned}
\psi = B &+ (-3e_1/2 + 9e_1^3/16 - 3e_1^5/32 + \cdots)\sin 2B \\
&+ (15e_1^2/16 - 15e_1^4/32 + \cdots)\sin 4B + (-35/48e_1^3 + 105e_1^5/256 - \cdots)\sin 6B \\
&+ (315e_1^4/512 - \cdots)\sin 8B + (-693e_1^5/1280 + \cdots)\sin 10B + \cdots .
\end{aligned} \tag{2-46}
$$

将国际 1975 椭球参数值代入式(2-45)或式(2-46)计算，可得其数值表达式

$$
\begin{aligned}
\psi = B &- 519.54642''\sin 2B + 0.54527''\sin 4B - 0.000712''\sin 6B \\
&+ 1.00 \times 10^{-6}{}''\sin 8B - 1.46 \times 10^{-9}{}''\sin 10B + \cdots;
\end{aligned} \tag{2-47}
$$

式中，P_8 系数项后各项系数最大值小于 $1.0 \times 10^{-6}{}''$，因此计算时取至 P_8 系数项即可.

2) 等距纬度反解大地纬度

利用三角级数回求公式(2-30)，借助 Mathematica 计算，即可得到等距纬度反解大地纬度计算式：

$$
B = \psi + a_2\sin 2\psi + a_4\sin 4\psi + a_6\sin 6\psi + a_8\sin 8\psi + \cdots, \tag{2-48}
$$

式中，

$$
\psi = S/[a(1 - e^2/4 - 3e^4/64 - 5e^6/256 - 175e^8/16384 - \cdots)]. \tag{1-26}
$$

将式(2-45)中系数代入式(2-30)，计算得到式(2-48)的表达式

$$
\begin{aligned}
B = \psi &+ (3e^2/8 + 3e^4/16 + 213e^6/2048 + 255e^8/4096 + \cdots)\sin 2\psi \\
&+ (21e^4/256 + 21e^6/256 + 533e^8/8196 + \cdots)\sin 4\psi \\
&+ (151e^6/6144 + 151e^8/4096e^8 + \cdots)\sin 6\psi \\
&+ (1097e^8/131072 + \cdots)\sin 8\psi + \cdots .
\end{aligned} \tag{2-49}
$$

上式与第 1 章 1.3.3 节子午线弧长反解大地纬度符号迭代法所得到的式(1-28)完全相同.

由 $e = 2\sqrt{e_1}/(1 + e_1)$，将式(2-49)简化为

$$
\begin{aligned}
B = \psi &+ (3e_1/2 - 27e_1^3/32 + \cdots)\sin 2\psi + (21e_1^2/16 - 55e_1^4/32 + \cdots)\sin 4\psi \\
&+ (151e_1^3/96 - \cdots)\sin 6\psi + (1097e_1^4/512 + \cdots)\sin 8\psi + \cdots;
\end{aligned} \tag{2-50}
$$

式中，e_1 为椭球第三偏心率，${e_1}^4$ 达到 10^{-12} 量级，${e_1}^5$ 达到 10^{-14} 量级.

将国际 1975 椭球参数值代入式(2-49)或式(2-50)计算，则有数值表达式

$$B = \psi + 519.54616''\sin 2\psi + 0.76338''\sin 4\psi + 0.00154''\sin 6\psi + 3.51 \times 10^{-6}{}''\sin 8\psi + \cdots. \tag{2-51}$$

式中，a_8 系数项最大值为 $3.51 \times 10^{-6}{}''$，取至 a_8 系数项即可满足计算的精度要求.

取 $B=60°30'35.000055''$，由式(2-45)计算 $\psi=60°23'04.258488''$，由式(2-49)计算纬度 $B=60°30'35.000055''$.

4. 等面积纬度 ω 与大地纬度 B 之间相互关系

1)大地纬度求解等面积纬度

由等面积的定义可知，

$$\sin\omega = \frac{1}{A}\left[\frac{\sin B}{2(1-e^2\sin^2 B)} + \frac{1}{4e}\ln\frac{1+e\sin B}{1-e\sin B}\right]; \tag{2-19}$$

式中，$A = \dfrac{1}{2(1-e^2)} + \dfrac{1}{4e}\ln\dfrac{1+e}{1-e}$.

杨启和(1989)经过三角函数级数展开后得到如下级数表达式

$$\omega = B + p_2\sin 2B + p_4\sin 4B + p_6\sin 6B + p_8\sin 8B + \cdots; \tag{2-52a}$$

式中

$$\left.\begin{aligned} p_2 &= -\frac{1}{3}e^2 - \frac{31}{180}e^4 - \frac{59}{560}e^6 - \frac{126853}{518400}e^8 + \cdots \\ p_4 &= \frac{17}{360}e^4 + \frac{61}{1260}e^6 + \frac{3622447}{94089600}e^8 + \cdots \\ p_6 &= -\frac{383}{45360}e^6 - \frac{6688039}{658627200}e^8 + \cdots \\ p_8 &= \frac{27787}{23522400}e^8 + \cdots \end{aligned}\right\} \tag{2-52b}$$

对式(2-19)取反三角函数

$$\omega = \arcsin\left[\frac{1}{A}\left(\frac{\sin B}{2(1-e^2\sin^2 B)} + \frac{1}{4e}\ln\frac{1+e\sin B}{1-e\sin B}\right)\right]; \tag{2-53}$$

将上式展开为第一偏心率 e 的幂级数形式

$$\omega(B,\ e) = \omega(B,\ 0) + \left.\frac{\partial\omega}{\partial e}\right|_{e=0} e + \frac{1}{2}\left.\frac{\partial^2\omega}{\partial e^2}\right|_{e=0} e^2 + \cdots + \frac{1}{10!}\left.\frac{\partial^{10}\omega}{\partial e^{10}}\right|_{e=0} e^{10} + \cdots; \tag{2-54}$$

利用 Mathematica 求出高阶偏导数在 $e=0$ 的值，即

$$\left.\frac{\partial\omega}{\partial e}\right|_{e=0} = \left.\frac{\partial^3\omega}{\partial e^3}\right|_{e=0} = \left.\frac{\partial^5\omega}{\partial e^5}\right|_{e=0} = \left.\frac{\partial^7\omega}{\partial e^7}\right|_{e=0} = \left.\frac{\partial^9\omega}{\partial e^9}\right|_{e=0};$$

$$\left.\frac{\partial^2\omega}{\partial e^2}\right|_{e=0} = -\frac{2}{3}\sin 2B;$$

$$\left.\frac{\partial^4\omega}{\partial e^4}\right|_{e=0} = \frac{1}{15}(-62\sin 2B + 17\sin 4B);$$

$$\left.\frac{\partial^6\omega}{\partial e^6}\right|_{e=0} = \frac{1}{63}(-4779\sin 2B + 2196\sin 4B - 383\sin 6B);$$

$$\left.\frac{\partial^8\omega}{\partial e^8}\right|_{e=0} = \frac{1}{90}(-256866\sin 2B + 153938\sin 4B - 46858\sin 6B + 6007\sin 8B);$$

$$\left.\frac{\partial^{10}\omega}{\partial e^{10}}\right|_{e=0} = \frac{1}{33}(-6053990\sin 2B + 4308620\sin 4B - 1751791\sin 6B + 402586\sin 8B - 40873\sin 10B).$$

将上述各阶导数代入式(2-54)，按三角函数的倍角函数形式合并同类项，整理可得

$$\omega = B + p_2\sin 2B + p_4\sin 4B + p_6\sin 6B + p_8\sin 8B + p_{10}\sin 10B + \cdots; \tag{2-55a}$$

式中，

$$\left.\begin{aligned}
p_2 &= -\frac{1}{3}e^2 - \frac{31}{180}e^4 - \frac{59}{560}e^6 - \frac{42811}{604800}e^8 - \frac{605399}{11975040}e^{10}\\
p_4 &= \frac{17}{360}e^4 + \frac{61}{1260}e^6 + \frac{76969}{1814400}e^8 + \frac{215431}{5987520}e^{10}\\
p_6 &= -\frac{383}{45360}e^6 - \frac{3347}{259200}e^8 - \frac{1751791}{119750400}e^{10}\\
p_8 &= \frac{6007}{3628800}e^8 + \frac{201293}{59875200}e^{10}\\
p_{10} &= -\frac{5839}{17107200}e^{10}
\end{aligned}\right\} \tag{2-55b}$$

比较式(2-52)与式(2-55)中系数，式(2-52)中 e^8 高次项系数存在一定的偏差，由此可见，杨启和人工推演的系数高阶项不够精确.

将国际 1975 椭球参数值代入式(2-55)计算可得数值表达式

$$\begin{aligned}\omega = B &- 461.87096''\sin 2B + 0.439522''\sin 4B - 0.000528''\sin 6B\\ &+ 6.95\times 10^{-7}{}''\sin 8B - 9.46\times 10^{-10}{}''\sin 10B.\end{aligned} \tag{2-56}$$

2)等面积纬度反解大地纬度

利用三角级数的回求公式，将式(2-55)中系数代入式(2-30)，借助于 Mathematica 计算，等面积纬度求解大地纬度三角函数级数展开式为

$$B = \omega + a_2\sin 2\omega + a_4\sin 4\omega + a_6\sin 6\omega + a_8\sin 8\omega + \cdots; \tag{2-57a}$$

式中，

$$\left.\begin{aligned}
a_2 &= \frac{1}{3}e^2 + \frac{31}{180}e^4 + \frac{517}{5040}e^6 + \frac{120389}{1814400}e^8 + \frac{1362253}{29937600}e^{10} + \cdots\\
a_4 &= \frac{23}{360}e^4 + \frac{251}{3780}e^6 + \frac{102287}{1814400}e^8 + \frac{450739}{9979200}e^{10} + \\
a_6 &= \frac{761}{45360}e^6 + \frac{47561}{1814400}e^8 + \frac{4940977}{119750400}e^{10} + \cdots\\
a_8 &= \frac{6059}{1209600}e^8 + \frac{625511}{59875200}e^{10} + \cdots
\end{aligned}\right\} \tag{2-57b}$$

利用椭球第三偏心率 $e_1=(1-\sqrt{1-e^2})/(1+\sqrt{1-e^2})$，将式(2-57)改写为

$$\begin{aligned}B=\omega&+(4e_1/3+4e_1^2/45-16e_1^3/35-2582e_1^4/14175+\cdots)\sin2\omega\\&+(46e_1^2/45+152e_1^3/945-11966e_1^4/14175-\cdots)\sin4\omega\\&+(3044e_1^3/2835+3802e_1^4/14175+\cdots)\sin6\omega\\&+(6059e_1^4/4725+\cdots)\sin8\omega+\cdots;\end{aligned}\tag{2-58}$$

将国际1975椭球参数代入式(2-57)或式(2-58)计算可得

$$\begin{aligned}B=\omega&+461.87079''\sin2\omega+0.594703''\sin4\omega+1.049\times10^{-3}{}''\sin6\omega\\&+2.10\times10^{-6}{}''\sin8\omega+\cdots.\end{aligned}\tag{2-59}$$

取 $B=45°$，由式(2-56)计算等面积纬度 $\omega=44°52'18.129999''$，由式(2-59)反解大地纬度 $B=45°00'00.000002''$.

5. 归化纬度与大地纬度的变换

1)大地纬度计算归化纬度

$$\tan(B-u)=\frac{\tan B-\tan u}{1+\tan B\tan u},\tag{2-60}$$

因 $\tan u=\sqrt{1-e^2}\tan B$，代入上式可得

$$\begin{aligned}\tan(B-u)&=\frac{(1-\sqrt{1-e^2})\tan B}{1+\sqrt{1-e^2}\tan^2B}=\frac{(1-\sqrt{1-e^2})\sin2B}{2\cos^2B+2\sqrt{1-e^2}\sin^2B}\\&=\frac{(1-\sqrt{1-e^2})\sin2B}{1+\sqrt{1-e^2}+(1-\sqrt{1-e^2})\cos2B},\end{aligned}\tag{2-61}$$

上式分子分母同除以 $1+\sqrt{1-e^2}$，令 $e_1=(1-\sqrt{1-e^2})/(1+\sqrt{1-e^2})$，则上式可简化为

$$\tan(B-u)=\frac{e_1\sin2B}{1+e_1\cos2B},\tag{2-62}$$

将上式按二项式展开

$$\tan(B-u)=e_1\sin2B-e_1^2\sin2B\cos2B+e_1^3\sin2B\cos^22B+\cdots,\tag{2-63}$$

运用反三角函数级数展开式

$$B-u=\tan(B-u)-\frac{1}{3}\tan^3(B-u)+\frac{1}{5}\tan^5(B-u)-\cdots,\tag{2-64}$$

将式(2-63)代入式(2-64)，得

$$\begin{aligned}B-u=e_1\sin2B&-\frac{e_1^2}{2}\sin4B+\frac{e_1^3}{3}(3\sin2B-4\sin^32B)-\frac{e_1^4}{2}\sin4B\cos4B\\&+\frac{e_1^5}{5}(5\sin2B\cos^42B-10\sin^32B\cos^22B+5\sin^52B)+\cdots;\end{aligned}$$

将三角函数的幂级数化为倍角函数，合并同类项得到

$$u = B - e_1\sin 2B + \frac{e_1^2}{2}\sin 4B - \frac{e_1^3}{3}\sin 6B + \frac{e_1^4}{4}\sin 8B - \frac{e_1^5}{5}\sin 10B + \cdots . \tag{2-65}$$

将 $e_1 = (1 - \sqrt{1 - e^2})/(1 + \sqrt{1 - e^2})$ 代入上式，运用 Mathematica 计算，则有

$$u = B + p_1\sin 2B + p_2\sin 4B + p_3\sin 6B + p_4\sin 8B + \cdots ; \tag{2-66a}$$

$$\left.\begin{aligned} p_2 &= -\frac{1}{4}e^2 - \frac{1}{8}e^4 - \frac{5}{64}e^6 - \frac{7}{128}e^8 - \frac{21}{512}e^{10} + \cdots \\ p_4 &= \frac{1}{32}e^4 + \frac{1}{32}e^6 + \frac{7}{256}e^8 + \frac{3}{128}e^{10} + \cdots \\ p_6 &= -\frac{1}{192}e^6 - \frac{1}{128}e^8 - \frac{9}{1024}e^{10} + \cdots \\ p_8 &= \frac{1}{1024}e^8 + \frac{1}{512}e^{10} + \cdots \end{aligned}\right\} \tag{2-66b}$$

另外由 $\tan u = \sqrt{1 - e^2}\tan B$，得到

$$u = \arctan(\sqrt{1 - e^2}\tan B), \tag{2-67}$$

利用 Mathematica 将上式展开为 e 的幂级数

$$u(B, e) = u(B, 0) + \left.\frac{\partial u}{\partial e}\right|_{e=0} e + \frac{1}{2}\left.\frac{\partial^2 u}{\partial e^2}\right|_{e=0} e^2 + \cdots + \frac{1}{10!}\left.\frac{\partial^{10} u}{\partial e^{10}}\right|_{e=0} e^{10} + \cdots . \tag{2-68}$$

依次求上式各阶导数，通过三角函数约化合并同类项等运算，即可得到式(2-66).

2)归化纬度反解大地纬度

将式 $\tan B = \tan u / \sqrt{1 - e^2}$ 代入式(2-60)，经变换得

$$\tan(B - u) = \frac{e_1\sin 2u}{1 - e_1\cos 2u}, \tag{2-69}$$

将上式按二项式级数展开，然后按反三角函数级数展开，可得

$$B - u = e_1\sin 2u + e_1^2\cos 2u\sin 2u + \left(\cos^2 2u\sin 2u - \frac{1}{3}\sin^3 2u\right)e_1^3 + (\cos^3 2u\sin 2u - \cos 2u\sin^3 2u)e_1^4 + \left(\sin 2u\cos^4 2u - 2\sin^3 2u\cos^2 2u + \frac{1}{5}\sin^5 2u\right)e_1^5 + \cdots ;$$

将三角函数幂级数化为倍角函数，合并同类项化简得到下式：

$$B = u + e_1\sin 2u + \frac{e_1^2}{2}\sin 4u + \frac{e_1^3}{3}\sin 6u + \frac{e_1^4}{4}\sin 8u + \frac{e_1^5}{5}\sin 10u + \cdots ; \tag{2-70}$$

将 $e_1 = (1 - \sqrt{1 - e^2})/(1 + \sqrt{1 - e^2})$ 代入上式，则有

$$B = u + p_2\sin 2u + p_4\sin 4u + p_6\sin 6u + p_8\sin 8u + p_{10}\sin 10u + \cdots ; \tag{2-71a}$$

式中，

$$\left.\begin{aligned}
p_2 &= \frac{1}{4}e^2 + \frac{1}{8}e^4 + \frac{5}{64}e^6 + \frac{7}{128}e^8 + \frac{21}{512}e^{10} + \cdots \\
p_4 &= \frac{1}{32}e^4 + \frac{1}{32}e^6 + \frac{7}{256}e^8 + \frac{3}{128}e^{10} + \cdots \\
p_6 &= \frac{1}{192}e^6 + \frac{1}{128}e^8 + \frac{9}{1024}e^{10} + \cdots \\
p_8 &= \frac{1}{1024}e^8 + \frac{1}{512}e^{10} + \cdots \\
p_{10} &= \frac{1}{5120}e^{10} + \cdots
\end{aligned}\right\} \tag{2-71b}$$

同理，由 $\tan B = \tan u/\sqrt{1-e^2}$ 可得

$$B = \arctan(\tan u/\sqrt{1-e^2}); \tag{2-72}$$

利用 Mathematica 将上式展开为 e 的幂级数

$$B(u, e) = B(u, 0) + \frac{\partial B}{\partial e}\bigg|_{e=0} e + \frac{1}{2}\frac{\partial^2 B}{\partial e^2}\bigg|_{e=0} e^2 + \cdots + \frac{1}{10!}\frac{\partial^{10} B}{\partial e^{10}}\bigg|_{e=0} e^{10} + \cdots.$$

依次求各阶导数，通过三角函数约化，合并同类项等运算即可得到式(2-71).

6. 地心纬度 ϕ 与大地纬度 B 变换关系式

1)大地纬度计算地心纬度

$$\tan(B-\phi) = \frac{\tan B - \tan\phi}{1 + \tan B\tan\phi}, \tag{2-73}$$

将 $\tan\phi = (1-e^2)\tan B$ 代入上式

$$\tan(B-\phi) = \frac{e^2\tan B}{1+(1-e^2)\tan^2 B} = \frac{e^2\sin 2B}{2-e^2+e^2\cos 2B}, \tag{2-74}$$

令 $e_2 = e^2/(2-e^2)$，上式可简化为

$$\tan(B-\phi) = \frac{e_2\sin 2B}{1+e_2\cos 2B}, \tag{2-75}$$

将上式分母按二项式展开，再按反三角函数展开，得到下式

$$\phi = B - e_2\sin 2B + \frac{e_2^2}{2}\sin 4B - \frac{e_2^3}{3}\sin 6B + \frac{e_2^4}{4}\sin 8B - \frac{e_2^5}{5}\sin 10B + \cdots, \tag{2-76}$$

另外，由 $\tan\phi = (1-e^2)\tan B$ 可得

$$\phi = \arctan[(1-e^2)\tan B], \tag{2-77}$$

运用 Mathematica 将上式展开为 e 的幂级数：

$$\phi(B, e) = \phi(B, 0) + \frac{\partial\phi}{\partial e}\bigg|_{e=0} e + \frac{1}{2}\frac{\partial^2\phi}{\partial e^2}\bigg|_{e=0} e^2 + \cdots + \frac{1}{8!}\frac{\partial^8\phi}{\partial e^8}\bigg|_{e=0} e^8 + \cdots;$$

依次计算各阶导数可得

$$\phi = B + p_2\sin2B + p_4\sin4B + p_6\sin6B + p_8\sin8B + \cdots; \tag{2-78a}$$

式中，

$$\left.\begin{aligned} p_2 &= -\frac{1}{2}e^2 - \frac{1}{4}e^4 - \frac{1}{8}e^6 - \frac{1}{16}e^8 - \cdots \\ p_4 &= \frac{1}{8}e^4 + \frac{1}{8}e^6 + \frac{3}{32}e^8 + \cdots \\ p_6 &= -\frac{1}{242}e^6 - \frac{1}{16}e^8 - \cdots \\ p_8 &= \frac{1}{64}e^8 + \cdots \end{aligned}\right\} \tag{2-78b}$$

2) 地心纬度计算大地纬度

将 $\tan B = \tan\phi/(1 - e^2)$ 代入式(2-73)可得

$$\tan(B - \phi) = \frac{e^2\tan\phi}{1 - e^2 + \tan^2\phi} = \frac{e^2\sin2\phi}{2 - e^2 - e^2\cos2\phi}, \tag{2-79}$$

由 $e_2 = e^2/(2 - e^2)$，则上式简化为

$$\tan(B - \phi) = \frac{e_2\sin2\phi}{1 - e_2\cos2\phi}, \tag{2-80}$$

将上式分母先按二项式展开，然后再按反三角函数级数展开，将三角函数的幂级数化为倍角函数，整理可得

$$B = \phi + e_2\sin2\phi + \frac{e_2^2}{2}\sin4\phi + \frac{e_2^3}{3}\sin6\phi + \frac{e_2^4}{4}\sin8\phi + \frac{e_2^5}{5}\sin10\phi\cdots; \tag{2-81}$$

将 $e_2 = e^2/(2 - e^2)$ 代入上式，可得

$$B = \phi + p_2\sin2\phi + p_4\sin4\phi + p_6\sin6\phi + p_8\sin8\phi + p_{10}\sin10\phi\cdots, \tag{2-82a}$$

式中，

$$\left.\begin{aligned} p_2 &= \frac{1}{2}e^2 + \frac{1}{4}e^4 + \frac{1}{8}e^6 + \frac{1}{16}e^8 + \frac{1}{32}e^{10} + \cdots \\ p_4 &= \frac{1}{8}e^4 + \frac{1}{8}e^6 + \frac{3}{32}e^8 + \frac{1}{16}e^{10} + \cdots \\ p_6 &= \frac{1}{242}e^6 + \frac{1}{16}e^8 + \frac{1}{16}e^{10} + \cdots \\ p_8 &= \frac{1}{64}e^8 + \frac{1}{32}e^{10} + \cdots \\ p_{10} &= \frac{1}{160}e^{10} + \cdots \end{aligned}\right\} \tag{2-82b}$$

同理，由 $B = \arctan[\tan\phi/(1 - e^2)]$，将其展开为 e 的幂级数，利用 Mathematica 依次求各阶导数，通过三角函数约化，合并同类项等运算也可得到式(2-82)。

2.5 球面坐标及其应用

2.5.1 球面极坐标及其应用

在地图投影中，正轴投影以大地坐标为参数，其投影经纬网的形状比较简单，计算起来也比较方便. 但正轴投影在使用时受到地理位置的限制，如正轴方位投影只适用于两极地区，正轴圆柱投影适用于赤道附近地区，正轴圆锥投影则适用于沿纬线延伸的中纬度地区. 如果制图区域是沿经线或任一方向延伸等情况，为了减少投影误差，常采用横轴和斜轴投影. 由大地坐标推算横轴和斜轴投影直角坐标相对较为复杂，为了简化投影公式的推导和计算，通常将椭球面向球面投影得到球面大地坐标，然后通过球面大地坐标与球面极坐标的换算，依然利用正轴投影公式，则很容易解决横轴和斜轴的投影计算问题.

球面极坐标的建立，需要根据测区的形状与地理位置，同时顾及投影的要求，选定一个新极点 $Q(\varphi_0, \lambda_0)$（极坐标系原点），如图 2-2 所示，Q 作为斜轴投影的北极点，QQ_1 为斜轴投影面的新轴，过新极点的子午线为 QP 为参考子午线. 球面任意点 $A(\varphi, \lambda)$ 与新极点 Q 可作一大圆 QAQ_1 与球面相交，所有通过新轴 QQ_1 的大圆称为垂直圈，与垂直圈相垂直的平面与球面相交得到大小不等的圆称为等高圈，与新轴 QQ_1 垂直的大圆 BA_QB_1 称之为新赤道，垂直圈与等高圈相当于地理坐标的经圈与纬圈组成球面新坐标格网.

如图 2-2 所示，以点 $Q(\varphi_0, \lambda_0)$ 为极点，球面上点 A 的地理坐标为 (φ, λ)，从 A 点作垂直圈 QA，大圆弧 QA 所对应的圆心角为 Z，QA 与 QP 弧的夹角为 α，由 Z，α 决定 A 点在球面上的位置，则 A 点球面极坐标为 (α, Z)，α 为方位角，由极点 Q 的经线 QP 起算，顺时针由 $0°$ 至 π，逆时针由 $0°$ 至 $-\pi$，也可以由 Q 点经线顺时针取 $0°$ 至 2π，Z 为极距，$0 \leqslant Z \leqslant \pi$.

球面坐标除了用地理坐标经纬度表示之外，经常采用球面极坐标表示，已知极点 Q 地理坐标 (φ_0, λ_0)，A 的地理坐标 (φ, λ)，由解球面三角形有关公式，即可求出 A 点的球面极坐标 (α, Z). 但球面极坐标在应用中还是显得有些不方便也不直接，这里进一步讨论球面坐标的另一种形式.

如图 2-2 所示，A 点的垂直圈至最大等高圈的距离 AA_Q 为

$$\varphi' = \frac{\pi}{2} - Z, \tag{2-83}$$

取任意方位角为 α_0 垂直圈，作为起始垂直圈，起始垂直圈与 A 点垂直圈的夹角为 λ'，规定自起始垂直圈起向右为正(从 Q 点看逆时针为正)，则有

$$\lambda' = \alpha_0 - \alpha, \tag{2-84}$$

显然，用 φ'，λ' 表示 A 点的球面坐标具有与地理坐标相同的性质. 当 $\varphi_0 = 90°$，新极点与地球极点重合，垂直圈与经圈重合，等高圈与纬圈重合，即 φ' 等于地理纬度，λ' 等于地理经差，当起始等高圈与起始经圈重合时，λ' 等于地理经度. 按球面极坐标公式计算出 Z，α，按式(2-83)、式(2-84)即可计算以新极点为北极的 A 点新的球面地理坐标 (φ', λ').

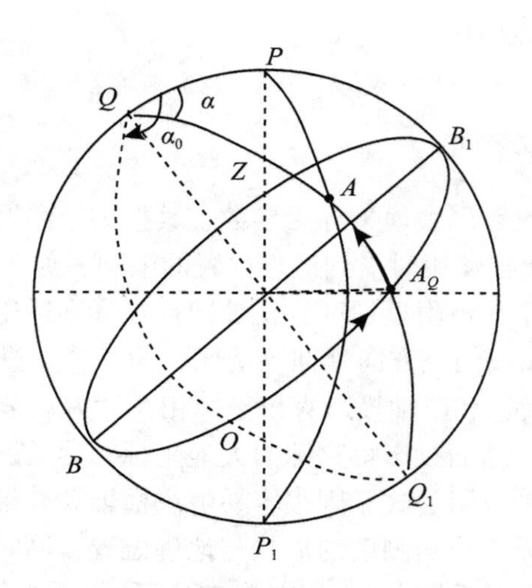

图 2-2　球面极坐标系

式(2-84)中 α_0 在投影中起到移轴和确定新原点的作用，当 $\alpha_0 = 0$ 时，λ' 从 QP 起算，与球面极坐标系 α 起算边相同，但角度的方向不同，前者逆时针方向为正，后者则相反. 当 $\alpha_0 = \pi$ 时，λ' 从 QP_1 起算.

如果已知某正轴投影公式

$$x = f_1(\varphi, \lambda), \quad y = f_2(\varphi, \lambda);$$

在正轴投影公式中以 φ'，λ' 代替 φ，λ，则得到相应的斜轴投影公式

$$x = f_1(\varphi', \lambda'), \quad y = f_2(\varphi', \lambda');$$

然后依据一定的条件，通过坐标旋转变换调整坐标轴方向使其指向真北方向.

在斜轴投影平面直角坐标系中，通常选择测区的中心点为坐标系的原点，直角坐标系 x 轴指向极点 Q 而非北极点 P，如图 2-3 所示，投影公式为

$$\left.\begin{aligned} x_Q &= f_1(Z, \alpha) = f_1(\varphi', \lambda') \\ y_Q &= f_2(Z, \alpha) = f_2(\varphi', \lambda') \end{aligned}\right\} \tag{2-85}$$

在斜轴投影中，子午线与平行圈投影后是曲线，M 点子午线的切线与极点 Q 方向之间的夹角 γ 也称为子午线收敛角，同理 γ_0 为过原点子午线的收敛角. 为方便起见，格网坐标N、E通常指向真北方向，将坐标（x_Q，y_Q）在原点处旋转 γ_0 来加以实现. 即满足正交变换

$$\left.\begin{aligned} E &= y_Q\cos\gamma_0 + x_Q\sin\gamma_0 \\ N &= x_Q\cos\gamma_0 - y_Q\sin\gamma_0 \end{aligned}\right\} \tag{2-86}$$

2.5.2　球面大地坐标与极坐标的换算

由上一节可知，球面上任意点 A 的位置可以用球面极坐标（α，Z）或坐标（λ'，φ'）来表示，因此，在斜轴投影正反算中，必然涉及由球面大地坐标（λ，φ）计算球面极坐标

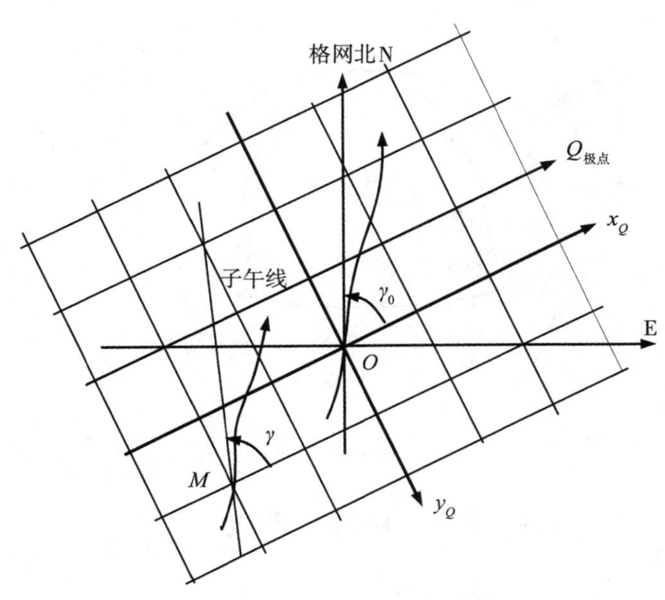

图 2-3 斜轴投影坐标系

以及由球面极坐标解算球面大地坐标等相关的计算. 球面大地坐标与极坐标之间的换算可以通过解求球面三角形的基本公式来实现.

1. 球面大地坐标计算球面极坐标

如图 2-4 所示，在球面极三角形 PQA 中，由球面极三角形边的余弦定理有

$$\cos Z=\cos(90°-\varphi_0)\cos(90°-\varphi)+\sin(90°-\varphi_0)\sin(90°-\varphi)\cos(\lambda-\lambda_0),$$

则有

$$\cos Z=\sin\varphi_0\sin\varphi+\cos\varphi_0\cos\varphi\cos(\lambda-\lambda_0), \tag{2-87}$$

由正弦与余弦定理有

$$\sin Z\cos\alpha=\cos(90°-\varphi)\sin(90°-\varphi_0)-\sin(90°-\varphi)\cos(90°-\varphi_0)\cos(\lambda-\lambda_0),$$

即

$$\sin Z\cos\alpha=\cos\varphi_0\sin\varphi-\sin\varphi_0\cos\varphi\cos(\lambda-\lambda_0). \tag{2-88}$$

由正弦定理，可知

$$\frac{\sin Z}{\sin(\lambda-\lambda_0)}=\frac{\sin(90°-\varphi)}{\sin\alpha},$$

即

$$\sin Z\sin\alpha=\cos\varphi\sin(\lambda-\lambda_0); \tag{2-89}$$

将式(2-88)和式(2-89)两式平方相加，再开方可得

$$\sin Z=\{\cos^2\varphi\sin^2(\lambda-\lambda_0)+[\cos\varphi_0\sin\varphi-\sin\varphi_0\cos\varphi\cos(\lambda-\lambda_0)]^2\}^{1/2} \tag{2-90}$$

因 $0<Z<\pi$，当 $Z>\pi/2$ 时，利用上式计算无法进行象限判断. 由式(2-87)与式(2-90)

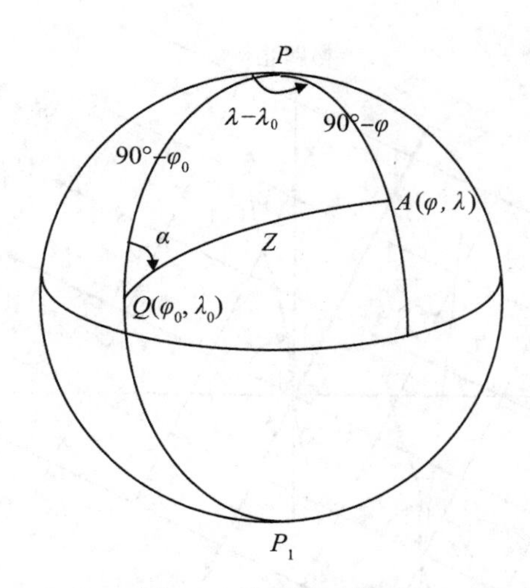

图 2-4　球面极三角形

可得

$$\tan Z=\frac{\sin Z}{\cos Z},\tag{2-91}$$

或

$$\tan Z=\frac{\{\cos^2\varphi\sin^2(\lambda-\lambda_0)+[\cos\varphi_0\sin\varphi-\sin\varphi_0\cos\varphi\cos(\lambda-\lambda_0)]^2\}^{1/2}}{\sin\varphi_0\sin\varphi+\cos\varphi_0\cos\varphi\cos(\lambda-\lambda_0)};\tag{2-92}$$

将式(2-89)除以式(2-88)可得

$$\tan\alpha=\frac{\cos\varphi\sin(\lambda-\lambda_0)}{\cos\varphi_0\sin\varphi-\sin\varphi_0\cos\varphi\cos(\lambda-\lambda_0)},\tag{2-93}$$

将 $Z=\pi/2-\varphi'$, $\alpha=\pi-\lambda'$（或 $\alpha=-\lambda'$）代入式(2-87)与式(2-93)得到新球面地理坐标(λ', φ'),

$$\sin\varphi'=\sin\varphi_0\sin\varphi+\cos\varphi_0\cos\varphi\cos(\lambda-\lambda_0),\tag{2-94}$$

$$\tan\lambda'=-\frac{\cos\varphi\sin(\lambda-\lambda_0)}{\cos\varphi_0\sin\varphi-\sin\varphi_0\cos\varphi\cos(\lambda-\lambda_0)},\tag{2-95}$$

当 $\varphi_0=0$ 时，则横轴球面坐标计算公式为

$$\left.\begin{aligned}\cos Z&=\cos\varphi\cos(\lambda-\lambda_0)\\ \tan\alpha&=\cot\varphi\sin(\lambda-\lambda_0)\end{aligned}\right\}\tag{2-96}$$

或

$$\left.\begin{aligned}\sin\varphi'&=\cos\varphi\cos(\lambda-\lambda_0)\\ \tan\lambda'&=-\cot\varphi\sin(\lambda-\lambda_0)\end{aligned}\right\}.\tag{2-97}$$

2. 球面极坐标计算球面地理坐标

如图 2-4 所示，对于球面三角 PQA，由余弦定理可知

$$\cos(90° - \varphi) = \cos(90° - \varphi_0)\cos Z + \sin(90° - \varphi_0)\sin Z\cos\alpha,$$

即

$$\sin\varphi = \sin\varphi_0\cos Z + \cos\varphi_0\sin Z\cos\alpha; \tag{2-98}$$

由正弦与余弦定理得

$$\sin(90° - \varphi)\cos(\lambda - \lambda_0) = \sin(90° - \varphi_0)\cos Z - \cos(90° - \varphi_0)\sin Z\cos\alpha,$$

则

$$\cos\varphi\cos(\lambda - \lambda_0) = \cos\varphi_0\cos Z - \sin\varphi_0\sin Z\cos\alpha; \tag{2-99}$$

由正弦定理得

$$\frac{\sin(90° - \varphi)}{\sin\alpha} = \frac{\sin Z}{\sin(\lambda - \lambda_0)},$$

即

$$\sin(\lambda - \lambda_0) = \frac{\sin Z\sin\alpha}{\cos\varphi}; \tag{2-100}$$

由式(2-99)和式(2-100)可得

$$\tan(\lambda - \lambda_0) = \frac{\sin Z\sin\alpha}{\cos\varphi_0\cos Z - \sin\varphi_0\sin Z\cos\alpha}, \tag{2-101}$$

由式(2-98)计算 $\sin\varphi$，则有

$$\tan\varphi = \frac{\sin\varphi}{\sqrt{1 - \sin^2\varphi}}. \tag{2-102}$$

顾及 $Z = \pi/2 - \varphi'$，$\alpha = \pi - \lambda'$，由式(2-98)和式(2-101)得到新球面地理坐标计算球面地理坐标计算表达式

$$\left.\begin{aligned} \sin\varphi &= \sin\varphi_0\sin\varphi' - \cos\varphi_0\cos\varphi'\cos\lambda' \\ \tan(\lambda - \lambda_0) &= \frac{\cos\varphi'\sin\lambda'}{\cos\varphi_0\sin\varphi' + \sin\varphi_0\cos\varphi'\cos\lambda'} \end{aligned}\right\} \tag{2-103a}$$

若取 $Z = \pi/2 - \varphi'$，$\alpha = -\lambda'$，则有

$$\left.\begin{aligned} \sin\varphi &= \sin\varphi_0\sin\varphi' + \cos\varphi_0\cos\varphi'\cos\lambda' \\ \tan(\lambda - \lambda_0) &= \frac{\cos\varphi'\sin\lambda'}{\cos\varphi_0\sin\varphi' - \sin\varphi_0\cos\varphi'\cos\lambda'} \end{aligned}\right\} \tag{2-103b}$$

2.5.3 新极点的确定方法

在球面坐标变换之前，首先确定新极点 Q 的地理坐标 (φ_0, λ_0)，下面简要介绍球面坐标新极点的确定方法.

1. 取测量区域的中心点为新极点

通常可以人为地选择测量区域中心位置某控制点作为新极点，也可取测量区域控制点地理坐标的平均值作为新极点的地理坐标，如果测量区域形状不是很规则，可以人为地适当调整. 该方法简单方便实用.

2. 选择测量区域中部大圆所对应的极点为新极点

如图 2-5 所示，在球面大圆上两个已知点 A 和 B，球面坐标分别为 $A(\varphi_1, \lambda_1)$ 和 $B(\varphi_2, \lambda_2)$，该大圆的极点为 $Q(\varphi_0, \lambda_0)$.

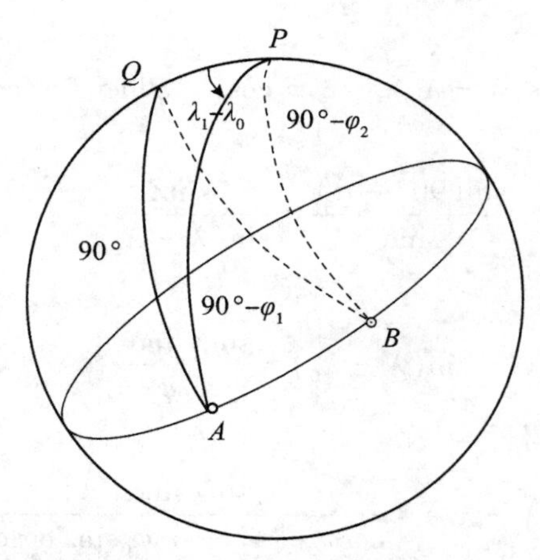

图 2-5　新极点的确定

在球面三角形 PQA 中，按球面三角形余弦公式有

$$\cos 90° = \sin\varphi_0\sin\varphi_1 + \cos\varphi_0\cos\varphi_1\cos(\lambda_1 - \lambda_0) = 0$$

则有

$$\tan\varphi_0\tan\varphi_1 = -\cos(\lambda_1 - \lambda_0) \tag{2-104}$$

同理，在球面三角形 PQB 中则有下式成立

$$\tan\varphi_0\tan\varphi_2 = -\cos(\lambda_2 - \lambda_0) \tag{2-105}$$

联立上述两式解方程得

$$\tan\lambda_0 = -\frac{\tan\varphi_2\cos\lambda_1 - \tan\varphi_1\cos\lambda_2}{\tan\varphi_2\sin\lambda_1 - \tan\varphi_1\sin\lambda_2} \tag{2-106}$$

求出 λ_0 后，将其代入式(2-104)或式(2-105)中计算 φ_0，即

$$\tan\varphi_0 = -\frac{\cos(\lambda_2 - \lambda_0)}{\tan\varphi_2} = -\frac{\cos(\lambda_1 - \lambda_0)}{\tan\varphi_1} \tag{2-107}$$

或按下列公式计算

$$\left.\begin{aligned}
&\tan\chi = \tan\varphi_2\sec(\lambda_2 - \lambda_1)\\
&\tan u_1 = \tan(\lambda_2 - \lambda_1)\cos\chi\csc(\chi - \varphi_1)\\
&\sin\varphi_0 = \cos\varphi_1\sin u_1\\
&\tan(\lambda_0 - \lambda_1) = \csc\varphi_1\cot u_1
\end{aligned}\right\} \tag{2-108}$$

由式(2-106)可得到相差 180°的 λ_0 值，将其代入式(2-107)可得到 φ_0 两个相应的值，且同值异号，计算得到两极点，一个在北半球，另一个在南半球，它们在同一直径的两端

点上.

该方法适合于斜轴圆柱投影，当大圆与任意经线重合时，$\varphi_0=0°$，投影面的轴与地轴垂直，则投影为横轴圆柱投影；当大圆与赤道重合时，$\varphi_0=90°$，投影面的轴与地轴重合，则投影为正轴圆柱投影即为墨卡托投影.

两点大圆极计算示例：

参考椭球：CGCS2000，$a=6378137\text{m}$，扁率倒数 $1/f=298.257222101$.

已知椭球面上两点：

$$A\text{ 点}: B_1=29°14'28'',\quad L_1=119°52'02'';$$

$$B\text{ 点}: B_2=29°34'04'',\quad L_2=121°08'53''.$$

①计算两点球面坐标：以 A 点为基准点，由椭球面向球面作局部投影，由式(2-147)和式(2-148)计算两点的球面坐标：

$$A\text{ 点}: \varphi_1=29°10'46.05958'',\quad \lambda_1=120°05'53.39057'';$$

$$B\text{ 点}: \varphi_2=29°30'19.04429'',\quad \lambda_2=121°22'53.27434''.$$

②计算球面两点大圆所对应的极点坐标：将两点球面坐标代入式(2-106)计算得

$$\lambda_0=-28°32'04.6'',\quad \lambda_0=151°27'55.4'',$$

由 λ_0 按式(2-107)分别计算对应的 φ_0；

$$\varphi_0=56°48'56.2'',\quad \varphi_0=-56°48'56.2'';$$

其中北半球极点 Q 的经纬度为

$$\lambda_0=-28°32'04.6'',\quad \varphi_0=56°48'56.2''.$$

3. 新极点为测量或制图区域中部小圆的极

如图 2-6 所示，若已知球面小圆上 3 个点的坐标 $A(\varphi_1, \lambda_1)$、$B(\varphi_2, \lambda_2)$、$C(\varphi_3, \lambda_3)$，即可通过解析法精确计算极点的位置 $Q(\varphi_0, \lambda_0)$.

在球面极三角形 APQ 中，应用球面三角形余弦公式，则有

$$\begin{aligned}\cos Z &= \cos(90°-\varphi_1)\cos(90°-\varphi_0)+\sin(90°-\varphi_1)\sin(90°-\varphi_0)\cos(\lambda_1-\lambda_0)\\ &= \sin\varphi_1\sin\varphi_0+\cos\varphi_1\cos\varphi_0\cos\lambda_1\cos\lambda_0+\cos\varphi_1\cos\varphi_0\sin\lambda_1\sin\lambda_0,\end{aligned}\tag{2-109}$$

同理，在极三角形 BPQ 中，则有

$$\cos Z=\sin\varphi_2\sin\varphi_0+\cos\varphi_2\cos\varphi_0\cos\lambda_2\cos\lambda_0+\cos\varphi_2\cos\varphi_0\sin\lambda_2\sin\lambda_0,\tag{2-110}$$

因式(2-109)与式(2-110)两式相等，经变形整理后得

$$\begin{aligned}&(\cos\varphi_2\cos\lambda_2-\cos\varphi_1\cos\lambda_1)\cot\varphi_0\cos\lambda_0\\ &\quad+(\cos\varphi_2\sin\lambda_2-\cos\varphi_1\sin\lambda_1)\cot\varphi_0\sin\lambda_0=\sin\varphi_1-\sin\varphi_2;\end{aligned}\tag{2-111}$$

变量代换，引入下列符号：

$$\left.\begin{aligned}a_{12}&=\cos\varphi_2\cos\lambda_2-\cos\varphi_1\cos\lambda_1\\ b_{12}&=\cos\varphi_2\sin\lambda_2-\cos\varphi_1\sin\lambda_1\\ c_{12}&=\sin\varphi_1-\sin\varphi_2\\ x&=\cot\varphi_0\cos\lambda_0\\ y&=\cot\varphi_0\sin\lambda_0\end{aligned}\right\},\tag{2-112}$$

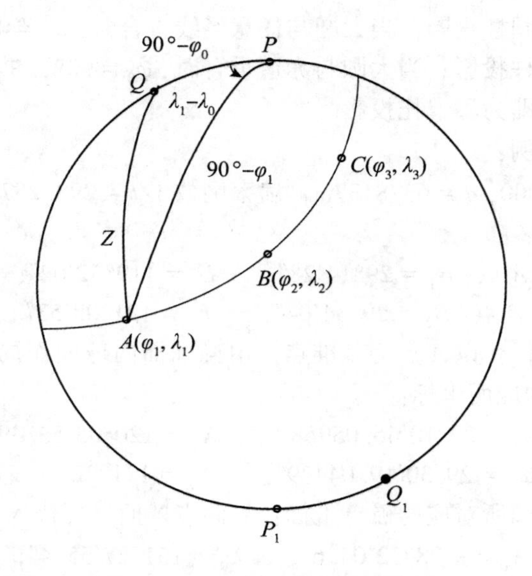

图 2-6　三点小圆的极点

则式(2-111)可化简为

$$a_{12}x + b_{12}y = c_{12}, \tag{2-113}$$

同理，对于 A、C 两点也可建立类似于式(2-113)一元一次方程

$$a_{13}x + b_{13}y = c_{13}, \tag{2-114}$$

式中系数分别为

$$\left.\begin{aligned} a_{13} &= \cos\varphi_3\cos\lambda_3 - \cos\varphi_1\cos\lambda_1 \\ b_{13} &= \cos\varphi_3\sin\lambda_3 - \cos\varphi_1\sin\lambda_1 \\ c_{13} &= \sin\varphi_1 - \sin\varphi_3 \end{aligned}\right\}, \tag{2-115}$$

将式(2-113)与式(2-114)联立解方程

$$\left.\begin{aligned} x &= -\frac{b_{12}c_{13} - b_{13}c_{12}}{a_{12}b_{13} - a_{13}b_{12}} \\ y &= \frac{a_{12}c_{13} - a_{13}c_{12}}{a_{12}b_{13} - a_{13}b_{12}} \end{aligned}\right\}, \tag{2-116}$$

变量回代则有

$$\left.\begin{aligned} \lambda_0 &= \arctan\left(\frac{y}{x}\right) \\ \varphi_0 &= \arctan\left(\frac{\sin\lambda_0}{y}\right) = \arctan\left(\frac{\cos\lambda_0}{x}\right) \end{aligned}\right\}; \tag{2-117}$$

或采用如下公式计算：

$$\tan(\lambda_0-\lambda_1)=\{(\sin\varphi_1-\sin\varphi_3)[\cos\varphi_1-\cos(\lambda_2-\lambda_1)]-(\sin\varphi_1-\sin\varphi_2)[\cos\varphi_1-\cos\varphi_3\cos(\lambda_3-\lambda_2)]\}/[(\sin\varphi_1-\sin\varphi_3)\cos\varphi_2\sin(\lambda_2-\lambda_1)-(\sin\varphi_1-\sin\varphi_2)\cos\varphi_3\sin(\lambda_3-\lambda_1)],\tag{2-118}$$

由式(2-111)可得

$$\tan\varphi_0=\frac{\cos\varphi_2\cos(\lambda_0-\lambda_2)-\cos\varphi_1\cos(\lambda_0-\lambda_1)}{\sin\varphi_1-\sin\varphi_2}.\tag{2-119}$$

该方法适合于斜轴圆锥投影，当 $\varphi_0=90°$，投影面的轴与地轴重合，则投影为正轴圆锥投影.

三点小圆极计算示例：

参考椭球：CGCS2000，$a=6378137\text{m}$，扁率倒数 $1/f=298.257222101$

已知椭球面上三点：

$$A\text{点}: B_1=29°34'04'',\quad L_1=121°08'53'';$$
$$B\text{点}: B_2=29°34'59'',\quad L_2=120°52'30'';$$
$$C\text{点}: B_3=29°14'28'',\quad L_3=119°52'02''。$$

(1)计算三点球面坐标：以 A 点为基准点，由椭球面向球面作局部投影，按式(2-147)、式(2-148)计算三点的球面坐标：

$$A\text{点}: \varphi_1=29°30'19.04429'',\quad \lambda_2=121°22'53.27434'';$$
$$B\text{点}: \varphi_2=29°31'13.90468'',\quad \lambda_2=121°06'28.38045'';$$
$$C\text{点}: \varphi_3=29°10'46.05958'',\quad \lambda_3=120°05'53.39057''.$$

(2)按式(2-116)、式(2-117)计算球面三点小圆的极坐标：

$$x=-0.967868956230,\quad y=1.601706959850;$$
$$\lambda_0=121°08'36.43257'',\quad \varphi_0=28°07'04.44601'';$$
$$\lambda_0=-58°51'23.56743'',\quad \varphi_0=-28°07'04.44601''.$$

北半球的极点 Q 的球面坐标为

$$\varphi_0=28°07'04.44601'',\quad \lambda_0=121°08'36.43257''.$$

对斜轴圆锥投影而言，如果以三点小圆作为伪标准纬线，利用式(2-109)计算球面伪标准纬线的纬度

$$Z=1°24'10.70478'',\quad \varphi_p=\frac{\pi}{2}-Z=88°35'49.29522''.$$

2.6 地球椭球面在球面的描写

2.6.1 概述

在斜轴投影中，直接采用椭球大地坐标推求投影平面直角坐标比较复杂，为了斜轴投影计算方便，常常将椭球面采用某种条件投影在球面上，然后再将球面投影在平面上，这

种投影方法称为双重投影法.

在地图投影中椭球面描写到球面上一般规定如下：地球椭球的赤道面与球面的赤道面重合且同心，椭球子午线投影在球面上为球面子午线，纬圈投影在球面上为球面的纬圈.椭球面子午线与球面子午线重合，纬圈投影后也是正交.

地球椭球面在球面上描写的一般公式：

$$\left.\begin{aligned}\lambda &= L,\\ \varphi &= f(B).\end{aligned}\right\}. \tag{2-120}$$

式中，L 为椭球面经度，B 为椭球面纬度，λ，φ 分别为球面经纬度.

椭球面在球面上描写的变形公式为：

子午线长度比：

$$m = \frac{R\ \mathrm{d}\varphi}{M\mathrm{d}B}, \tag{2-121}$$

纬线的长度比：

$$n = \frac{R\ \cos\varphi\mathrm{d}\lambda}{N\cos B\mathrm{d}L} = \frac{R\ \cos\varphi}{N\cos B}, \tag{2-122}$$

面积比

$$P = mn = \frac{R^2\ \cos\varphi\mathrm{d}\varphi}{MN\cos B\mathrm{d}B}, \tag{2-123}$$

地球椭球面在球面上的局部描写：投影后椭球面经差与球面经差成比例，椭球的赤道面与球面的赤道面通常是不一致的，此种情况下一般投影公式为

$$\left.\begin{aligned}\lambda &= \beta l\\ \varphi &= f(B)\end{aligned}\right\}, \tag{2-124}$$

式中，β 为比例常数，l 为椭球面经差，B 为椭球面纬度，λ，φ 分别为球面经差与纬度.

$$\left.\begin{aligned}m &= \frac{R\ \mathrm{d}\varphi}{M\mathrm{d}B}\\ n &= \frac{R\ \cos\varphi\mathrm{d}\lambda}{N\cos B\mathrm{d}l} = \frac{\beta R\ \cos\varphi}{N\cos B}\\ P &= mn = \frac{\beta R^2\ \cos\varphi\mathrm{d}\varphi}{MN\cos B\mathrm{d}B}\end{aligned}\right\}. \tag{2-125}$$

其中，比例常数 β 与函数 $f(B)$ 由投影条件而定.

2.6.2　椭球面在球面上的等角描写

等角投影等角条件可得 $m = n$，由式(2-121)和式(2-122)可得

$$m = n = \frac{R\ \mathrm{d}\varphi}{M\mathrm{d}B} = \frac{R\ \cos\varphi}{N\cos B},$$

即

$$\frac{\mathrm{d}\varphi}{\cos\varphi} = \frac{M\mathrm{d}B}{N\cos B}, \tag{2-126}$$

对上式积分

$$\ln\tan\left(\frac{\pi}{4}+\frac{\varphi}{2}\right)=\int\frac{M\mathrm{d}B}{N\cos B}+\ln K; \tag{2-127}$$

由于

$$\int\frac{M\mathrm{d}B}{N\cos B}=\ln\left\{\tan\left(\frac{\pi}{4}+\frac{B}{2}\right)\left(\frac{1-e\sin B}{1+e\sin B}\right)^{e/2}\right\},$$

引入符号

$$U=\tan\left(\frac{\pi}{4}+\frac{B}{2}\right)\left(\frac{1-e\sin B}{1+e\sin B}\right)^{e/2}, \tag{2-128}$$

由式(2-127)可得

$$\ln\tan\left(\frac{\pi}{4}+\frac{\varphi}{2}\right)=\ln U+\ln K, \tag{2-129}$$

或

$$\tan\left(\frac{\pi}{4}+\frac{\varphi}{2}\right)=KU; \tag{2-130}$$

因地球椭球赤道面与球体赤道面重合，当 $B=0$ 时，$\varphi=0$，且 $U=1$，所以 $K=1$.

$$U=\tan\left(\frac{\pi}{4}+\frac{\varphi}{2}\right). \tag{2-131}$$

为了确定等角球的半径，以某一纬度 B_0 上长度比不变为条件，即

$$\frac{R\ \cos\varphi_0}{N_0\cos B_0}=1,$$

可得

$$R=\frac{N_0\cos B_0}{\cos\varphi_0}. \tag{2-132}$$

式中，φ_0 是与 B_0 相对应的球面等角纬度. 如果赤道（$B_0=0°$）投影后长度比不变，则球体半径为 $R=a$，椭球面与球面在赤道处相切.

椭球面在球面的等角描写公式如下：

$$\left.\begin{aligned}
&U=\tan\left(\frac{\pi}{4}+\frac{B}{2}\right)\left(\frac{1-e\sin B}{1+e\sin B}\right)^{e/2}\\
&\varphi=2\arctan(U)-\frac{\pi}{2}\\
&\lambda=L\\
&R=\frac{N_0\cos B_0}{\cos\varphi_0}\\
&k=\frac{R\ \cos\varphi}{N\cos B}
\end{aligned}\right\} \tag{2-133}$$

式中，L，B 为椭球面经纬度，λ，φ 为球面经纬度，R 为等角球半径，k 为长度比.

2.6.3 椭球面在球面上的局部等角描写

地球椭球在球面的局部描写的等角条件 $m=n$，由式(2-125)可得

$$\frac{R\mathrm{d}\varphi}{M\mathrm{d}B}=\frac{\beta R\cos\varphi}{N\cos B},$$

或

$$\frac{\mathrm{d}\varphi}{\cos\varphi}=\beta\frac{M}{N\cos B}\mathrm{d}B \tag{2-134}$$

上式积分得

$$\ln\tan\left(\frac{\pi}{4}+\frac{\varphi}{2}\right)=\beta\ln U-\ln K \tag{2-135}$$

则椭球面在球面局部描写公式：

$$\left.\begin{aligned}&U=\tan\left(\frac{\pi}{4}+\frac{B}{2}\right)\left(\frac{1-e\sin B}{1+e\sin B}\right)^{e/2}\\&\lambda=\beta l\\&\tan\left(\frac{\pi}{4}+\frac{\varphi}{2}\right)=\frac{U^{\beta}}{K}\end{aligned}\right\} \tag{2-136}$$

式中，β，K 为常数.

椭球面在球面的局部描写，通常满足如下两个条件：

(1)在投影区域中纬度 B_c（中心点纬度）处南北方向的长度比尽可能变化得慢些. 规定长度比在 B_c 的一阶导数与二阶导数均为零，即

$$\left(\frac{\mathrm{d}m}{\mathrm{d}B}\right)_c=0,\qquad\left(\frac{\mathrm{d}^2m}{\mathrm{d}B^2}\right)_c=0; \tag{2-137}$$

(2)在投影区域纬度 B_c 处纬线的长度比为 1，即

$$m_c=n_c=\frac{\beta R\cos\varphi_c}{N_c\cos B_c}=1; \tag{2-138}$$

根据第一个条件确定常数 β，K：

由长度比公式 $m=\dfrac{\beta R\cos\varphi}{N\cos B}$，两取自然对数并对其求导数

$$\frac{\mathrm{d}m}{\mathrm{d}B}=m\frac{\mathrm{d}\ln m}{\mathrm{d}B}=m\frac{\mathrm{d}}{\mathrm{d}B}(\ln\beta+\ln R+\ln\cos\varphi-\ln\cos B-\ln N)$$

$$\frac{\mathrm{d}m}{\mathrm{d}B}=m\left(-\tan\varphi\frac{\mathrm{d}\varphi}{\mathrm{d}B}+\tan B-\frac{e^2\sin B\cos B}{1-e^2\sin^2B}\right); \tag{2-139}$$

由式(2-134)有

$$\frac{\mathrm{d}\varphi}{\mathrm{d}B}=\beta\frac{M\cos\varphi}{N\cos B}; \tag{2-140}$$

将上式代入式(2-139)整理可得

$$\frac{\mathrm{d}m}{\mathrm{d}B}=m\frac{M}{N\cos B}(-\beta\sin\varphi+\sin B), \tag{2-141}$$

求二阶导数 $\dfrac{\mathrm{d}^2m}{\mathrm{d}B^2}$，当 $B=B_c$ 时二阶导数等于零，只要求式(2-141)中

$$\frac{\mathrm{d}}{\mathrm{d}B}(-\beta\sin\varphi+\sin B)=0.$$

$$\frac{\mathrm{d}}{\mathrm{d}B}(-\beta\sin\varphi+\sin B)=-\beta\cos\varphi\frac{\mathrm{d}\varphi}{\mathrm{d}B}+\cos B=-\beta^2\frac{M\cos^2\varphi}{N\cos B}+\cos B.$$

当 $B=B_c$，$\varphi=\varphi_c$，且上式为零，即

$$-\beta^2\frac{M_c}{N_c}\frac{\cos^2\varphi_c}{\cos B_c}+\cos B_c=0,$$

由上式可得

$$\beta^2\cos^2\varphi_c=\frac{1-e^2\sin^2B_c}{1-e^2}\cos^2B_c, \tag{2-142}$$

用 β^2 减去上式两边可得

$$\beta^2\sin^2\varphi_c=\beta^2-\frac{1-e^2\sin^2B_c}{1-e^2}\cos^2B_c; \tag{2-143}$$

因式(2-141)一阶导数为零，则有

$$\beta\sin\varphi_c=\sin B_c, \tag{2-144}$$

将上式代入式(2-141)可得

$$\beta^2=1+\frac{e^2}{1-e^2}\cos^4B_c. \tag{2-145}$$

将式(2-145)代入式(2-143)可求得 φ_c，把 B_c，φ_c，β 代入式(2-135)计算 K.

根据第(2)个条件

$$\frac{\beta R\cos\varphi_c}{N_c\cos B_c}=1,$$

将式(2-145)代入上式，得到

$$R=\frac{N_c\cos B_c}{\beta\cos\varphi_c}=\frac{a\sqrt{1-e^2}}{1-e^2\sin^2B_c}=\sqrt{M_cN_c}, \tag{2-146}$$

球半径等于椭球面上纬度 B_c 处的平均曲率半径，纬线 B_c 没有长度变形，因此该纬线为标准纬线.

椭球面在球面的局部描写计算公式如下：

(1)计算辅助量：

$$\left.\begin{aligned}
&\beta=\left(1+\frac{e^2\cos^4B_c}{1-e^2}\right)^{1/2}\\
&\varphi_c=\arcsin\left(\frac{\sin B_c}{\beta}\right)\\
&U_c=\tan\left(\frac{\pi}{4}+\frac{B_c}{2}\right)\left(\frac{1-e\sin B_c}{1+e\sin B_c}\right)^{e/2}\\
&K=\frac{U_c^{\beta}}{\tan\left(\dfrac{\pi}{4}+\dfrac{\varphi_c}{2}\right)}\\
&R=\frac{a\sqrt{1-e^2}}{1-e^2\sin^2B_c}
\end{aligned}\right\} \tag{2-147}$$

(2)计算球面经纬度与尺度比：

$$\left.\begin{aligned}&U=\tan\left(\frac{\pi}{4}+\frac{B}{2}\right)\left(\frac{1-e\sin B}{1+e\sin B}\right)^{e/2}\\&\lambda=\beta l\\&\varphi=2\arctan\left(\frac{U^{\beta}}{K}\right)-\frac{\pi}{2}\\&k=m=n=\frac{\beta R\cos\varphi}{N\cos B}\end{aligned}\right\}\tag{2-148}$$

式中，l 为椭球面经差，λ 为球面经差，φ 为球面纬度，R 为球面半径，k 为尺度比因子.

2.7　椭球变换理论与方法

GPS 技术作为大地测量的新技术已被广泛应用于建立城市与工程独立坐标. 众所周知，独立坐标系一般应用于城市测量与工程测量领域，独立坐标系的主要特点是限制长度变形，一般以测区的平均高程面(或抵偿高程面)作为坐标系的投影面，与该投影面相对的椭球称为独立椭球，相应的投影坐标系称为城市独立坐标系或工程独立坐标系，在独立坐标系中，要求实地量测边长与坐标反算得到的边长应尽可能地相等或满足一定的限差(城市测量要求长度变形小于 2.5cm/km，高速铁路无砟轨道平面坐标系要求长度变形小于 1cm/km)，为了控制长度变形，常常需要将基于国家参考椭球的平面坐标投影或转换到与独立椭球相对应的独立坐标系中，这样必然涉及椭球变换的基本理论与方法，对此作一些简要的论述.

2.7.1　广义大地坐标微分方程

众所周知，在建立新大地坐标系的过程中，顾及新旧椭球的定向与定位、椭球参数以及两坐标系统尺度的差异，在新旧大地坐标系统中，地面上任意点大地坐标的差异可用广义大地坐标微分公式加以表达：

$$\begin{bmatrix}\mathrm{d}B\\\mathrm{d}L\\\mathrm{d}H\end{bmatrix}=A\begin{bmatrix}\Delta X_0\\\Delta Y_0\\\Delta Z_0\end{bmatrix}+B\begin{bmatrix}\varepsilon_X\\\varepsilon_Y\\\varepsilon_Z\end{bmatrix}+Cm+D\begin{bmatrix}\mathrm{d}a\\\mathrm{d}f\end{bmatrix},\tag{2-149}$$

式中，$[\Delta X_0\quad\Delta Y_0\quad\Delta Z_0]^{\mathrm{T}}$ 为坐标原点平移量，$[\varepsilon_x\quad\varepsilon_y\quad\varepsilon_z]^{\mathrm{T}}$ 为坐标轴的旋转参数，m 为新旧坐标系的尺度比，$[\mathrm{d}a\quad\mathrm{d}f]^{\mathrm{T}}$ 为椭球长半径与扁率变化量，且系数矩阵分别为

$$\boldsymbol{A}=\begin{bmatrix}-\dfrac{\sin B\cos L}{M+H}&-\dfrac{\sin B\sin L}{M+H}&\dfrac{\cos B}{M+H}\\-\dfrac{\sin L}{(N+H)\cos B}&\dfrac{\cos L}{(N+H)\cos B}&0\\\cos B\cos L&\cos B\sin L&\sin B\end{bmatrix},\tag{2-150}$$

$$\boldsymbol{B}=\begin{bmatrix} -\sin L & \cos L & 0 \\ \tan B\cos L & \tan B\sin L & -1 \\ -Ne^2\sin B\cos B\sin L & Ne^2\sin B\cos B\cos L & 0 \end{bmatrix}, \tag{2-151}$$

$$\boldsymbol{C}=\begin{bmatrix} \dfrac{Ne^2}{M+H}\sin B\cos B \\ 0 \\ N(1-e^2\sin^2 B)+H \end{bmatrix}, \tag{2-152}$$

$$\boldsymbol{D}=\begin{bmatrix} \dfrac{Ne^2\sin B\cos B}{(M+H)a} & \dfrac{M(2-e^2\sin^2 B)\sin B\cos B}{(M+H)(1-f)} \\ 0 & 0 \\ -\dfrac{N}{a}(1-e^2\sin^2 B) & \dfrac{N(1-e^2)\sin^2 B}{1-f} \end{bmatrix}. \tag{2-153}$$

上述系数矩阵中 M 为子午线曲率半径，N 为卯酉线曲率半径，H 为大地高.

一般而言，独立坐标系是基于国家坐标系建立起来的，独立椭球的基准椭球一般为国家参考椭球，原则上是独立坐标系与国家坐标系的坐标原点、坐标轴的指向以及两坐标系的尺度保持不变，仅涉及椭球参数的变化，在此情形下广义大地坐标微分方程可简化为

$$\begin{bmatrix} \mathrm{d}B \\ \mathrm{d}L \\ \mathrm{d}H \end{bmatrix}=\begin{bmatrix} \dfrac{Ne^2\sin B\cos B}{(M+H)a} & \dfrac{M(2-e^2\sin^2 B)\sin B\cos B}{(M+H)(1-f)} \\ 0 & 0 \\ -\dfrac{N}{a}(1-e^2\sin^2 B) & \dfrac{N(1-e^2)\sin^2 B}{1-f} \end{bmatrix}\begin{bmatrix} \mathrm{d}a \\ \mathrm{d}f \end{bmatrix}, \tag{2-154}$$

式中，$M=\dfrac{a(1-e^2)}{W^3}$，$N=\dfrac{a}{W}$，$W=\sqrt{1-e^2\sin^2 B}$.

因为 $e^2=2f-f^2$，$(1-f)^2=1-e^2$，$\mathrm{d}e^2=2(1-f)\mathrm{d}f$，$\mathrm{d}f=\mathrm{d}e^2/2(1-f)$，用第一偏心率的微分 $\mathrm{d}e^2$ 替代 $\mathrm{d}f$，则式(2-154)可改写为

$$\begin{bmatrix} \mathrm{d}B \\ \mathrm{d}L \\ \mathrm{d}H \end{bmatrix}=\begin{bmatrix} \dfrac{e^2\sin B\cos B}{(M+H)W} & \dfrac{N(2-e^2\sin^2 B)\sin B\cos B}{2(M+H)W^2} \\ 0 & 0 \\ -W & \dfrac{N}{2}\sin^2 B \end{bmatrix}\begin{bmatrix} \mathrm{d}\alpha \\ \mathrm{d}e^2 \end{bmatrix}. \tag{2-155}$$

2.7.2 几种常见的椭球变换方法

在椭球变换中，以一个点为基准点进行椭球变换的方法称为单点模式，以多点进行变换叫多点模式. 为讨论问题方便起见，这里以单点模式进行阐述.

假设某一基准点 P_0 正常高为 h_0，投影面的正常高为 Δh，测区平均高程异常 ζ，则基准点的大地高为 $H_0=h_0+\zeta$，投影面的大地高为 $\Delta H=\Delta h+\zeta$，设该点在国家参考椭球

面上的大地经纬度分别为 B_0 和 L_0，如图 2-7 所示.

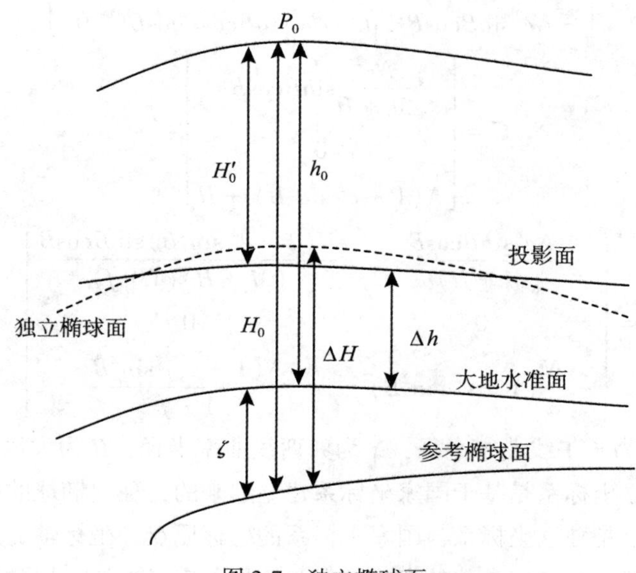

图 2-7　独立椭球面

1. 椭球膨胀法——改变参考椭球的长半径 a，不改变扁率 f

常用的椭球膨胀法一般采用下列三种方法：

椭球膨胀法 1：以独立坐标投影面的大地高 ΔH 作为长半径的变动量，椭球的扁率不变，则有

$$\left.\begin{aligned} \mathrm{d}a &= \Delta H \\ \mathrm{d}f = 0,\ &\mathrm{d}e^2 = 0 \end{aligned}\right\}; \tag{2-156}$$

椭球膨胀法 2：

$$\left.\begin{aligned} \mathrm{d}a &= \sqrt{1 - e^2 \sin^2 B_0}\,\Delta H \\ \mathrm{d}f &= 0,\ \mathrm{d}e^2 = 0 \end{aligned}\right\}; \tag{2-157}$$

椭球膨胀法 3：以基准点国家参考椭球的平均曲率半径的变动量反求椭球长半径的变动量. 假设在基准点 P_0 处对应的独立椭球面的平均曲率半径 R_0' 为

$$R_0' = R_0 + \Delta H = \frac{a\sqrt{1 - e^2}}{1 - e^2 \sin^2 B_0} + \Delta H, \tag{2-158}$$

则独立椭球的长半径

$$a_1 = \frac{1 - e^2 \sin^2 B_0'}{\sqrt{1 - e^2}}(R_0 + \Delta H) \approx a + \frac{1 - e^2 \sin^2 B_0}{\sqrt{1 - e^2}}\Delta H, \tag{2-159}$$

即

$$\left.\begin{aligned} da &= \frac{1-e^2\sin^2 B_0}{\sqrt{1-e^2}}\Delta H \\ df &= 0,\ de^2 = 0 \end{aligned}\right\} \tag{2-160}$$

对椭球膨胀法 1 而言，由式(2-155)第三式和式(2-156)可知

$$dH_i = -W_i\Delta H \approx -\Delta H + \frac{1}{2}e^2\sin^2 B_i\Delta H. \tag{2-161}$$

由此可见，该独立坐标系所对应的椭球面与位置基准点无关，不论 B_i 为何值，独立坐标系所对应的椭球面总是低于平均高程面，且纬度越高其差值越大，在平均高程面较高的高纬度地区，其差值相差可达 2~3m.

对椭球膨胀法 2 而言，由式(2-155)第三式和式(2-157)可得

$$dH_i = -\sqrt{1-e^2\sin^2 B_i}\sqrt{(1-e^2\sin^2 B_0)}\Delta H, \tag{2-162}$$

将上式按二项式展开，略去高次项，化简可得

$$dH_i = -\Delta H + \frac{1}{2}e^2(\sin^2 B_i + \sin^2 B_0)\Delta H, \tag{2-163}$$

椭球膨胀法 2 所对应的椭球面不仅与位置基准点有关，而且与控制网的纬度有关，不论 B_i 为何值，独立坐标系所对应的椭球面总是低于平均高程面，且纬度越高其差值越大.

同理，由式(2-155)与式(2-160)可得

$$dH_i = -\sqrt{1-e^2\sin^2 B_i}\,\frac{1-e^2\sin^2 B_0}{\sqrt{1-e^2}}\Delta H, \tag{2-164}$$

将上式按二项式展开，略去 e^4 以上的高次项，化简得到

$$dH_i = -\Delta H + e^2\left(\frac{1}{2}\sin^2 B_i + \sin^2 B_0 - \frac{1}{2}\right)\Delta H. \tag{2-165}$$

对椭球膨胀法 3 而言，由式(2-165)可知，独立椭球面不仅与位置基准点有关，而且与控制网的纬度有关，取网中心点(一般作为基准点)平均纬度计算，当 $B = 35°16'$，$dH = -\Delta H$；$B < 35°16'$，独立椭球面总是高于平均高程面；$B > 35°16'$，独立椭球面总是低于平均高程面.

2. 椭球平移法——改变参考椭球的中心位置，其定向与椭球元素不变

将参考椭球沿基准点 P_0 的法线方向平移 ΔH，使得位置基准点与边长归算高程面重合，不改变椭球元素，这样位置基准点的经纬度不变，大地高 $H_0' = H_0 - \Delta H$，椭球中心随椭球平移从而使得点的三维坐标发生变化

$$\begin{bmatrix}\Delta X_0\\ \Delta Y_0\\ \Delta Z_0\end{bmatrix} = -\begin{bmatrix}\cos B_0\cos L_0\\ \cos B_0\sin L_0\\ \sin B_0\end{bmatrix}\Delta H; \tag{2-166}$$

则大地坐标的变化量

$$\begin{bmatrix} dB_i \\ dL_i \\ dH_i \end{bmatrix} = \begin{bmatrix} -\dfrac{\sin B_i \cos L_i}{M_i + H_i} & -\dfrac{\sin B_i \sin L_i}{M_i + H_i} & \dfrac{\cos B_i}{M_i + H_i} \\ -\dfrac{\sin L_i}{(N_i + H_i)\cos B_i} & \dfrac{\cos L_i}{(N_i + H_i)\cos B_i} & 0 \\ \cos B_i \cos L_i & \cos B_i \sin L_i & \sin B_i \end{bmatrix} \begin{bmatrix} \Delta X_0 \\ \Delta Y_0 \\ \Delta Z_0 \end{bmatrix}; \tag{2-167}$$

将式(2-166)代入上式化简可得

$$\begin{bmatrix} dB_i \\ dL_i \\ dH_i \end{bmatrix} = - \begin{bmatrix} -\dfrac{\sin B_i \cos(L_i - L_0)\cos B_0 + \cos B_i \sin B_0}{M_i + H_i} \\ -\dfrac{\sin(L_i - L_0)\cos B_0}{(N_i + H_i)\cos B_i} \\ \cos B_0 \cos B_i \cos(L_i - L_0) + \sin B_0 \sin B_i \end{bmatrix} \Delta H; \tag{2-168}$$

由上式可知，在基准点上有 $dB_0 = 0$，$dL_0 = 0$，$dH_0 = -\Delta H$. 而且有

$$dH_i = -(\cos B_i \cos L_i \cos B_0 \cos L_0 + \cos B_i \sin L_i \cos B_0 \sin L_0 + \sin B_i \sin B_0)\Delta H; \tag{2-169}$$

将上式在 P_0 处展开，设 $B_i = B_0 + dB$，$L_i = L_0 + dL$，略去高次项得到

$$dH_i \approx -\Delta H + \frac{dB''}{\rho''^2}\cos^2 B_0 \Delta H; \tag{2-170}$$

取纬差 $dB < 20'$，$B_0 = 45°$，$\Delta H < 1000$m 的控制点，上式第二项不超过 7mm，因此有下式近似成立

$$dH_i \approx -\Delta H. \tag{2-171}$$

3. 椭球变形法——改变国家参考椭球的长半径 a 和扁率 f

以位置基准点椭球面的法线方向为其法线方向，沿法线方向量取 ΔH，使其该点的大地高为 $H'_0 = H_0 - \Delta H$，在 H'_0 高程面作一椭球面，变换其扁率，保持位置基准点的大地经纬度 B_0 和 L_0 不变，两椭球在基准点的三维直角坐标不变，按上述条件求解独立椭球参数：

$$\left.\begin{aligned} (N'_0 + H_0 - \Delta H)\cos B_0 \cos L_0 &= (N_0 + H_0)\cos B_0 \cos L_0 \\ (N'_0 + H_0 - \Delta H)\cos B_0 \sin L_0 &= (N_0 + H_0)\cos B_0 \sin L_0 \\ [N'_0(1 - e_1^2) + H_0 - \Delta H]\sin B_0 &= [N_0(1 - e^2) + H_0)]\sin B_0 \end{aligned}\right\}, \tag{2-172}$$

由上式第一式可得

$$N'_0 = N_0 + \Delta H, \tag{2-173}$$

将上式代入式(2-172)第三式，则有

$$e_1^2 = \frac{N_0}{N_0 + \Delta H} e^2, \tag{2-174}$$

则独立椭球的长半径

$$a_1 = N'_0 W'_0 = (N_0 + \Delta H)\sqrt{1 - \frac{N_0 e^2}{N_0 + \Delta H}\sin^2 B_0}. \tag{2-175}$$

由式(2-174)、式(2-175)可得

$$\left.\begin{aligned} da &= a_1 - a \approx \frac{(2 - e^2 \sin^2 B_0)\Delta H}{2W_0} \approx \Delta H \\ de^2 &= e_1^2 - e^2 = -\frac{\Delta H}{N_0 + \Delta H} e^2 \end{aligned}\right\}, \tag{2-176}$$

将上式代入式(2-168)中的第三式，略去 e^4 以上的高次项，则有

$$dH_i = -W_i da + \frac{N_i}{2}\sin^2 B_i de^2 \approx -\left(1 - \frac{1}{2}e^2 \sin^2 B_i\right)\Delta H - \frac{1}{2}e^2 \sin^2 B_i \Delta H = \Delta H, \tag{2-177}$$

即独立椭球面与高程投影面基本重合.

2.7.3　投影面坐标转换方法与算例分析

不同投影面之间坐标转换过程如下：

(1)已知参考椭球下的高斯平面坐标与大地坐标，确定边长投影面高程，以及测区平均大地水准面差距(或高程异常值).

(2)选择椭球变换方法，计算椭球元素变化量 da、de^2，计算控制点大地经纬度的变化量 dB、dL，得到独立椭球下大地坐标 $B' = B + dB$，$L = L + dL$.

(3)选择独立坐标系中央子午线，以新椭球元素和控制点新的大地坐标按高斯投影计算高程投影面的平面坐标.

(4)根据实际需要添加平移与旋转变换.

算例 2.1：

某控制网其中 3 个点 1954 北京坐标系坐标见表 2-5，选择 1 号点作为基准点，投影面的大地高取 57m，椭球变换计算结果见表 2-6 和表 2-7.

表 2-5　**控制点北京 1954 坐标**

点号	x(m)	y(m)	B	L
1	2496657.820	508202.617	22°29′29.46381″	118°56′03.29812″
2	2502054.522	516681.409	22°32′15.08425″	119°01′05.11742″
3	2495670.370	548381.370	22°28′12.84569″	119°19′21.96636″

表 2-6　**高程投影面平面坐标与大地坐标变化比较表**

点号	椭球膨胀法 1 ($x/y/\Delta B_i/\Delta H_i$)	椭球膨胀法 2 ($x/y/\Delta B_i/\Delta H_i$)	椭球平移法 ($x/y/\Delta B_i/\Delta H_i$)	椭球变换法 ($x/y/\Delta B_i/\Delta H_i$)
1	2496680.267m	2496680.332m	2496657.820m	2496680.271m
	508207.160	508207.173	508202.623	508207.162
	0°00′00.00439″	0°00′00.0044″	0°00′00.0000″	0°00′00.0000″
	−56.972m	−57.136m	−57.000m	−57.000m

续表

点号	椭球膨胀法 1 ($x/y/\Delta B_i/\Delta H_i$)	椭球膨胀法 2 ($x/y/\Delta B_i/\Delta H_i$)	椭球平移法 ($x/y/\Delta B_i/\Delta H_i$)	椭球变换法 ($x/y/\Delta B_i/\Delta H_i$)
2	2502077. 018m	2502077. 083m	2502054. 571m	2502077. 021
	516686. 029	516686. 042	516681. 492	516686. 031
	0°00′00. 00439″	0°00′00. 0044″	0°00′00. 0015″	0°00′00. 0000″
	−56. 972m	−57. 136m	−57. 000m	−57. 000m
3	2495692. 809m	2495692. 873m	2495670. 362m	2495692. 812m
	548386. 276	548386. 29	548381. 739	548386. 279
	0°00′00. 00438″	0°00′00. 0044″	−0°00′00. 0007″	0°00′00. 0000″
	−56. 972m	−57. 136m	−57. 000m	−57. 000m

表 2-7　　**独立坐标系边长与方位的比较**

边号	椭球膨胀法 1 (s/α)	椭球膨胀法 2 (s/α)	椭球平移法 (s/α)	椭球变换法 (s/α)
1-2	10050. 679m	10050. 679m	10050. 679m	10050. 678m
	57°31′24. 5395″	57°31′24. 5395″	57°31′24. 5395″	57°31′24. 5568″
2-3	32336. 725m	32336. 726m	32336. 725m	32336. 726m
	101°23′11. 9658″	101°23′11. 9708″	101°23′11. 9658″	101°23′11. 9645″

表 2-7 中边长可以通过距离归算来加以检验：1954 北京坐标系高斯平面上的边长归算到独立坐标系投影面上的边长(两坐标系中央子午线相同，其投影长度变形基本相同，可不加以考虑)，其计算公式如下：

$$S_{ij} = \frac{R + \Delta H}{R} S_{ij}^{0} \tag{2-178}$$

式中，S_{ij}^{0} 为参考椭球面任意两点高斯平面边长，ΔH 为投影面的大地高，R 为椭球的长半径.

由上式计算得 S_{12} = 10050. 677m，S_{23} = 32336. 722m，由此可见归算边长与表 2-7 中经椭球变换所得边长基本相等.

第3章 圆锥投影

3.1 兰勃特等角圆锥投影

3.1.1 兰勃特投影概述

对于纬向延伸不大而经向延伸比较长的领土，其地图投影不适宜采用多分带的横轴墨卡托投影，此时兰勃特等角圆锥投影往往为更佳选择. 如果纬向延伸也较大，那么兰勃特等角圆锥投影就需要采用两个或多个分带，避免造成投影带边缘的投影长度变形过大.

单标准纬线圆锥投影的标准纬线是圆锥与椭球面的交线，该线保持长度比不变. 该投影坐标系的初始原点是标准纬线与中央经线的交点(见图3-1)，其纬线的投影间隔是变化的，距标准纬线越远纬线投影间隔越大，而经线投影均为直线，从椭球短半轴延长线上的点向外辐射. 尽管单标准纬线兰勃特投影通常将标准纬线上的比例因子设置为1，但有时也采用略小于1的比例因子，早期的法国就采用这种投影方法，此时在标准纬线南北就出现两条比例因子为1的纬线，这样投影就演变成为严格意义上的双标准纬线兰勃特等角圆锥投影(见图3-2). 显然从单标准纬线及其比例因子可以导出双标准纬线兰勃特等角圆锥投影，但实际中很少这么做，因为由此得到的双标准纬线通常不是整度、整分或整秒. 常见的做法是人为地选取两条特定的标准纬线，并设定该双标准纬线上的比例因子为1，美国的州平面坐标系就是如此.

双标准纬线的选取依据成图的纬度范围而定，一般选择图幅南端以北和北端以南一定比例处的两条纬线作为标准纬线. 为了使成图区内的最大尺度变形值最小化，现阶段已提出多种方案用于双标准纬线的选取.

兰勃特圆锥投影直角坐标系的建立：在兰勃特投影中，选取中央子午线的投影线作为该投影平面直角坐标的 x 轴；就切圆锥投影而言，一般选择标准纬线为原点纬线 B_0，割圆锥投影选择一条纬线作为原点纬线 B_0，中央子午线与原点纬线相交的投影点为坐标原点，过原点与原点纬线投影相切的直线为 y 轴，向东为正(见图3-3)，显然在该坐标系中任意点 P 的坐标 (x, y) 与极坐标关系式如下：

$$\begin{cases} x = \rho_s - \rho\cos\gamma \\ y = \rho\sin\gamma \end{cases} \tag{3-1}$$

式中，ρ_s 为原点纬线(B_0)的投影半径(或称为极距)，切圆锥投影中

$$\rho_s = N_0\cot B_0, \tag{3-2}$$

由圆锥投影的定义可知：计算点 P 的投影半径 ρ 是纬度 B 的函数，γ 为子午线收敛

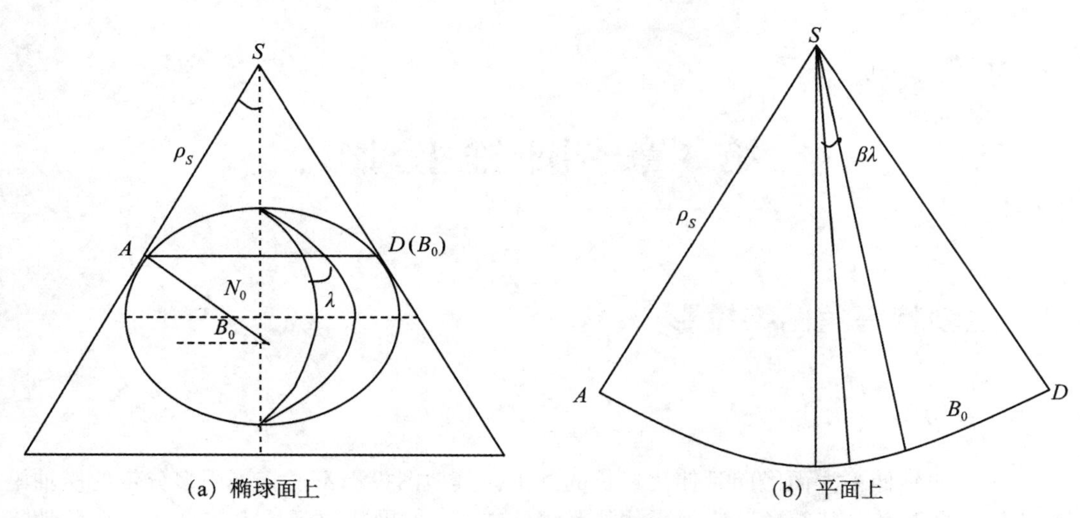

图 3-1　兰勃特等角切圆锥投影

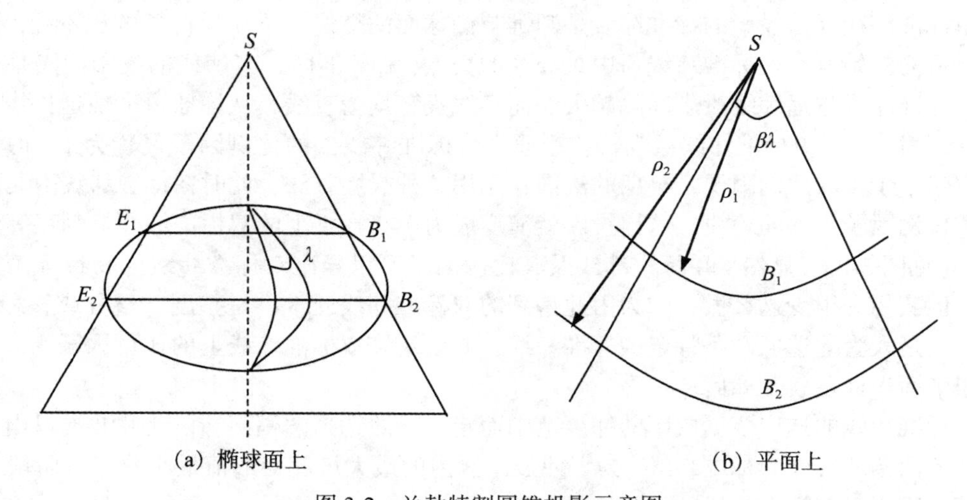

图 3-2　兰勃特割圆锥投影示意图

角，它是经差 λ 的函数，于是投影点极坐标为

$$\left.\begin{aligned}\rho &= f(B)\\ \gamma &= \beta\lambda\end{aligned}\right\}, \tag{3-3}$$

式中，β 为圆锥常数，由投影条件确定.

兰勃特投影的长度比与面积比如下：

子午线长度比：
$$m = -\frac{\mathrm{d}\rho}{M\mathrm{d}B}; \tag{3-4}$$

纬线长度比：
$$n = \frac{\rho\mathrm{d}\gamma}{N\cos B\mathrm{d}\lambda} = \frac{\beta\rho}{N\cos B}; \tag{3-5}$$

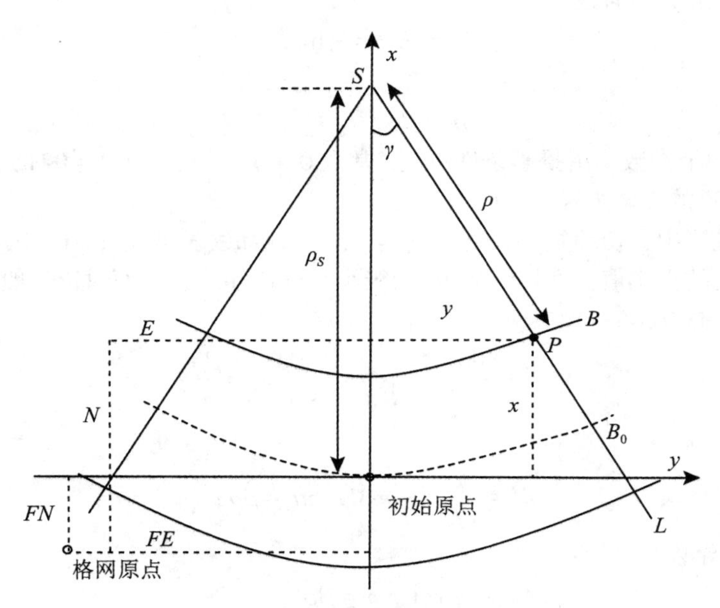

图 3-3　兰勃特圆锥投影平面直角坐标系

面积比：

$$P = mn = -\frac{\beta\rho\,\mathrm{d}\rho}{MN\cos B\mathrm{d}B}. \tag{3-6}$$

上述式(3-1)～式(3-6)为正轴圆锥投影的一般公式，这里 ρ 的形式未定，需要根据投影条件来确定.

等角投影条件满足 $m=n$，则有

$$m = n = -\frac{\mathrm{d}\rho}{M\mathrm{d}B} = \frac{\beta\rho}{N\cos B}; \tag{3-7}$$

顾及等量纬度 $\mathrm{d}q = \dfrac{M\mathrm{d}B}{N\cos B}$，将上式改写为

$$\frac{\mathrm{d}\rho}{\rho} = -\beta\mathrm{d}q;$$

上式两边积分，可得

$$\ln\rho = -\beta q + \ln C;$$

则有

$$\rho = C\mathrm{e}^{-\beta q}; \tag{3-8}$$

式中，C 为积分常数，e 为自然对数的底.

因 $U = \tan(\pi/4 + B/2)[(1 - e\sin B)/(1 + e\sin B)]^{e/2}$，令

$$t = U^{-1} = \tan\left(\frac{\pi}{4} - \frac{B}{2}\right)\left(\frac{1 + e\sin B}{1 - e\sin B}\right)^{e/2}, \tag{3-9}$$

顾及上式，由式(2-9)可得

$$\chi = \pi/2 - 2\arctan(t), \tag{3-10}$$

顾及式(3-9)，则式(2-6)改写为

$$q = \ln U = -\ln t, \tag{3-11}$$

由式(3-8)可得

$$\rho = Ce^{-\beta q} = Ct^{\beta}. \tag{3-12}$$

式中，C,β 为两个常数，由投影条件决定. 常数 $0 < \beta < 1$，当 $B = 0°$ 时，$U=1$，则 $C = \rho_{赤}$，即 C 为赤道的投影半径.

在切圆锥投影中，切纬线的长度比 $n_0 = 1$，其他纬线长度比 $n > 1$，因此切纬线 B_0 的长度比为长度比的极小值，即切纬线 B_0 为极小长度比纬线，下面讨论一般的情形：

由式(3-4)与式(3-5)可知

$$m = -\frac{d\rho}{MdB}, \quad n = \frac{\beta\rho}{N\cos B} = \frac{\beta\rho}{r};$$

则

$$\rho' = \frac{d\rho}{dB} = -mM, \quad nr = \beta\rho;$$

对式 $nr = \beta\rho$ 求导数

$$n'r + r'n = \beta\rho';$$

因 $r' = -M\sin B$，由上式可得

$$n'r - M\sin Bn = -\beta mM, \tag{3-13}$$

为了求 n 的极值，必须使 $n'_0 = \left(\frac{dn}{dB}\right)_0 = 0$，即

$$n'_0 r_0 - M_0 \sin B_0 n_0 + \beta m_0 M_0 = 0,$$

于是得到

$$n_0 = \frac{\beta m_0}{\sin B_0}. \tag{3-14}$$

为了判定 n_0 具有极小值或极大值，进一步对式(3-13)求 n'' 二阶导数，顾及式(3-14)，可得

$$r_0 n''_0 - n_0 M_0 \cos B_0 + \beta M_0 m'_0 = 0,$$

通常一般情况下(如 $m = n$，$mn = 1$)，因 $n'_0 = 0$，则有 $m'_0 = 0$，所以

$$n''_0 = n_0 \frac{M_0}{N_0} = n_0 \frac{1 - e^2}{1 - e^2 \sin B_0} > 0,$$

由此可得 n_0 为长度比的最小值，即 B_0 为最小长度比的纬度.

由式(3-14)可得

$$\beta = \begin{cases} \sin B_0, & m = n, \\ n_0 \sin B_0, & m = 1, \\ n_0^2 \sin B_0, & mn = 1, \end{cases} \tag{3-15}$$

由 $n = \beta\rho/(N\cos B)$ 可知，最小长度比纬线的投影半径为

$$\rho_0 = n_0 N_0 \cot B_0, \tag{3-16}$$

式中 $n_0 = 1$ 为切圆锥投影，$n_0 < 1$ 为割圆锥投影.

对于等角圆锥投影，由式(3-12)、式(3-15)与式(3-16)可得

$$\left.\begin{aligned}&\beta = \sin B_0\\&C = \rho_0/t_0^{\beta} = n_0 N_0 \cot B_0/t_0^{\beta}\end{aligned}\right\},\tag{3-17}$$

由上式可知，常数β是最小长度比纬度B_0的函数，常数C是B_0、n_0的函数，已知B_0、n_0可确定β、C；反之已知β可计算B_0.

综上所述，兰伯特等角切(或割)圆锥投影通用公式：

$$\left.\begin{aligned}&U = \tan\left(\frac{\pi}{4}+\frac{B}{2}\right)\left(\frac{1-e\sin B}{1+e\sin B}\right)^{e/2}\\&q = \ln U\\&t = \tan\left(\frac{\pi}{4}-\frac{B}{2}\right)\left(\frac{1+e\sin B}{1-e\sin B}\right)^{e/2}\\&\beta = \sin B_0\\&C = n_0 N_0 \cot B_0/t_0^{\beta}\\&\rho = C\mathrm{e}^{-\beta q} = Ct^{\beta}\\&\gamma = \beta\lambda\\&k = \frac{\beta\rho}{N\cos B}\end{aligned}\right\},\tag{3-18}$$

式中，B_0为最小长度比纬度，n_0为最小长度比. 当$n_0=1$为切圆锥投影，$n_0<1$为割圆锥投影，k为长度比.

对于球体而言，则有

$$\left.\begin{aligned}&\beta = \sin\varphi_0\\&C = n_0 R\cot\varphi_0\tan^{\beta}\left(\frac{\pi}{4}+\frac{\varphi_0}{2}\right)\\&\rho = \frac{C}{\tan^{\beta}\left(\frac{\pi}{4}+\frac{\varphi}{2}\right)}\\&\gamma = \beta\lambda\\&k = \frac{\beta\rho}{R\cos\varphi}\end{aligned}\right\},\tag{3-19}$$

式中，φ为球面纬度，R为球半径.

3.1.2 兰勃特等角圆锥投影(双标准纬线)

兰勃特割圆锥两条标准纬线投影长度比不变，即$n_1 = n_2 = 1$，由式(3-5)可得

$$\left.\begin{aligned}&r_1 = N_1\cos B_1 = \beta C\mathrm{e}^{-\beta q_1}\\&r_2 = N_2\cos B_2 = \beta C\mathrm{e}^{-\beta q_2}\end{aligned}\right\},\tag{3-20}$$

由上述两式解方程可得

$$\beta = \frac{\ln r_1 - \ln r_2}{q_2 - q_1}, \tag{3-21}$$

$$C = \frac{r_1}{\beta e^{-\beta q_1}} = \frac{r_2}{\beta e^{-\beta q_2}}, \tag{3-22}$$

或

$$\left.\begin{aligned} r_1 &= \beta C t_1^{\beta} \\ r_2 &= \beta C t_2^{\beta} \end{aligned}\right\}, \tag{3-23}$$

由上述两式解方程可得

$$\beta = \frac{\ln r_1 - \ln r_2}{\ln t_1 - \ln t_2}, \tag{3-24}$$

$$C = \frac{r_1}{\beta t_1^{\beta}} = \frac{r_2}{\beta t_2^{\beta}}. \tag{3-25}$$

兰勃特等角割圆锥投影参数：

①第一标准纬度 B_1；

②第二标准纬度 B_2；

③原点经度 L_0；

④原点纬度 B_0；

⑤原点东平移量 FE；

⑥原点北平移量 FN.

1)兰勃特等角割圆锥投影公式汇总(算法 1)

$$x = \rho_0 - \rho\cos\gamma \tag{3-26}$$

$$y = \rho\sin\gamma \tag{3-27}$$

$$k = \rho\beta / r \tag{3-28}$$

式中：

$$r = a\cos B / (1 - e^2 \sin^2 B)^{1/2} \tag{1-9}$$

$$q = \ln\{\tan(\pi/4 + B/2)[(1 - e\sin B)/(1 + e\sin B)]^{e/2}\} \tag{2-6}$$

$$\beta = (\ln r_1 - \ln r_2)/(q_2 - q_1) \tag{3-21}$$

$$C = r_1/(\beta e^{-\beta q_1}) = r_2/(\beta e^{-\beta q_2}) \tag{3-22}$$

$$\rho = C e^{-\beta q} \tag{3-12}$$

$$\rho_0 = C e^{-\beta q_0} \tag{3-29}$$

$$\gamma = \beta(L - L_0) \tag{3-30}$$

2)兰勃特等角割圆锥投影公式汇总(算法 2)

$$x = \rho_0 - \rho\cos\gamma \tag{3-26}$$

$$y = \rho\sin\gamma \tag{3-27}$$

$$k = \rho\beta/(am) = m_1 t^{\beta}/(m t_1^{\beta}) \tag{3-31}$$

式中：

$$m = \cos B / (1 - e^2 \sin^2 B)^{1/2} \tag{3-32}$$

$$t = \tan(\pi/4 - B/2)\ [(1 + e\sin B)/(1 + e\sin B)]^{e/2} \tag{3-9}$$

$$\beta = (\ln m_1 - \ln m_2)/(\ln t_1 - \ln t_2) \tag{3-33}$$

$$F = m_1/(\beta t_1^{\beta}) \tag{3-34}$$

$$\rho = aFt^{\beta} \tag{3-35}$$

$$\rho_0 = aFt_0^{\beta} \tag{3-36}$$

$$\gamma = \beta(L - L_0) \tag{3-30}$$

3)双标准纬线兰勃特等角圆锥投影正反算(算法1)

(1)投影正算:

$e = (2f - f^2)^{1/2}$(f为椭球的偏率);

$r = a\cos B/(1 - e^2\sin^2 B)^{1/2}$(由$B_1$、$B_2$计算$r_1$、$r_2$);

$q = \ln\{\tan(\pi/4 + B/2)[(1 - e\sin B)/(1 + e\sin B)^{e/2}\}$(由$B_0$,$B_1$,$B_2$,$B$计算$q_0$,$q_1$,$q_2$,$q$);

$\beta = (\ln r_1 - \ln r_2)/(q_2 - q_1)$;

$C = r_1/(\beta \mathrm{e}^{-\beta q_1})$ 或 $C = r_2/(\beta \mathrm{e}^{-\beta q_2})$;

$\rho = C\mathrm{e}^{-\beta q}$;(由$q_0$,$q$计算$\rho_0$,$\rho$,其中e为自然对数的底).

$\gamma = \beta(L - L_0)$;

$N = FN + \rho_0 - \rho\cos\gamma$;

$E = FE + \rho\sin\gamma$.

(2)投影反算:

$x = \rho_0 - (N - FN)$;

$y = E - FE$;

$\rho = \pm(x^2 + y^2)^{1/2}$(符号与$\beta$相同);

$q = -\ln(\rho/C)/\beta$;

$\gamma = \arctan(y/x)$;

$\chi = 2\arctan(\mathrm{e}^q) - \pi/2$(球面等角纬度);

$$\begin{aligned} B = \chi &+ (e^2/2 + 5e^4/24 + e^6/12 + 13e^8/360 + \cdots)\sin 2\chi \\ &+ (7e^4/48 + 29e^6/240 + 811e^8/11520 + \cdots)\sin 4\chi \\ &+ (7e^6/120 + 81e^8/1120 + \cdots)\sin 6\chi + (4279e^8/161280 + \cdots)\sin 8\chi + \cdots; \end{aligned}$$

$L = L_0 + \gamma/\beta$.

式中,β,C,ρ_0的计算与正算相同.

4)双标准纬线兰勃特等角圆锥投影正反算(算法2)

(1)投影正算:

$m = \cos B/(1 - e^2\sin^2 B)^{1/2}$(由纬度$B$、$B_1$、$B_2$分别计算$m$、$m_1$和$m_2$);

$t = \tan(\pi/4 - B/2)[(1 + e\sin B)/(1 - e\sin B)]^{e/2}$(由纬度$B_0$,$B_1$,$B_2$,$B$分别计算$t_0$,$t_1$,$t_2$,$t$);

$\beta = (\ln m_1 - \ln m_2)/(\ln t_1 - \ln t_2)$;

$F = m_1/(\beta t_1^{\beta})$ 或 $F = m_2/(\beta t_2^{\beta})$;

$\rho = aFt^{\beta}$（由 t_0，t 计算 ρ_0，ρ）；

$\gamma = \beta(L - L_0)$；

$N = FN + \rho_0 - \rho\cos\gamma$；

$E = FE + \rho\sin\gamma$；

$k = \rho\beta/(am) = m_1 t^{\beta}/(m t_1^{\beta})$.　　// 投影长度比 //

(2)投影反算：

$x = \rho_0 - (N - FN)$；

$y = E - FE$；

$\rho = \pm(x^2 + y^2)^{1/2}$；　　//符号与 β 相同//

$t = [\rho/(aF)]^{1/\beta}$；　　// $\rho = aFt^{\beta}$ //

$\gamma = \arctan(y/x)$；

$\chi = \pi/2 - 2\arctan(t)$；　　// 球面等角纬度 //

$$B = \chi + (e^2/2 + 5e^4/24 + e^6/12 + 13e^8/360 + \cdots)\sin 2\chi + (7e^4/48 + 29e^6/240 + 811e^8/11520 + \cdots)\sin 4\chi + (7e^6/120 + 81e^8/1120 + \cdots)\sin 6\chi + (4279e^8/161280 + \cdots)\sin 8\chi + \cdots;$$

$L = L_0 + \gamma/\beta$.

式中，β，F，ρ_0 的计算与正算相同.

算例 3-1：

投影坐标参考系：美国 NAD27/Texas South Central.

(1)投影方法：Lambert Conformal Conic SP2.

(2)投影参数：

参考椭球：Clarke 1866，a=6378206.400m=20925832.16 US feet，$1/f$=294.97870；

原点纬度：B_0 = 27°50′00″N；

原点经度：L_0 = 99°00′00″W；

第一标准纬线纬度：B_1 = 28°23′00″N；

第二标准纬线纬度：B_2 = 30°17′00″N；

原点东平移量：FE = 2000000.0000 US feet；

原点北平移量：FN = 0.0000　US feet.

(3)投影正算：

大地坐标：

B = 28°30′00.00000″N，　L = 96°00′00.00000″W；

过程参数：

β = 0.48991263，　ρ_0 = 37807441.1981；

ρ = 37565039.8642，　γ = 0.02565177；

平面直角坐标：

E = 2963503.9128 US feet，　N = 254759.7997 US feet；

(4)投影反算：

平面直角坐标：

$E=$ 2963503.9128 US feet, $N=$ 254759.7997 US feet;

过程参数：

$\beta=0.48991263$, $C=48371067.0167$;

$\rho_0=37807441.1981$, $\rho=37565039.8642$;

$\gamma=0.02565177$, $q=0.51606757$.

大地坐标：

$B=28°30'00.00000''$N, $L=96°00'00.00000''$W.

算例 3-2：

投影坐标参考系：沙特 Ain el Abd 1970/Ain el Abd Aramco Lambert 2.

(1)投影方法：Lambert Conformal Conic SP2.

(2)兰勃特割圆锥投影参数：

参考椭球：International 1924，$a=6378388.0$m，$1/f=297.0$;

原点纬度：$B_0=24°00'00''$N;

原点经度：$L_0=45°00'00''$E;

第一标准纬线纬度：$B_1=21°00'00''$N;

第二标准纬线纬度：$B_2=27°00'00''$N;

原点东平移量：$FE=1000000.000$m;

原点北平移量：$FN=3000000.000$m.

(3)投影正算：

大地坐标：

$B=23°30'25.3694''$N, $L=46°50'47.2845''$E.

过程参数：

$\beta=0.406926885$, $C=17036578.7807$;

$\rho_F=14307839.8829$, $\rho=14362364.0064$;

$\gamma=0.01311401$.

平面直角坐标：

$E=1188342.7900$m, $N=2946710.8588$m.

(4)投影反算：

平面直角坐标：

$E=1188342.7900$m, $N=2946710.8588$m;

过程参数：

$\beta=0.406926885$, $C=17036578.7807$;

$\rho_0=14307839.882$, $\rho=14362364.006$;

$\gamma=0.01311401$, $q=0.41961236$;

运算结果：

$B=23°30'25.36940''$N, $L=46°50'47.28450''$E.

3.1.3 兰勃特等角切圆锥投影(单标准纬线)

根据兰勃特等角切圆锥投影性质，切纬线(即标准纬线)的长度比为 $k_p=n_0=1$，如果

$k_p = n_0 < 1$，则单纬线投影就演变成严格意义上的双标准纬线兰勃特等角圆锥投影．在此情况下，纬线 B_p 具有最小长度比，由式(3-17)可知

$$\left.\begin{aligned} \beta &= \sin B_p \\ C &= k_p N_p \cot B_p \mathrm{e}^{\beta q_p} = k_p N_p \cot B_p / t_p^{\beta} \end{aligned}\right\} \tag{3-37}$$

双标准纬线兰勃特等角圆锥投影公式稍加修改即可用于单标准纬线投影．

兰勃特等角切圆锥投影参数包括：

①原点纬度 B_0；

②原点经度 L_0；

③标准纬度 B_p；

④尺度因子 k_p；

⑤东坐标平移值 FE；

⑥北坐标平移值 FN.

1)兰勃特等角切圆锥投影正反算(算法 1)

(1)投影正算：

$N = a/(1 - e^2 \sin^2 B)^{1/2}$（由 B_p，B 计算 N_p，N_B）；

$\beta = \sin B_p$；

$q = \ln\{\tan(\pi/4 + B/2)[(1 - e\sin B)/(1 + e\sin B)]^{e/2}\}$（由 B_p，B_0，B 计算 q_p，q_0，q）；

$C = k_p N_p \cot B_p \mathrm{e}^{\beta q_p}$（其中 e 为自然对数的底）；

$\rho = C\mathrm{e}^{-\beta q}$（由 q_0，q 计算投影半径 ρ_0，ρ）；

$\gamma = \beta(L - L_0)$；

$N = FN + \rho_0 - \rho\cos\gamma$；

$E = FE + \rho\sin\gamma$；

$k = \rho\beta/(N_B \cos B)$　// 投影长度比 //.

(2)投影反算：

$\rho = \pm[(E - FE)^2 + (\rho_0 - N + FN)^2]^{1/2}$，（符号与 β 相同）；

$q = -\ln(\rho/C)/\beta$；

$\gamma = \arctan[(E - FE)/(\rho_0 - N + FN)]$；

$\chi = 2\arctan(\mathrm{e}^q) - \pi/2$(其中 e 为自然对数的底)；

$$\begin{aligned} B = \chi &+ (e^2/2 + 5e^4/24 + e^6/12 + 13e^8/360 + \cdots)\sin 2\chi \\ &+ (7e^4/48 + 29e^6/240 + 811e^8/11520 + \cdots)\sin 4\chi \\ &+ (7e^6/120 + 81e^8/1120 + \cdots)\sin 6\chi + (4279e^8/161280 + \cdots)\sin 8\chi + \cdots; \end{aligned}$$

$L = L_0 + \gamma/\beta$；

式中，β，C，ρ_0 的计算与正算相同.

2)兰勃特等角切圆锥投影正反算(算法 2)

(1)投影正算：

$m = \cos B/(1 - e^2 \sin^2 B)^{1/2}$（由 B_0，B_p，B 计算 m_0，m_p，m）；

$t = \tan(\pi/4 - B/2)[(1 + e\sin B)/(1 - e\sin B)]^{e/2}$（由 B_0， B_p， B 计算 t_0， t_p， t）；

$\beta = \sin B_p$；

$F = m_p/(\beta t_p^\beta)$；

// 注 $\rho = Ct^\beta = k_p N_p \cot B_p / t_p^\beta \cdot t^\beta = k_p aFt^\beta$ //

$\rho = k_p aFt^\beta$（由 t_0、t 分别计算 ρ_0， ρ）；

$\gamma = \beta(L - L_0)$；

$N = FN + \rho_0 - \rho\cos\gamma$；

$E = FE + \rho\sin\gamma$

// 注 $k = \rho\beta/r = k_p aFt^\beta\beta/(am) = k_p m_p t^\beta/(mt_p^\beta)$ //

$k = k_p m_p t^\beta/(mt_p^\beta)$　// 投影长度比//.

(2)投影反算：

$x = \rho_0 - (N - FN)$；

$y = E - FE$；

$\rho = \pm(x^2 + y^2)^{1/2}$（符号与 β 相同）；

$t = [\rho/(aFk_p)]^{1/\beta}$　　// 注 $\rho = k_p aFt^\beta$ //；

$\gamma = \arctan(y/x)$；

$\chi = \pi/2 - 2\arctan(t)$；

$$B = \chi + (e^2/2 + 5e^4/24 + e^6/12 + 13e^8/360 + \cdots)\sin 2\chi + (7e^4/48 + 29e^6/240 + 811e^8/11520 + \cdots)\sin 4\chi + (7e^6/120 + 81e^8/1120 + \cdots)\sin 6\chi + (4279e^8/161280 + \cdots)\sin 8\chi + \cdots;$$

$L = L_0 + \gamma/\beta$；

式中，β， F， ρ_0 的计算与正算相同.

算例 3-3：

投影坐标参考系：Jamaica 1969(JAD69)/Jamaica National Grid.

(1)投影方法：Lambert Conformal Conic SP1；

(2)投影参数：

参考椭球：Clarke 1866，a = 6378206.400m，$1/f$ = 294.9786982.

原点纬度：B_0 = 18°00′00″N；

原点经度：L_0 = 77°00′00″W；

标准纬度：B_p = 18°00′00″N；

尺度因子：k_p = 1.000000；

东坐标平移：FE = 250000.00m；

北坐标平移：FN = 150000.00m.

(3)投影正算：

输入点坐标：

B = 17°55′55.80″N，　L = 76°56′37.26″W；

过程参数：

$\beta = 0.30901699, \quad C = 21659820.7668;$
$\rho_0 = 19636447.8622, \quad \rho = 19643955.2573;$
$\gamma = 0.00030374;$

投影结果：

$E = 255966.5818\text{m}, \quad N = 142493.5110\text{m}.$

(4)投影反算：

输入点坐标：

$E = 255966.5818\text{m}, \quad N = 142493.5110\text{m};$

过程参数：

$\beta = 0.30901699, \quad C = 21659820.7673;$
$\rho_0 = 19636447.8627, \quad \rho = 19643955.2578;$
$\gamma = 0.00030374, \quad q = 0.31612920;$

计算结果：

$B = 17°55'55.80000''\text{N}, \quad L = 76°56'37.26000''\text{W}.$

算例 3-4：

投影坐标参考系：叙利亚 Deir ez Zor/ Deir ez Zor Syria Lambert.

(1)投影方法：Lambert Conformal Conic SP1.

(2)投影参数：

参考椭球：Clarke 1880(IGN)，$a = 6378249.2\text{m}$，$1/f = 293.4660212936$

原点纬度：$B_0 = 34°39'00''\text{N}$；

原点经度：$L_0 = 37°21'00''\text{E}$；

标准纬度：$B_p = 34°39'00''\text{N}$；

尺度因子：$k_p = 0.99962560$；

原点东平移量：$FE = 300000.00\text{m}$；

原点北平移量：$FN = 300000.00\text{m}$.

(3)投影正算：

大地坐标：

$B = 37°31'17.625''\text{N}, \quad L = 34°08'11.291''\text{E};$

过程参数：

$\beta = 0.56856185, \quad C = 13300150.8482, \quad \rho_0 = 9235246.4052,$
$\rho = 8916630.4524, \quad \gamma = -0.03188874883, \quad q = 0.70327837396;$

计算结果：

$E = 15707.9992\text{m}, \quad N = 623167.1951\text{m};$

(4)投影反算：

直角坐标：

$E = 15707.9992\text{m}, \quad N = 623167.1951\text{m};$

过程参数：

$\beta = 0.56856185, \quad C = 13300150.8482, \quad \rho_0 = 9235246.4052,$

$\rho = 8916630.4524$, $\gamma = -0.03188874883$, $q = 0.70327837396$;

计算结果:

$B = 37°31'17.62499''\text{N}$, $L = 34°08'11.29100''\text{E}$.

3.1.4 标准纬线的确定方法

标准纬线的选择一般根据制图区域的范围与长度变形的要求来加以确定. 如果制图区域的经纬度不大, 为 3° ~ 4°, 可采用单标准纬线圆锥投影. 如果制图区域的纬差大于上述数值, 一般采用双标准纬线圆锥投影. 对于单标准纬线的选择比较简单, 只要取制图区域的南北边线纬度的中数并凑整为整度或整分即可. 对于双标准纬线的选择, 可分为两种情况处理, 即人为预先选定和由投影条件决定, 对于后者根据提出的投影条件进行计算, 便可得到两标准纬线, 但由此得到的两标准纬线一般不是整度数.

1. 单标准纬线(最小长度比纬线)B_0 的选择方法

1)根据测区的范围人为定义单标准纬线

等角切圆锥投影中, 已知单标准纬线 B_p 和 $k_p = n_0 = 1$, 则有 $B_0 = B_p$, 由式(3-17)可得

$$\beta = \sin B_0 = \sin B_p, \quad C = n_0 N_0 \cot B_0 / t_0^{\beta} = N_p \cot B_p / t_p^{\beta};$$

由上述常数即可完成等角切圆锥投影计算.

2)按测区边纬线长度比相等确定单标准纬线的方法

根据南北边纬线长度比相等的条件有

$$n_{\text{S}} = n_{\text{N}},$$

由 $n = \dfrac{\beta\rho}{r}$, $\rho = Ct^{\beta}$ 可得

$$\frac{\beta C t_S^{\beta}}{r_S} = \frac{\beta C t_N^{\beta}}{r_N}$$

两边取对数可得

$$\beta = \frac{\ln r_S - \ln r_N}{\ln t_S - \ln t_N}, \tag{3-38}$$

则有

$$B_0 = \arcsin\beta, \tag{3-39}$$

$$C = \frac{r_0}{\beta t_0^{\beta}} = N_0 \cot B_0 / t_0^{\beta}. \tag{3-40}$$

若我国应用单标准纬线圆锥投影, 设投影区域南北边纬的纬度分别为 $B_S = 18°$, $B_N = 54°$, 人为取切纬线(标准纬线) $B_0 = 36°$, 由式(3-17)计算参数

$$\beta = 0.58778525, \quad C = 13033510\text{m}.$$

若以边纬线长度比相等为投影条件, 按式(3-38)和式(3-40)计算可得参数

$$\beta = 0.59814989, \quad B_0 = 36°44'15.03'', \quad C = 12898023\text{m}.$$

按上述两组常数分别计算不同纬线的长度比, 列入表 3-1.

表 3-1　**单标准纬线圆锥投影长度比 k**

B	$B_0 = 36°$	$B_0 = 36°44'15.03''$
54°	1.05638	1.05157
50°	1.03268	1.02919
46°	1.01610	1.01376
42°	1.00563	1.00432
38°	1.00061	1.00024
36°	1.00000	1.00008
34°	1.00060	1.00112
30°	1.00535	1.00672
26°	1.01474	1.01696
22°	1.02880	1.03187
18°	1.04762	1.05157

由表 3-1 可见，在指定标准纬线的情况下，其长度变形变化是不均匀的，标准纬线以北比标准纬线以南的长度变化要快一些. 以边纬线长度比相等为投影条件计算，其长度比分布要均匀一些，由于根据常数 β 确定标准纬线，故标准纬线一般不是整度数.

2. 双标准纬线的选择方法

1）人为指定双标准纬线

若我国应用兰勃特圆锥投影，令 $B_1 = 27°$，$B_2 = 45°$，利用 3.1.2 节给出的相应公式计算得到 $\beta = 0.590276168$，$C = 13000260$，$B_0 = 36°10'35.79''$.

按长度比公式计算出各纬线的长度比：

最小长度比纬线 $B_0 = 36°10'35.79''$，最小长度比 $n_0 = 0.98772$. 由表 3-2 可见，在双标准纬线圆锥投影中，标准纬线没有长度变形，离开标准纬线长度比逐渐增大，标准纬线间长度变形为负，两条标准纬线之外长度变形为正，且北边快一些，南边变形慢一些，变形也不均匀，其原因是标准纬线 B_1 与 B_2 位置选择不合适，通常需要调整其位置.

表 3-2　**双标准纬线等角圆锥投影长度比**

B	18°	22°	26°	30°	34°	38°	42°	46°	50°	54°
n	1.0357	1.0169	1.0028	0.9933	0.9884	0.9882	0.9930	1.0031	1.0192	1.0423

2）采用选择双标准纬线的经验公式

$$\left.\begin{aligned} B_1 &= B_S + 0.16(B_N - B_S) \\ B_2 &= B_N - 0.12(B_N - B_S) \end{aligned}\right\} \tag{3-41}$$

式中，B_S 和 B_N 为投影区域南北边纬线的纬度，B_1 和 B_2 为计算得到的标准纬线凑整到整度或整分值. 如取 $B_S = 18°$，$B_N = 54°$，由上式计算得 $B_1 = 23°45'36''$，$B_2 = 49°40'48''$.

3)由给定的投影条件选择双标准纬线

(1)指定投影区域的边纬和中纬变形的绝对值相等.

设投影区域的边纬线的纬度为 B_S 和 B_N，则中纬线的纬度为

$$B_m = \frac{1}{2}(B_S + B_N);$$

由投影条件可得 $n_S = n_N = 1 + \mu$，$n_m = 1 - \mu$，将式(3-37)代入，则有

$$\frac{\beta C}{r_N U_N^\beta} = \frac{\beta C}{r_S U_S^\beta}, \qquad \left(\frac{U_N}{U_S}\right)^\beta = \frac{r_S}{r_N}$$

则有

$$\beta = \frac{\ln r_S - \ln r_N}{\ln U_N - \ln U_S}, \tag{3-42}$$

又因

$$n_N = \frac{\beta C}{r_N U_N^\beta} = 1 + \mu, \qquad n_m = \frac{\beta C}{r_m U_m^\beta} = 1 - \mu;$$

两式相加，得

$$C = \frac{2 r_m r_N U_m^\beta U_N^\beta}{\beta(r_m U_m^\beta + r_N U_N^\beta)}; \tag{3-43}$$

同理可得

$$C = \frac{2 r_m r_S U_m^\beta U_S^\beta}{\beta(r_m U_m^\beta + r_S U_S^\beta)}. \tag{3-44}$$

因 $n_N n_m = 1 - u^2$，当测区纬差不大时，如1∶100万分幅地图纬差为4°，对纬差4°的投影带圆锥投影而言，长度变形在边纬线和中纬线上为±0.03%，u^2 值约为 9×10^{-8}，忽略此值对于投影的计算没有影响，故有

$$n_S n_m = n_N n_m = 1.$$

由上式可得

$$\frac{\beta C}{r_S U_S^\beta} \times \frac{\beta C}{r_m U_m^\beta} = \frac{\beta C}{r_N U_N^\beta} \times \frac{\beta C}{r_m U_m^\beta} = 1,$$

则有

$$C = \frac{1}{\beta}\sqrt{r_S U_S^\beta r_m U_m^\beta} = \frac{1}{\beta}\sqrt{r_N U_N^\beta r_m U_m^\beta} \tag{3-45}$$

按前例取 $B_S = 18°$，$B_N = 54°$，则 $B_m = 36°$，由式(3-42)和式(3-43)计算得

$$\beta = 0.59814989, \qquad C = 12573313\text{m}$$

按长度比公式计算出各纬线的长度比，详见表3-3.

表 3-3　　双标准纬线等角圆锥投影长度比

B	18°	22°	26°	30°	34°	38°	42°	46°	50°	54°
n	1.0251	1.0059	0.9914	0.9814	0.9759	0.9751	0.9790	0.9882	1.0033	1.0251

最小长度比纬度为 $B_0 = 36°44'15.03''$，最小长度比为 $n_0 = 0.97428$，长度变形的绝对值为 2.518%.

表 3-3 中双标准纬线一般不是整数，双标准纬线的纬度可按牛顿迭代法计算，其计算公式为：

$$B^{(i+1)} = B^{(i)} - \frac{f(B^{(i)})}{f'(B^{(i)})}; \tag{3-46}$$

$$f(B) = rU^{\beta} - \beta C; \tag{3-47}$$

$$f'(B) = MU^{\beta}(\beta - \sin B). \tag{3-48}$$

迭代取 $B^{(0)} = B_S$ 或 $B^{(0)} = B_N$，直到满足 $|B^{(i+1)} - B^{(i)}| \leqslant 10^{-8}$ 终止迭代.

按式(3-46)~式(3-48)计算，双标准纬线为 $B_1 = 23°28'25.9''$, $B_2 = 49°15'20.7''$.

(2)指定投影区域的边纬和最小长度比变形绝对值相等.

同理，按(1)推导方法可得

$$\beta = \frac{\ln r_S - \ln r_N}{\ln U_N - \ln U_S}; \tag{3-49}$$

$$\left.\begin{aligned} C &= \frac{2r_0 r_S U_0^{\beta} U_S^{\beta}}{\beta(r_0 U_0^{\beta} + r_S U_S^{\beta})} \\ C &= \frac{2r_0 r_N U_0^{\beta} U_N^{\beta}}{\beta(r_0 U_0^{\beta} + r_N U_N^{\beta})} \end{aligned}\right\} \tag{3-50}$$

同理，当测量区域纬差不大时，则有

$$C = \frac{1}{\beta}\sqrt{r_S U_S^{\beta} r_0 U_0^{\beta}} = \frac{1}{\beta}\sqrt{r_N U_N^{\beta} r_0 U_0^{\beta}}. \tag{3-51}$$

应用上例取 $B_S = 18°$，$B_N = 54°$，按式(3-49)、式(3-39)、式(3-50)依次计算

$$\beta = 0.59814989, \quad B_0 = 36°44'15.03'', \quad C = 12573817\text{m};$$

按式(3-46)~式(3-48)计算双标准纬线：

$$B_1 = 23°29'04.1'', \quad B_2 = 49°14'46.7''.$$

最小长度比纬线的纬度为 $B_0 = 36°44'15.03''$，最小长度比 $n_0 = 0.97486$，如表 3-4 所示，其投影长度比与表 3-3 相近.

表 3-4　　双标准纬线等角圆锥投影长度比

B	18°	22°	26°	30°	34°	38°	42°	46°	50°	54°
n	1.0251	1.0059	0.9914	0.9814	0.9760	0.9751	0.9791	0.9883	1.0033	1.0251

(3)指定投影区域的单纬线纬度与最小长度比.

以 3.1.3 节算例 3-4 为例，叙利亚投影坐标参考系为 Deir ez Zor/ Deir ez Zor Syria Lambert，参考椭球为 Clarke 1880 IGN，椭球长半径 $a=6378249.2$，椭球扁率倒数 $1/f=293.4660212936$. 原点纬度 $B_0=34°39'00''$N，原点比例因子 $k_0=0.99962560$. 该单纬圆锥投影已演变成为严格意义上的双标准纬线兰勃特等角圆锥投影.

按公式 $\beta=\sin B_0$，$C=k_0N_0\cot B_0/t_0^{\beta}$ 计算，则有

$$\beta=0.56856185,\qquad C=13300152;$$

按式(3-46)~式(3-48)计算双标准纬线，则有

$$B_1=33°04'24.39''\text{E},\qquad B_2=36°12'59.19''\text{E}.$$

若以(2)中的算例作单纬圆锥投影，取 $B_0=36°44'15.03''$，长度比 $n_0=0.97486$. 按式(3-17)计算得

$$\beta=0.59814989,\qquad C=12573766\text{m};$$

按式(3-46)~式(3-48)计算双标准纬线：

$$B_1=23°29'00.25''\text{E},\qquad B_2=49°14'50.14''\text{E}.$$

由于已知数据保留的有效数位不同，导致其计算结果与(2)中计算略有差异，但两者计算的长度比差异可以忽略不计.

算例 3-5：

某东西走向高速公路沿线布设 GPS 网，线路长约 140km，按不同路段取其中部分控制点如下，见表 3-5.

表 3-5 **某线路控制点经纬度**

序号	点名	B	L
1	A0	29°34′04.00000″	121°08′53.00000″
2	B0	29°34′59.00000″	120°52′30.00000″
3	C0	29°14′28.00000″	119°52′02.00000″
4	D1	29°31′24.97670″	121°06′45.57711″
5	D2	29°31′07.57314″	121°04′32.91833″
6	D3	29°33′39.78677″	121°02′54.41064″
7	D4	29°33′45.51674″	120°59′54.91369″
8	D5	29°33′41.78132″	120°56′47.31796″
9	D6	29°34′50.25622″	120°53′52.17705″
10	D7	29°34′21.21429″	120°51′08.52793″
11	D8	29°33′23.99083″	120°48′24.99366″
12	D9	29°30′30.82817″	120°43′28.81152″

续表

序号	点名	B	L
13	D10	29°28′43. 57601″	120°40′02. 70555″
14	D11	29°27′16. 30392″	120°38′14. 86564″
15	D12	29°27′06. 61209″	120°35′08. 73239″
16	D13	29°26′49. 45927″	120°33′21. 48129″
17	D14	29°25′15. 66458″	120°31′19. 80443″
18	D15	29°24′37. 13178″	120°29′31. 74027″
19	D16	29°23′39. 11027″	120°27′19. 44224″
20	D17	29°21′59. 99475″	120°25′19. 84781″
21	D18	29°21′32. 16365″	120°23′31. 87043″
22	D19	29°20′11. 30381″	120°20′15. 98625″
23	D20	29°19′38. 61186″	120°18′39. 17080″
24	D21	29°19′08. 82182″	120°16′31. 62218″
25	D22	29°18′51. 07513″	120°13′21. 59252″
26	D23	29°19′11. 41973″	120°11′33. 28583″
27	D24	29°18′42. 09373″	120°09′24. 89553″
28	D25	29°17′38. 69043″	120°07′51. 33085″
29	D26	29°15′59. 19869″	120°05′30. 16955″
30	D27	29°15′22. 53547″	120°03′35. 05611″
31	D28	29°13′29. 75209″	119°59′26. 42350″
32	D29	29°13′47. 50192″	119°55′21. 71780″
33	D30	29°13′55. 14981″	119°52′40. 90023″

1)正轴等角切圆锥投影

参考椭球：CGCS2000；

原点纬度：$B_0 = 29°20'$N；

原点经度：$L_0 = 120°30'$E；

标准纬度：$B_p = 29°20'$N；

尺度比：$k_p = 1$；

东坐标平移量：$FE = 0$m；

北坐标平移量：$FN = 0$m.

正轴等角切圆锥投影计算见表 3-6.

表 3-6　**正轴等角切圆锥投影计算 1**

N_o	N(m)	E(m)	k(PPM)
A0	26160.6349	62797.8547	8.335
B0	27738.3858	36332.9295	9.458
C0	-10055.5580	-61513.3237	1.288
D1	21245.8188	59393.6671	5.489
D2	20691.8144	55823.9859	5.214
D3	25365.7313	53149.2023	7.864
D4	25520.5303	48316.5986	7.974
D5	25385.1130	43267.2456	7.902
D6	27476.4675	38545.4911	9.275
D7	26568.1260	34143.7609	8.679
D8	24793.7826	29746.6993	7.564
D9	19443.9320	21783.6574	4.656
D10	16132.3251	16237.3530	3.207
D11	13441.4374	13335.2222	2.227
D12	13138.2408	8319.6803	2.129
D13	12608.3570	5429.7446	1.961
D14	9719.3459	2151.2070	1.165
D15	8532.7559	-761.8485	0.898
D16	6747.0974	-4329.1262	0.561
D17	3697.0710	-7555.7864	0.168
D18	2842.4800	-10468.7571	0.099
D19	358.9629	-15755.6595	0.002
D20	-643.6729	-18369.1948	0.005
D21	-1554.7967	-21812.2929	0.031
D22	-2090.1994	-26941.1112	0.056
D23	-1456.5021	-29862.0152	0.028
D24	-2349.7872	-33328.9573	0.071
D25	-4294.2217	-35859.9268	0.233
D26	-7344.7944	-39680.4585	0.678

续表

No	N(m)	E(m)	k(PPM)
D27	-8462. 3345	-42792. 3677	0. 900
D28	-11907. 5215	-49520. 3553	1. 780
D29	-11330. 3309	-56126. 5016	1. 622
D30	-11072. 5978	-60468. 2811	1. 556

显然上述长度变形不均匀. 若以南北边纬长度比相等为条件，按式(3-38)计算得到 $\beta = 0.49090446$，则最小长度比纬度 $B_0 = 29°24'$，以该纬度为标准纬度，其他投影参数不变，其计算结果见表 3-7.

表 3-7　**正轴等角切圆锥投影计算 2**

No	N(m)	E(m)	k(PPM)
A0	18771. 4926	62797. 5979	4. 268
B0	20348. 9973	36332. 7702	5. 081
C0	-17444. 6871	-61513. 4784	3. 824
D1	13856. 6564	59393. 4775	2. 316
D2	13302. 6161	55823. 8133	2. 138
D3	17976. 4901	53148. 9925	3. 933
D4	18131. 2437	48316. 4065	4. 011
D5	17995. 7847	43267. 0746	3. 960
D6	20087. 0953	38545. 3239	4. 947
D7	19178. 7284	34143. 6185	4. 515
D8	17404. 3665	29746. 5848	3. 721
D9	12054. 4964	21783. 5949	1. 787
D10	8742. 8787	16237. 3162	0. 940
D11	6051. 9886	13335. 1986	0. 451
D12	5748. 7826	8319. 6659	0. 407
D13	5218. 8961	5429. 7358	0. 336
D14	2329. 8867	2151. 2047	0. 067
D15	1143. 2974	-761. 8478	0. 016
D16	-642. 3581	-4329. 1238	0. 005
D17	-3692. 3801	-7555. 7864	0. 168

续表

No	N(m)	E(m)	k(PPM)
D18	−4546.9664	−10468.7588	0.256
D19	−7030.4718	−15755.6691	0.611
D20	−8033.1002	−18369.2093	0.799
D21	−8944.2122	−21812.3138	0.991
D22	−9479.5927	−26941.1397	1.116
D23	−8845.8796	−29862.0433	0.973
D24	−9739.1457	−33328.9941	1.181
D25	−11683.5667	−35859.9792	1.699
D26	−14734.1185	−39680.5384	2.702
D27	−15851.6376	−42792.4627	3.129
D28	−19296.7769	−49520.4964	4.642
D29	−18719.5211	−56126.6557	4.384
D30	−18461.7411	−60468.4444	4.275

由此可见其投影长度变形要均匀一些.

2)正轴割圆锥投影

投影方法：Lambert Conformal Conic SP2；

原点纬度：B_0 = 29°24′N；

原点经度：L_0 = 120°30′E；

标准纬度 1：B_1 = 29°17′N；

标准纬度 2：B_2 = 29°31′N；

原点东平移量：FE = 0m；

原点北平移量：FN = 0m.

正轴割圆锥投影计算结果见表 3-8.

表 3-8　**正轴割圆锥投影计算结果**

No	N(m)	E(m)	k(PPM)
A0	18771.4540	62797.4684	2.204
B0	20348.9554	36332.6953	3.017
C0	−17444.6510	−61513.3516	1.762
D1	13856.6279	59393.3549	0.253
D2	13302.5888	55823.6981	0.075

续表

No	N(m)	E(m)	k(PPM)
D3	17976.4531	53148.8828	1.869
D4	18131.2063	48316.3068	1.947
D5	17995.7476	43266.9853	1.896
D6	20087.0539	38545.2444	2.883
D7	19178.6889	34143.5480	2.451
D8	17404.3306	29746.5234	1.658
D9	12054.4715	21783.5499	−0.277
D10	8742.8607	16237.2827	−1.123
D11	6051.9761	13335.1710	−1.612
D12	5748.7708	8319.6488	−1.656
D13	5218.8854	5429.7246	−1.727
D14	2329.8819	2151.2002	−1.996
D15	1143.2951	−761.8463	−2.046
D16	−642.3567	−4329.1149	−2.057
D17	−3692.3725	−7555.7709	−1.894
D18	−4546.9570	−10468.7372	−1.807
D19	−7030.4573	−15755.6366	−1.451
D20	−8033.0836	−18369.1715	−1.263
D21	−8944.1938	−21812.2688	−1.071
D22	−9479.5731	−26941.0841	−0.946
D23	−8845.8614	−29861.9817	−1.089
D24	−9739.1256	−33328.9254	−0.881
D25	−11683.5426	−35859.9052	−0.362
D26	−14734.0880	−39680.4566	0.640
D27	−15851.6049	−42792.3745	1.068
D28	−19296.7370	−49520.3943	2.580
D29	−18719.4824	−56126.5400	2.323
D30	−18461.7030	−60468.3197	2.214

从表 3-8 与表 3-7 长度变形系数 k 比较而言，割圆锥投影的长度变形比切圆锥投影的长度变形要小，相对比较均匀.

3.1.5 切与割等角圆锥投影之间的关系

由前面几节讨论可知，确定等角圆锥投影常数β，C的方法有很多，不同的常数β，C决定了不同的长度变形分布. 由式(3-17)可以看出，各种确定β，C的实质在于确定B_0，n_0的值，即最小长度比纬度B_0与最小长度比n_0，这样等角圆锥投影也就唯一确定下来，因此在B_0相同的情况下，则有

$$\left.\begin{aligned} \beta_{切} &= \beta_{割} = \sin B_0 \\ C_{割} &= n_0 N_0 \cot B_0 / t_0^{\beta} = n_0 C_{切} \\ \rho_{割} &= C_{割}\, t^{\beta} = n_0 \rho_{切} \\ n_{割} &= \frac{\beta \rho_{割}}{r} = n_0 n_{切} \end{aligned}\right\} \tag{3-52}$$

式中，$n_0<1$.

由此可见，在B_0相同的情况下，切与割圆锥投影满足相似变换的关系. 在表3-1、表3-3中，$B_0 = 36°44'15.03''$，将表3-1中$B_0 = 36°44'15.03''$情况下的长度比乘以表3-3中$n_0 = 0.97428$值，即可得到表3-3中的长度比. 如$B = 54°$，由表3-1得到$n_{切} = 1.05157$，由$n_{割} = n_0 n_{切} = 0.97428 \times 1.05157 = 1.0251$，此值与表3-3中的值一致.

3.1.6 兰勃特等角圆锥投影(西向坐标系)

丹麦和格陵兰早期的兰勃特等角圆锥投影采用的是北西向的投影坐标系，由大地坐标(B, L)到投影坐标(N, W)的投影公式，沿用单标准纬线兰勃特等角圆锥投影，区别在于

$$Y(W) = FE - \rho \sin\gamma, \tag{3-53}$$

其中FE保留原定义不变，也就是说西向坐标系的兰勃特等角圆锥投影在初始原点处加大了西平移值，因此实际意义上是作了西坐标的平移(FW).

投影反算公式同样沿用单标准纬线兰勃特等角圆锥投影，区别在于：

$$\rho = \pm[(FE - Y)^2 + (\rho_0 - (X - FN))^2]^{0.5}，\text{符号与}\beta\text{相同}; \tag{3-54}$$

$$\gamma = \arctan[(FE - Y)/(\rho_0 - (X - FN))]. \tag{3-55}$$

3.1.7 兰勃特等角圆锥投影(比利时)

1972年，比利时在大地基准面调整后，为了近似保留原有的网格坐标，引入了双标准纬线投影的修订公式，2000年该修订公式被参数修改后的常规双标准纬线投影替代.

在1972年的修订中，除下面两公式外，其他公式与前面割圆锥投影公式相同.

$$\left.\begin{aligned} E &= FE + \rho \sin(\gamma - \theta) \\ N &= FN + \rho_0 - \rho \cos(\gamma - \theta) \end{aligned}\right\}, \tag{3-56}$$

投影逆运算中

$$L = L_0 + (\gamma + \theta)/\beta, \tag{3-57}$$

式中：$\theta = 29.2985''$.

算例3-6：

投影坐标参考系：比利时 Belge 1972/ Belge Lambert 1972.

(1)投影方法：Lambert Conformal Conic SP2(LCC2).

(2)兰勃特割圆锥投影参数：

参考椭球：International 1924，　a= 6378388.0m，　$1/f$=297.0；

原点纬度：B_0 = 90°00′00″N；

原点经度：L_0 = 4°21′24.983″E；

第一标准纬线纬度：B_1 = 49°50′00″N；

第二标准纬线纬度：B_2 = 51°10′00″N；

原点东坐标平移：FE = 150000.01256m；

原点北坐标平移：FN = 5400088.4378m.

(3)投影正算：

输入点坐标：

$$B = 50°40'46.461''\text{N},\quad L = 5°48'26.533''\text{E};$$

过程参数：

$$m_1 = 4122243.9544,\quad m_2 = 4007796.3493,\quad t = 0.35913403;$$
$$t_0 = 0,\quad t_1 = 0.36750382,\quad t_2 = 0.35433583;$$
$$\beta = 0.77164219,\quad F = 11565915.8106,\quad \rho = 5248040.9854;$$
$$\rho_0 = 0,\quad \gamma = 0.01953396,\quad \theta = 0.00014204;$$

投影结果：

$$N=251763.2042\text{m},\quad E=153034.1750\text{m}.$$

(4)投影反算：

过程参数：

$$\gamma = 0.01953396,\quad t = 0.35913403,\quad \rho = 5248040.9854;$$

投影结果：

$$B=23°30'25.3694''\text{N},\quad L=46°50'47.2845''\text{E}.$$

(5)投影参数(修改投影参数)：

参考椭球：International 1924，　a=6378388.0m，　$1/f$=297.0；

原点纬度：B_0 = 90°00′00″N；

原点经度：L_0 = 4°22′02.952″E；

第一标准纬线纬度：B_1 = 49°50′00″N；

第二标准纬线纬度：B_2 = 51°10′00″N；

原点东坐标平移：FE = 150000.01256m；

原点北坐标平移：FN = 5400088.4378m.

(6)投影正算：

输入点坐标：

$$B=50°40'46.461'',\quad L=5°48'26.533'';$$

过程参数：

$$\beta =0.77164219,\quad C=11565915.8098,\quad \rho =5248040.9854,$$

$$\rho_0 = 0, \quad \gamma = 0.0193919161, \quad q = 1.02405963;$$

投影结果：

$$E = 251763.20461\text{m}, \quad N = 153034.17552\text{m};$$

(7)投影反算：

直角坐标：

$$E = 251763.20461\text{m}, \quad N = 153034.17552\text{m};$$

过程参数：

$$\beta = 0.77164219, \quad C = 11565915.8098, \quad \rho = 5248040.9854;$$

$$\rho_0 = 0, \quad \gamma = 0.0193919161, \quad q = 1.02405963;$$

投影结果：

$$B = 50°40'46.46100''\text{N}, \quad L = 5°48'26.53300''\text{E}.$$

注意：比利时 Belge_1972/ Belge_Lambert_1972 带投影，2000 年后，该修订公式的参数在修改后被常规双标准纬线投影公式替代. 修改的参数仅改变原点经度(原点子午线)，即

$$L = L_0 + (\gamma + \theta)/\beta = (L_0 + \theta/\beta) + \gamma/\beta,$$

式中：$L_0 + \theta/\beta$ 为新原点经度，即

$$\begin{aligned} L'_0 = L_0 + \theta/\beta &= 4°21'24.983''+29.2985''/206265/0.77164219 \\ &= 0.07604294+0.0001840788 \\ &= 0.0762270188 \\ &= 4°22'02.95154''. \end{aligned}$$

3.1.8 兰勃特等角圆锥投影(美国密歇根州)

1964 年，美国密歇根州重新定义了其州平面坐标 CS27 投影带，改变横向墨卡托投影带为兰伯特圆锥投影，这样更好地反映该州的地理特征. 同时考虑到工程测量的需要，决定将椭球体缩放到该州的平均高度，海拔 800 英尺，以满足工程测量中高程改化的需要(在后来的 CS83 定义中，此修改被取消). 在 1964 年修正中，常规兰勃特圆锥投影计算的公式除下列公式外同样适用：

投影正算：

$\rho = Ct^{\beta}F_0$，由纬度 B_0、B 分别计算 ρ_0，ρ.

投影逆运算：

$$t = [\rho/(CF_0)]^{1/\beta}$$

式中，F_0 为椭球的缩放因子，即

$$\begin{aligned} F_0 = (a + H)/a &= (6378206.4+800\times0.304800609601)/6387206.4 \\ &= 1.0000382. \end{aligned}$$

算例 3-7：

投影坐标参考系统：NAD27 / Michigan Central.

(1)兰勃特割圆锥投影参数：

参考椭球：Clarke 1866，$a = 6378206.400\text{m} = 20925832.164$ ftUS，$1/f = 294.978698$；

原点纬度：B_0 = 43°19′00″N；
原点经度：L_0 = 84°20′00″W；
第一标准纬度：B_1 = 44°11′00″N；
第二标准纬度：B_2 = 45°42′00″N；
原点东坐标平移：FE = 2000000.0 ftUS；
原点北坐标平移：FN = 0.0000 ftUS；
椭球缩放因子：F_0 = 1.0000382.
(2)投影正算：
大地坐标：

$$B = 43°45'00.000''\text{N}, \quad L = 83°10'00.000''\text{W};$$

过程参数：

$$m_1 = 15030924.2839, \quad m_2 = 14640322.1918;$$
$$t = 0.429057680, \quad t_F = 0.433541026;$$
$$t_1 = 0.424588396, \quad t_2 = 0.409053868;$$
$$\beta = 0.706407410, \quad \gamma = 0.014383991;$$
$$\rho = 21436775.5119, \quad \rho_0 = 21594768.4045;$$

计算结果：

$$E = 160210.48\ \text{ftUS}, \quad N = 2308335.75\ \text{ftUS}.$$

(3)投影反算：
过程参数：

$$\gamma = 0.014383991, \quad t = 0.429057680,$$
$$\rho = 21436775.5119;$$

计算结果：

$$B = 43°45'00.000''\text{N}, \quad L = 83°10'00.000''\text{E}.$$

3.2　斜轴圆锥投影

3.2.1　斜轴圆锥投影基本理论与方法

在正轴圆锥投影中，圆锥的轴线是与椭球短轴重合的直线，轴线与椭球面的正交点在椭球极点，且投影长度变形只与纬度有关，因此正轴圆锥投影适用于沿纬线延伸的地区.当投影区域不是沿纬线或经线而是沿某特殊的斜方向延伸时，则适合采用斜轴圆锥投影.斜轴圆锥的轴线与椭球面的交点在一个特定的点上，轴线的延长线呈一定角度与椭球短轴斜交，如图3-4所示.

在斜轴投影中，投影原面为符合某种条件的球面(半径为 R)，采用球面极坐标 (Z, α) 或球面伪地理坐标 (φ', λ') 来描述点在球面上的位置.球面极坐标的原点 $Q(\varphi_0, \lambda_0)$ 为投影区域延伸方向小圆(图3-4中的虚线)的极，通常称为新极点.在斜轴投影中等高圈投影为一组同心圆圆弧，垂直圈投影为同圆心的一组射线，两条射线间夹角与相应两垂直圈之间夹角(即相应的方位角差)成正比. 经纬线投影为复合曲线，通过新极点的经线投影后为直线，也是其他经线投影的对称轴. 斜轴投影的伪标准纬度 φ_p 由新极点在球面上定义(参见第2章2.5.3节). 投影直角坐标系如图3-5所示.

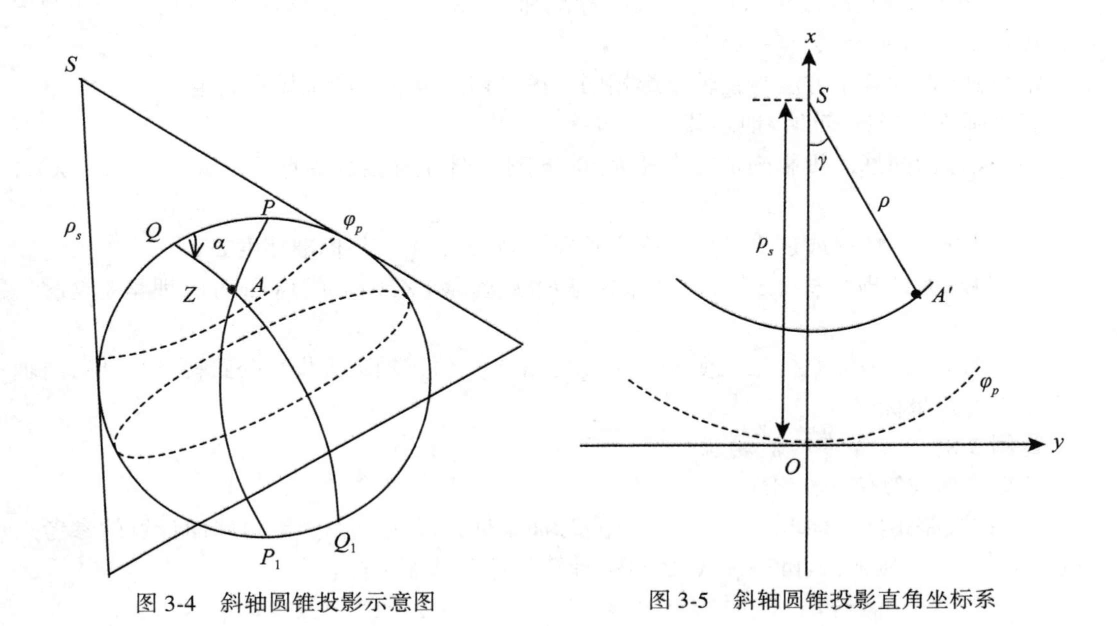

图3-4 斜轴圆锥投影示意图

图3-5 斜轴圆锥投影直角坐标系

斜轴等角圆锥投影参数：

B_c：投影中心点纬度，等角球面计算的参考点；

L_0：新极点经度(原点经度，对应球面 Q 点经度 λ_0)；

B_0：新极点纬度(或旋转角 $\alpha_c = 90° - \varphi_0$，如图3-6所示)；

φ_P：伪标准纬度(在球面上定义)；

k_P：伪标准纬线尺度因子；

FE：原点东平移值；

FN：原点北平移值.

斜轴等角圆锥投影计算的一般公式如下：

$$\left.\begin{aligned} \rho &= \frac{C}{\tan^{\beta}\left(\frac{\pi}{4} + \frac{\varphi'}{2}\right)} \\ \gamma &= \beta\lambda' \\ x &= \rho_S - \rho\cos\gamma \\ y &= \rho\sin\gamma \\ \mu &= \frac{\beta\rho}{R\cos\varphi'} \end{aligned}\right\} \tag{3-58}$$

且投影常数为

$$\left.\begin{aligned} \beta &= \sin\varphi_p \\ C &= R\cot\varphi_p \tan^{\beta}\left(\frac{\pi}{4}+\frac{\varphi_p}{2}\right) \end{aligned}\right\} \tag{3-59}$$

式中，ρ_S 为坐标原点的极距，φ_p 为球面伪标准纬度，λ'、φ' 为伪球面经纬度，$\varphi'=\pi/2-Z$，$\lambda'=\pi-\alpha$（或取 $\lambda'=-\alpha$）.

常数 β，C 的确定方法与正轴投影相同，根据切圆锥或割圆锥投影而定.

斜轴圆锥投影计算的一般步骤：

(1)椭球面向球面投影确定球半径 R，将椭球大地坐标换算为球面地理坐标（φ，λ）.

(2)根据测区情况或适当条件，确定新极点 $Q(\varphi_0，\lambda_0)$ 与标准纬度 φ_p.

(3)将球面地理坐标（φ，λ）换算为球面极坐标（Z，α）或球面伪地理坐标（φ'，λ'）.

(4)由球面极坐标（Z，α）或伪坐标（φ'，λ'），仿正轴圆锥投影公式(3-58)计算斜轴圆锥投影直角坐标.

算例 3-8：

计算数据与算例 3-5 相同.

(1)在线路走向方向取三点，计算三点球面坐标，以 A_0点作为等角球面计算的参考点（投影中心点），按式(2-147)、式(2-148)计算三点的球面坐标：

A_0点：$\varphi_1=29°30'19.04429''$，　$\lambda_1=121°22'53.27434''$；

B_0 点：$\varphi_2=29°31'13.90468''$，　$\lambda_2=121°06'28.38045''$；

C_0 点：$\varphi_3=29°10'46.05958''$，　$\lambda_3=120°05'53.39057''$.

(2) 按式(2-117)计算球面三点小圆的极 $Q(\varphi_0，\lambda_0)$：

$x=-0.967868956230$，　$y=1.601706959850$；

$\lambda_0=121°08'36.43257''$，　$\varphi_0=28°07'04.44601''$；

$\lambda_0=-58°51'23.56743''$，　$\varphi_0=-28°07'04.44601''$.

新极点 Q 的球面坐标：

$\varphi_0=28°07'04.44601''$，　$\lambda_0=121°08'36.43257''$.

新极点椭球面大地坐标由椭球面向球面局部投影的逆运算得到，

$B_0=28°10'36.16595''$，　$L_0=120°54'37.80589''$.

(3)以三点小圆作为伪标准纬线，利用式(2-109)计算球面伪标准纬度 φ_p，即

$$Z=1°24'10.70478''，\quad \varphi_p=\frac{\pi}{2}-Z=88°35'49.29522''.$$

(4)斜轴等角圆锥投影参数：

$B_c=29°34'04''$，投影中心点纬度，等角球面计算的参考点；

$L_0=120°54'37.80589''$，新极点经度(原点经度)；

$B_0=28°10'36.16595''$，新极点纬度；

$\varphi_P=88°35'49.29522''$，伪标准纬度(在球面上定义)；

$k_P=1$，　伪标准纬线尺度因子；

$FE=0\mathrm{m}$，原点东平移；

$FN=0\mathrm{m}$，原点北平移.

(5)投影正反算：

斜轴圆锥投影正算：

①依据投影中点纬度 B_c，由椭球面（B，L）向球面局部投影计算球面经纬度（φ，λ）；

$$\beta_1=[1+e^2\cos^4 B_c/(1-e^2)]^{1/2};$$

$$\varphi_c=\arcsin(\sin B_c/\beta_1);$$

$$U_c=\tan(\pi/4+B_c/2)\ [(1-e\sin B_c)/(1+e\sin B_c)]^{e/2};$$

$$K=U_c^{\beta_1}/\tan(\pi/4+\varphi_c/2);$$

$$R=a\ (1-e^2)^{1/2}/(1-e^2\sin^2 B_c);$$

$$U=\tan(\pi/4+B/2)[(1-e\sin B)/(1+e\sin B)]^{e/2}\ //\text{由 } B,\ B_0\text{计算 } U,\ U_0//;$$

$$\lambda-\lambda_0=\beta_1(L-L_0);$$

$$\varphi=2\arctan(U^{\beta_1}/K)-\pi/2\quad //\ \text{由 } U,\ U_0\ \text{计算 } \varphi,\ \varphi_0//;$$

$$\mu_1=\beta_1 R\cos\varphi/(N\cos B)\quad //\ \text{椭球面向球面局部描写长度比}//.$$

②以新极点 $Q(\varphi_0，\lambda_0)$ 为极坐标原点，计算投影点的球面极坐标（Z，α），得到伪球面坐标（φ'，λ'）；

$$\cos Z=\sin\varphi\sin\varphi_0+\cos\varphi\cos\varphi_0\cos(\lambda-\lambda_0)\ //\ \text{式}(2\text{-}87)\ //;$$

$$\varphi'=\pi/2-Z,$$

由式(2-89)或式(2-93)计算

$$\sin\alpha=\frac{\cos\varphi\sin(\lambda-\lambda_0)}{\sin Z}\qquad //\ \text{式}(2\text{-}89)//;$$

或

$$\tan\alpha=\frac{\cos\varphi\sin(\lambda-\lambda_0)}{\cos\varphi_0\sin\varphi-\sin\varphi_0\cos\varphi\cos(\lambda-\lambda_0)}\quad //\ \text{式}(2\text{-}93)//;$$

根据测区的地理位置选择中央经线，计算伪球面经差：

$$\lambda'=\pi-\alpha\ (\text{如图 3-4 以 } PQP_1\text{为中央经线}),$$

或

$$\lambda'=-\alpha\ (\text{以 } PQ_1P_1\text{为中央经线}).$$

③由伪球面坐标 φ'，λ'，按正轴圆锥等角投影计算斜轴投影平面直角坐标；

$$\beta=\sin\varphi_P;$$

$$C=k_p R\cot\varphi_P\tan^{\beta}(\pi/4+\varphi_P/2);$$

$$\rho_s=C/\tan^{\beta}(\pi/4+\varphi_P/2);$$

$$\rho=C/\tan^{\beta}(\pi/4+\varphi'/2);$$

$$\gamma=\beta\lambda';$$

$$E=FE+\rho\sin\gamma;$$

$$N=FN+\rho_s-\rho\cos\gamma;$$

$$\mu_2 = \beta\rho/(R\cos\varphi') \quad // \text{圆锥投影长度比} //;$$

$$\mu = \mu_1 + \mu_2 \quad // \text{投影总长度比} //.$$

斜轴圆锥投影反算：

(1)由斜轴投影平面直角坐标反解伪球面坐标 (φ', λ')；

$$\rho = [(FN + \rho_s - N)^2 + (E - FE)^2]^{1/2};$$

$$\gamma = \arctan[(E - FE)/(FN + \rho_s - N)];$$

$$\lambda' = \gamma/\beta;$$

$$\varphi' = 2\arctan[(C/\rho)^{1/\beta}] - \pi/2.$$

(2)由伪球面坐标 (φ', λ')，计算球面极坐标 (Z, α)：

$$Z = \frac{\pi}{2} - \varphi',$$

$$\alpha = \pi - \lambda' \text{ 或 } \quad \alpha = -\lambda' \text{（依投影中央子午线位置而定）}.$$

(3)由球面极坐标反解球面地理坐标 (φ, λ)，即

$$\sin\varphi = \sin\varphi_0\cos Z + \cos\varphi_0\sin Z\cos\alpha \quad // \text{式(2-97)} //,$$

$$\sin(\lambda - \lambda_0) = \sin Z\sin\alpha/\cos\varphi \quad // \text{式(2-99)} //;$$

或

$$\tan(\lambda - \lambda_0) = \frac{\sin Z\sin\alpha}{\cos\varphi_0\cos Z - \sin\varphi_0\sin Z\cos\alpha} \quad // \text{式(2-100)} //.$$

(4)由球面坐标 (φ, λ)，反解椭球面坐标(B, L)

$$L = L_0 + (\lambda - \lambda_0)/\beta_1;$$

$$U = [K\tan(\varphi/2 + \pi/4)]^{1/\beta_1};$$

// 迭代法求纬度 //

$$B^{(i+1)} = 2\arctan\{U[(1 + e\sin B^{(i)})/(1 - e\sin B^{(i)})]^{e/2}\} - \pi/2,$$

初始值 $B^{(0)} = 2\arctan(U) - \pi/2$，直到满足 $|B^{(i+1)} - B^{(i)}| \leqslant 0.5 \times 10^{-11}$ 迭代结束；

//直接算法求纬度 //

$\chi = 2\arctan(U) - \pi/2$，$U$ 的计算与迭代法相同；

$$\begin{aligned} B = \chi &+ (e^2/2 + 5e^4/24 + e^6/12 + 13e^8/360 + 3e^{10}/160 + \cdots)\sin 2\chi \\ &+ (7e^4/48 + 29e^6/240 + 811e^8/11520 + 81e^{10}/2240 + \cdots)\sin 4\chi \\ &+ (7e^6/120 + 81e^8/1120 + 3029e^{10}/53760 + \cdots)\sin 6\chi \\ &+ (4279e^8/161280 + 883e^{10}/20160 + \cdots)\sin 8\chi + \cdots. \end{aligned}$$

斜轴圆锥投影计算结果见表 3-9 和表 3-10.

表 3-9 **斜轴等角兰勃特投影正算**

No.	N(m)	E(m)	$\mu - 1$ (PPM)
A0	1708.3787	23019.3511	0.000
B0	37.9396	−3439.6492	0.000
C0	37485.3606	−101418.8339	0.000

续表

No.	N(m)	E(m)	μ - 1 (PPM)
D1	6611.2323	19598.0275	0.355
D2	7152.7447	16026.4480	0.495
D3	2469.5244	13368.0555	0.044
D4	2297.8020	8536.0617	0.053
D5	2415.5158	3486.3047	0.070
D6	307.6231	-1228.0417	0.001
D7	1200.4912	-5632.8955	0.015
D8	2959.3529	-10036.1316	0.086
D9	8281.1147	-18017.9068	0.647
D10	11573.1461	-23575.8300	1.176
D11	14253.7785	-26487.4294	1.763
D12	14539.2714	-31504.0076	1.550
D13	15058.9450	-34395.7952	1.507
D14	17936.3535	-37684.5220	2.107
D15	19112.6380	-40601.7580	2.219
D16	20885.6689	-44175.3358	2.439
D17	23924.2629	-47412.7793	3.138
D18	24768.5356	-50328.7667	3.047
D19	27233.3119	-55624.4518	3.162
D20	28226.6793	-58241.5333	3.099
D21	29125.5898	-61687.8511	2.839
D22	29642.7948	-66818.5492	2.165
D23	28998.7348	-69737.1912	1.559
D24	29879.7099	-73207.2869	1.304
D25	31815.1493	-75745.1465	1.400

表 3-10　**斜轴等角兰勃特投影反算**

No.	B	L	μ - 1 (PPM)
A0	29°34′04.00000″	121°08′53.00000″	0.000
B0	29°34′59.00000″	120°52′30.00000″	0.000
C0	29°14′28.00000″	119°52′02.00000″	0.000

续表

No.	B	L	$\mu-1$ (PPM)
D1	29°31′24. 97670″	121°06′45. 57711″	0. 355
D2	29°31′07. 57314″	121°04′32. 91833″	0. 495
D3	29°33′39. 78677″	121°02′54. 41064″	0. 044
D4	29°33′45. 51674″	120°59′54. 91369″	0. 053
D5	29°33′41. 78132″	120°56′47. 31796″	0. 070
D6	29°34′50. 25622″	120°53′52. 17705″	0. 001
D7	29°34′21. 21429″	120°51′08. 52793″	0. 015
D8	29°33′23. 99083″	120°48′24. 99366″	0. 086
D9	29°30′30. 82817″	120°43′28. 81152″	0. 647
D10	29°28′43. 57601″	120°40′02. 70555″	1. 176
D11	29°27′16. 30392″	120°38′14. 86564″	1. 763
D12	29°27′06. 61209″	120°35′08. 73239″	1. 550
D13	29°26′49. 45927″	120°33′21. 48129″	1. 507
D14	29°25′15. 66458″	120°31′19. 80443″	2. 107
D15	29°24′37. 13178″	120°29′31. 74027″	2. 219
D16	29°23′39. 11027″	120°27′19. 44224″	2. 439
D17	29°21′59. 99475″	120°25′19. 84781″	3. 138
D18	29°21′32. 16365″	120°23′31. 87043″	3. 047
D19	29°20′11. 30381″	120°20′15. 98625″	3. 162
D20	29°19′38. 61186″	120°18′39. 17080″	3. 099
D21	29°19′08. 82182″	120°16′31. 62218″	2. 839
D22	29°18′51. 07513″	120°13′21. 59252″	2. 165
D23	29°19′11. 41973″	120°11′33. 28583″	1. 559
D24	29°18′42. 09373″	120°09′24. 89553″	1. 304
D25	29°17′8. 69043″	120°07′51. 33085″	1. 400

3. 2. 2　Krovak 投影

斜轴等角圆锥投影的方法原理与斜轴墨卡托投影类似，曾采用斜轴等角圆锥投影的国家有捷克斯洛伐克共和国(1989 年解体)，投影名称为 Krovak 投影. 该投影与马达加斯加 Laborde 斜轴墨卡托投影相似(见 4. 3. 4 节). 具体投影为：首先将椭球面上的地理坐标等角投影到球面上，然后将球面坐标作旋转变换，再将旋转后的球面坐标投影到斜轴圆锥面上，得到投影网格坐标，如图 3-6 所示. 伪标准纬线在投影的球面上定义，沿伪标准纬线尺度没有变形，伪标准纬线在椭球面上是一条复合曲线. Krovak 投影直角坐标系如图 3-7 所示.

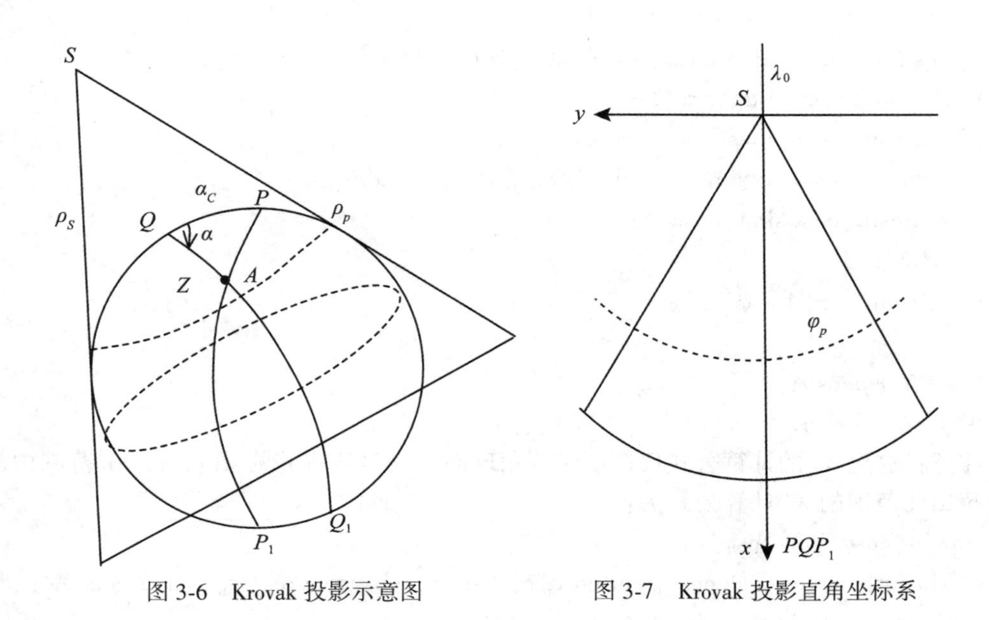

图 3-6　Krovak 投影示意图　　　图 3-7　Krovak 投影直角坐标系

1) Krovak 斜轴等角圆锥投影的定义参数

B_c：投影中心点纬度，该点用作等角球面计算的参考点；

L_0：原点经度(一般取投影中心点经度 L_c)；

α_c：过原点子午线平面的旋转角，圆锥轴与等角球面交点处的余纬，即新极点纬度 $\varphi_0 = 90° - \alpha_c$；

φ_P：伪标准纬线纬度(在球面上定义)；

k_P：伪标准纬线比例因子；

FE：网格原点东偏；

FN：网格原点北偏.

2) Krovak 投影算法

(1) 计算投影常数：

$R = a\,(1 - e^2)^{1/2}/(1 - e^2\sin^2 B_c)$　　// 球面局部投影常数 R，β，K//；

$\beta = [1 + e^2\cos^4 B_c/(1 - e^2)]^{1/2}$；

$\varphi_c = \arcsin(\sin B_c/\beta)$；

$U_c = \tan(\pi/4 + B_c/2)\,[(1 - e\sin B_c)/(1 + e\sin B_c)]^{e/2}$；

$K = U_c^{\beta}/\tan(\pi/4 + \varphi_c/2)$；

$\beta_1 = \sin\varphi_P$　　// 兰勃特投影常数 β_1、C//；

$C = k_p R\cot\varphi_P\tan^{\beta_1}(\pi/4 + \varphi_p/2)$；

(2)投影正算:

$U = \tan(\pi/4 + B/2)[(1 - e\sin B)/(1 + e\sin B)]^{e/2}$;

$\varphi = 2\arctan(U^{\beta}/K) - \pi/2$　　// 球面纬度 //;

$\lambda = \beta(L - L_0)$　　// 球面经差 //;

// $\cos Z = \sin\varphi_0\sin\varphi + \cos\varphi_0\cos\varphi\cos\lambda$　式(2-87) //;

// $Z = \pi/2 - \varphi'$, $\varphi_0 = \pi/2 - \alpha_c$ //;

$\varphi' = \arcsin(\cos\alpha_c\sin\varphi + \sin\alpha_c\cos\varphi\cos\lambda)$;

// $\sin\alpha = \cos\varphi\sin\lambda/\sin Z$　　式(2-89), $\lambda' = \pi - \alpha$ //;

$\lambda' = \arcsin(\cos\varphi\sin\lambda/\cos\varphi')$;

$\gamma = \beta_1\lambda'$;

$\rho = C/\tan^{\beta_1}(\pi/4 + \varphi'/2)$;

则有

$S = FN + \rho\cos\gamma$;

$W = FE - \rho\sin\gamma$.

注意:这里 λ' 的计算公式仅适用于等角球面上伪经度在投影中心线±90°范围内的区域,超出此范围的 λ' 计算公式为:

$\sin\lambda' = \cos\varphi\sin\lambda/\cos\varphi'$;

// $\sin\varphi = \sin\varphi_0\cos Z + \cos\varphi_0\sin Z\cos\alpha$ 式(2-97), $\lambda' = \pi - \alpha$, $\varphi_0 = \pi/2 - \alpha_c$ //;

$\cos\lambda' = (\cos\alpha_c\sin\varphi' - \sin\varphi)/(\sin\alpha_c\cos\varphi')$;

$\lambda' = \arctan(\sin\lambda'/\cos\lambda')$;

或

// $\tan\alpha = \cos\varphi\sin\lambda/[\cos\varphi_0\sin\varphi - \sin\varphi_0\cos\varphi\cos\lambda]$ 式(2-93), $\lambda' = \pi - \alpha$ //

$\lambda' = -\arctan\{\cos\varphi\sin\lambda/[\cos\varphi_0\sin\varphi - \sin\varphi_0\cos\varphi\cos\lambda]\}$.

(3)投影反算:

$\rho = [(S - FN)^2 + (FE - W)^2]^{1/2}$;

$\gamma = \arctan((FE - W)/(S - FN))$;

$\lambda' = \gamma/\beta_1$;

$\varphi' = 2\arctan[(C/\rho)^{1/\beta_1}] - \pi/2$　　// $\rho = C/\tan^{\beta_1}(\pi/4 + \varphi'/2)$ //;

// $\sin\varphi = \sin\varphi_0\cos Z + \cos\varphi_0\sin Z\cos\alpha$　式(2-98) //;

// $\alpha = \pi - \lambda'$, $Z = \pi/2 - \varphi'$, $\varphi_0 = 90° - \alpha_c$ //;

$\varphi = \arcsin(\cos\alpha_c\sin\varphi' - \sin\alpha_c\cos\varphi'\cos\lambda')$;

$\lambda = \mathrm{asin}(\cos\varphi'\sin\lambda'/\cos\varphi)$　// $\sin\lambda = \sin Z\sin\alpha/\cos\varphi$　式(2-100)//;

$L = L_0 + \lambda/\beta$;

//迭代法求纬度//

$U = [K\tan(\pi/4 + \varphi/2)]^{1/\beta}$　　// 由于 $\varphi = 2\arctan(U^{\beta}/K) - \pi/2$//;

// $U = \tan(\pi/4 + B/2)[(1 - e\sin B)/(1 + e\sin B)]^{e/2}$ //

$B^{(i+1)} = 2\arctan\{U[(1 + e\sin B^{(i)})/(1 - e\sin B^{(i)})]^{e/2}\} - \pi/2$.

初始值 $B^{(0)} = 2\arctan(U) - \pi/2$, 直到满足 $|B^{(i+1)} - B^{(i)}| \leqslant 5 \times 10^{-12}$, 迭代结束.

//或直接解法求纬度//

$\chi = 2\arctan(U) - \pi/2$ // 式(2-10) //;

$$B = \chi + (e^2/2 + 5e^4/24 + e^6/12 + 13e^8/360 + 3e^{10}/160 + \cdots)\sin 2\chi$$
$$+ (7e^4/48 + 29e^6/240 + 811e^8/11520 + 81e^{10}/2240 + \cdots)\sin 4\chi$$
$$+ (7e^6/120 + 81e^8/1120 + 3029e^{10}/53760 + \cdots)\sin 6\chi$$
$$+ (4279e^8/161280 + 883e^{10}/20160 + \cdots)\sin 8\chi + \cdots .$$
//式(2-27) //

算例 3-9:

投影坐标参考系：捷克斯洛伐克 S-JTSK/ S-JTSK Krovak.

(1)投影参数:

椭球参数：Bessel 1841，a=6377397.155m，$1/f$=299.1528128;

投影中心点纬度：B_c = 49°30′00″N;

原点经度：L_0 = 24°50′00″E;

旋转角：α_c = 30°17′17.3031″;

伪标准纬度：φ_P = 78°30′00″N;

伪标准纬线尺度因子：k_P = 0.9999;

原点东坐标平移量：FE=0.000m;

原点北坐标平移量：FN=0.000m.

(2)投影常数:

R = 6380703.611，　β = 1.000597498，　φ_c = 0.863239103，

K=0.996592487，　β_1 = 0.979924705，　C=12310230.1278;

(3)投影正算:

输入点坐标:

B = 50°12′32.4420″，　L = 16°50′59.1790″;

过程参数:

φ = 0.875596951，　λ = −0.139422687，　φ' = 1.386275051，

λ' = −0.506554626，　γ = −0.496385392，　ρ = 1194731.002;

计算结果:

S=1050538.6311m，　W= 568990.9954m;

(4)投影反算:

直角坐标:

S=1050538.6311m，　W= 568990.9954m;

过程参数:

ρ = 1194731.002，　γ = −0.496385391，　λ' = −0.506554626，

φ' = 1.386275051，　φ = 0.875596951，　λ = −0.139422687;

计算结果:

B = 50°12′32.4420″N，　L = 16°50′59.1790″.

3.2.3　Krovak 投影（东北向坐标系）

1922 年 Krovak 所定义的投影坐标系，其坐标轴设置为 X 轴指南，Y 轴指西方向为正轴，在 GIS 系统中会导致一些问题，为了解决这些问题，捷克斯洛伐克共和国修正 Krovak 投影方法，使得该投影坐标轴方向变化为 X 轴指东、Y 轴指北为坐标系的正轴.

由大地坐标计算投影点的东、北坐标的计算公式与前面所介绍的方法相同，将南坐标 S 与西坐标 W 转换为东坐标 E 与北坐标 N，其正算满足下面关系式：

$$\begin{bmatrix} E \\ N \end{bmatrix} = \begin{bmatrix} \cos 90^\circ & \sin 90^\circ \\ -\sin 90^\circ & \cos 90^\circ \end{bmatrix} \begin{bmatrix} 1 & 0 \\ 0 & -1 \end{bmatrix} \begin{bmatrix} S \\ W \end{bmatrix} = \begin{bmatrix} -W \\ -S \end{bmatrix},$$

投影逆运算

$$南：S = -N\ (北),$$
$$西：W = -E\ (东),$$

由 S 与 W 坐标按照上一节所介绍的 Krovak 投影逆运算方法求解大地经纬度.

算例 3-10：

投影坐标参考系：捷克斯洛伐克 S-JTSK/ S-JTSK Krovak East North.

（1）投影参数：

椭球参数：Bessel1841，$a = 6377397.155\text{m}$，$1/f = 299.1528128$；

投影中心纬度：$B_c = 49°30'00''\text{N}$；

原点经度：$L_0 = 24°50'00''\text{E}$；

旋转角：$\alpha_c = 30°17'17.3031''$；

伪标准纬度：$\varphi_P = 78°30'00''\text{N}$；

伪标准纬线比例因子：$k_P = 0.9999$；

原点东平移：$FE = 0.000\text{m}$；

原点北平移：$FN = 0.000\text{m}$.

（2）投影常数：

$$R = 6380703.611,\quad \beta = 1.000597498,\quad \varphi_c = 0.863239103;$$
$$K = 1.003419164,\quad \beta_1 = 0.979924705,\quad C = 12310230.1278.$$

（3）投影正算：

大地坐标：

$$B = 50°12'32.4420''\text{N},\qquad L = 16°50'59.1790''\text{E};$$

过程参数：

$$\varphi = 0.875596951,\quad \lambda = -0.139422687,\quad \varphi' = 1.386275051,$$
$$\lambda' = -0.506554626,\quad \theta = -0.496385392,\quad \rho = 1194731.002;$$

计算结果：

$$E = -568990.9954\text{m},\qquad N = -1050538.6311\text{m};$$

（4）投影反算：

直角坐标：

$$E = -568990.9954\text{m},\qquad N = -1050538.6311\text{m};$$

过程参数：

$$\rho = 1194731.002,\quad \theta = -0.496385391,\quad \lambda' = -0.506554626;$$
$$\varphi' = 1.386275051,\quad \varphi = 0.875596951,\quad \lambda = -0.139422687;$$

计算结果：

$$B = 50°12'32.44200''\text{N},\quad L = 16°50'59.17900''\text{E}.$$

3.3　多圆锥投影

在切圆锥投影中，圆锥所切的纬线一般没有长度变形，离开切纬线越远其长度变形越大. 为了改变这一缺点，可以把所需要的纬线都当作切纬线，这样就假设有多圆锥和椭球体相切，然后沿交于同一平面的各圆锥母线切开展开，即多圆锥投影(Polyconic Projection). 在多圆锥投影中，中央子午线投影为直线且保持长度不变，纬线投影为圆弧，圆心在中央子午线及其延长线上，各纬线保持投影后无长度变形且与中央子午线正交，其余经线投影后成为对称于中央子午线的曲线. 如图 3-8、图 3-9 所示 .

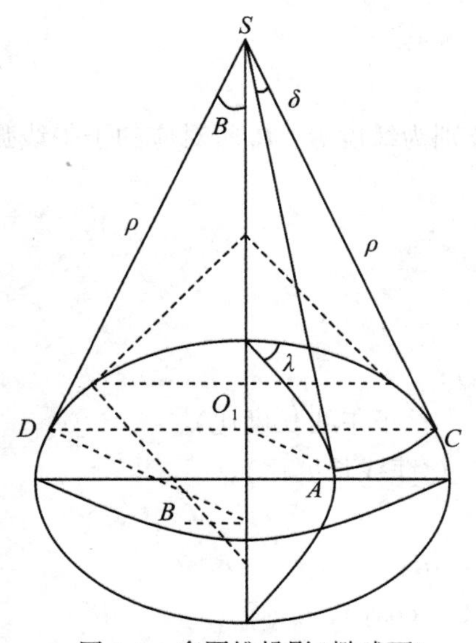

图 3-8　多圆锥投影(椭球面)

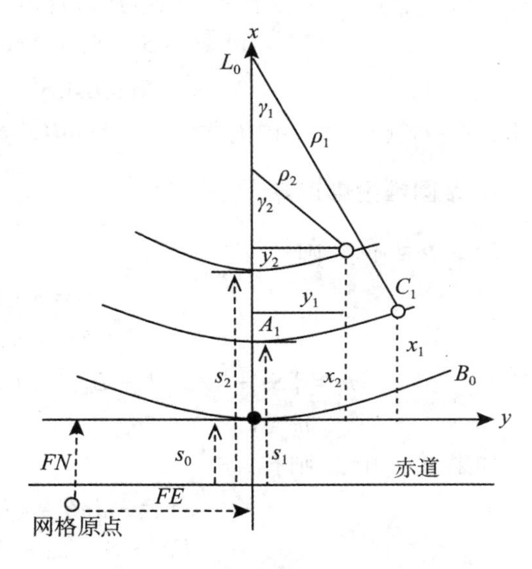

图 3-9　多圆锥投影(投影面)

多圆锥投影方法构成比较简单. 该投影非等角也非等面积，除了各纬线和中央子午线无变形外，其余经线长度变形都增大，该投影适用于某一经线延伸的制图区域. 美国海岸大地测量局(USCGS)曾用该投影编制美国海岸附近的地图. 1909 年编制的 1 : 100 万世界地形图图集采用了修改后的多圆锥投影，美国地质调查局 Oscar Adams 对多圆锥投影系列作了综合研究，1919 年研究成果出版，1934 年再版.

1. 基本原理与公式

如图3-8所示，设有许多圆锥切于椭球上，其中某圆锥切于纬度 B 的纬线 ACD 上，由于各纬线投影后无长度变形 $n=1$，则有

$$AC = A_1C_1 = N\cos B\lambda;$$

而

$$A_1C_1 = \rho\gamma \quad 或 \quad \gamma = A_1C_1/\rho,$$

$$\gamma = \frac{N\cos B\lambda}{N\cot B} = \lambda\sin B.$$

由此得到多圆锥投影的极坐标公式为：

$$\left.\begin{aligned} \gamma &= \lambda\sin B \\ \rho &= N\cot B \end{aligned}\right\} \tag{3-60}$$

由图3-9可知

$$\left.\begin{aligned} x_1 &= S_1 - S_0 + \rho_1 - \rho_1\cos\gamma_1 \\ y_1 &= \rho_1\sin\gamma_1 \end{aligned}\right\}$$

同样可得 x_2，y_2，…，于是多圆锥投影直角坐标公式为

$$\left.\begin{aligned} x &= S - S_0 + N\cot B(1 - \cos\gamma) \\ y &= N\cot B\sin\gamma \end{aligned}\right\} \tag{3-61}$$

式中：$N = a/(1 - e^2\sin^2 B)^{1/2}$，$\gamma = \lambda\sin B$，$S$，$S_0$分别为纬度 B、B_0所对应的子午线弧长.

2. 多圆锥投影正算

如果 $B = 0°$，则

$$N = FN - S_0;$$

$$E = FE + a(L - L_0);$$

$$m = [S' + 1/2(L - L_0)^2]/(1 - e^2) \quad (子午线长度比);$$

$$n = 1 \quad (纬线长度比);$$

如果 $B \neq 0°$，则有

$$\gamma = \lambda\sin B = (L - L_0)\sin B;$$

$$N = FN + S - S_0 + N\cot B(1 - \cos\gamma);$$

$$E = FE + N\cot B\sin\gamma;$$

$$m = [1 - e^2 + 2(1 - e^2\sin^2 B)\sin^2(\gamma/2)/\tan^2 B][(1 - e^2)\cos D] //子午线长度比//.$$

式中：

$$N = a/(1 - e^2\sin^2 B)^{1/2},$$

$$\begin{aligned} S = a[&(1 - e^2/4 - 3e^4/64 - 5e^6/256 - 175e^8/16384 - \cdots)B \\ &- (3e^2/8 + 3e^4/32 + 45e^6/1024 + 105e^8/4096 + \cdots)\sin 2B \\ &+ (15e^4/256 + 45e^6/1024 + 525e^8/16384 + \cdots)\sin 4B \\ &- (35e^6/3072 + 175e^8/12288 + \cdots)\sin 6B + (315e^8/131072 + \cdots)\sin 8B], \end{aligned}$$

由纬度 B、B_0分别计算所对应的子午线弧长 S，S_0.

$$D = \arctan\{(\gamma - \sin\gamma)/[\sec^2 B - \cos\gamma - e^2 \sin^2 B/(1 - e^2 \sin^2 B)]\};$$

$$\begin{aligned} S' = & 1 - e^2/4 - 3e^4/64 - 5e^6/256 - 175e^8/16384 \\ & - 2(3e^2/8 + 3e^4/32 + 45e^6/1024 + 105e^8/4096 + \cdots)\cos 8B \\ & + 4(15e^4/256 + 45e^6/1024 + 525e^8/16384 + \cdots)\cos 4B \\ & - 6(35e^6/3072 + 175e^8/12288 + \cdots)\cos 6B + 8(315e^8/131072 + \cdots)\cos 8B]. \end{aligned}$$

3. 多圆锥投影反算

由投影直角坐标(E, N)计算大地经纬度需要通过迭代计算完成，当$(L - L_0) > 90°$时，迭代将无法收敛，因此在此情况下投影反算公式将不能使用.

如果 $S_0 = FN - N$，则

$$B = 0,$$

$$L = L_0 + (E - FE)/a;$$

如果 $S_0 \neq FN - N$，则

$$A = [S_0 + (N - FN)]/a,$$

$$D = A^2 + (E - FE)^2/a^2;$$

计算纬度需要迭代，取初值 $B^{(0)} = A$，按下式迭代计算：

$$C = (1 - e^2 \sin^2 B^{(i)})^{1/2} \tan B^{(i)};$$

$$H = S'^{(i)};$$

$$J = S^{(i)}/a;$$

$$\begin{aligned} B^{(i+1)} = & B^{(i)} - [A(CJ + 1) - J - (J^2 + D)C/2]/ \\ & [e^2 \sin 2B^{(i)}(J^2 + D - 2AJ)/(4C) + (A - J)(CH - 2/\sin 2B^{(i)} - H]; \end{aligned}$$

式中，$S^{(i)}$、$S'^{(i)}$ 用 $B^{(i)}$ 代入 S、S' 计算公式计算.

由纬度可得到经度：

$$L = L_0 + \arcsin[(E - FE)C/a]/\sin B,$$

如果 $B = \pi/2$，上述公式无法解. 上述多圆锥投影正反算法见本书参考文献[33].

算例 3-11：

投影坐标参照系：巴西(SAD 1969)/ SAD 1969 Brazil Polyconic.

(1)椭球参数：GRS 1967 Truncated，a=6378160.00m，$1/f$=298.25.

(2)投影参数：

原点纬度，B_0=00°00′00.000″N；

原点经度，L_0=54°00′00.000″W；

原点东平移量，FE=5000000.00m；

原点北平移量，FN=10000000.00m.

(3)投影正算：

点大地坐标：

$$B=2°00'45.65555S,\qquad L=54°30'45.65555''W;$$

过程参数：

$$S=0m,\qquad S=-222552.5506m;$$

计算结果：

$$N=9777438.4872m,\qquad E=4942963.2585m;$$

(4)投影反算：

输入点坐标：

$$N=9777438.4872m,\qquad E=4942963.2585m;$$

中间参数：

$$B_0=-0.0348929080rad,\qquad S'=0.9933177615rad,$$
$$S=-222552.5506m,\qquad B=-0.034965850rad;$$

计算结果：

$$B=2°00'00.00000S,\qquad L=54°30'00.00000''W.$$

3.4　Albers 等面积圆锥投影

阿尔勃斯等面积(Albers Equal Area)投影属于双标准纬线等面积圆锥投影，其基本原理如下：

由等面积条件有

$$P=m\cdot n=1$$

将正轴圆锥投影经纬线长度比按式(3-4)与式(3-5)代入上式

$$-\frac{d\rho}{MdB}\cdot\frac{\beta\rho}{N\cos B}=1$$

移项整理

$$\rho d\rho=-\frac{1}{\beta}MN\cos BdB$$

上式积分

$$\frac{\rho^2}{2}=\frac{1}{\beta}\left(K-\int MN\cos BdB\right)=\frac{1}{\beta}(K-F)$$

则有

$$\rho^2=\frac{2}{\beta}(K-F),\tag{3-62}$$

式中，K 为积分常数，F 为经差 1 弧度与纬度 0° 到纬度 B 的椭球面梯形的面积，且

$$F=\frac{1}{2}a^2(1-e^2)\left\{\frac{\sin B}{(1-e^2\sin^2B)}+\frac{1}{2e}\ln\frac{1+e\sin B}{1-e\sin B}\right\}.\tag{2-15}$$

正轴等面积圆锥投影一般公式如下：

$$\left.\begin{aligned}
\rho^2 &= \frac{2}{\beta}(K-F)\\
\gamma &= \beta\lambda\\
N &= FN+\rho_0-\rho\cos\gamma\\
E &= FE+\rho\sin\gamma\\
n^2 &= \left(\frac{\beta\rho}{r}\right)^2=\frac{2\beta(K-F)}{r^2}\\
m &= \frac{1}{n}
\end{aligned}\right\} \tag{3-63}$$

式中，两常数 K，β 未定，确定的方法与等角圆锥投影相同，可根据单标准纬线或双标准纬线确定，也可以根据长度变形分布的要求来确定. 这里仅介绍双标准纬线等面积圆锥投影.

双标准纬线等面积圆锥投影，即纬线 B_1 和 B_2 的长度无变形，满足条件 $n_1=n_2=1$. 由此条件可写出

$$n_1^2=n_2^2=1;$$

则有

$$n_1^2=\frac{2\beta(K-F_1)}{r_1^2},\qquad n_2^2=\frac{2\beta(K-F_2)}{r_2^2};$$

由上面两式方程得

$$\left.\begin{aligned}
\beta &= \frac{1}{2}\,\frac{r_1^2-r_2^2}{F_2-F_1}\\
K &= \frac{r_1^2F_2-r_2^2F_1}{r_1^2-r_2^2}
\end{aligned}\right\}. \tag{3-64}$$

双标准纬线等面积圆锥投影算法具体如下：

(1) 投影正算(算法 1)：

$$N=FN+\rho_0-\rho\cos\gamma,$$
$$E=FE+\rho\sin\gamma;$$

式中：

$r=a\cos B/(1-e^2\sin^2 B)^{1/2}$， 由纬度 B, B_1, B_2 计算 r, r_1, r_2;

$F=a^2(1-e^2)\{\sin B/(1-e^2\sin^2 B)+1/(2e)\ln[(1+e\sin B)/(1-e\sin B)]\}/2$； F 为椭球面梯形面积，由纬度 B，B_0，B_1，B_2 分别计算 F，F_0，F_1，F_2；

$\beta=(r_1^2-r_2^2)/[2(F_2-F_1)]$；

$K=(r_1^2F_2-r_2^2F_1)/(r_1^2-r_2^2)$；

$\rho=[2(K-F)/\beta]^{1/2}$， 由 F，F_0 计算 ρ，ρ_0；

$\gamma=\beta(L-L_0)$；

$n=[2\beta(K-F)]^{1/2}/r$ （纬线长度比）；

$m=1/n$ （子午线长度比）；

(2)投影正算(算法2):

$m=\cos B/(1-e^2\sin^2 B)^{1/2}$, m_1, m_2 由纬度 B_1, B_2 计算;

$S=(1-e^2)\{\sin B/(1-e^2\sin^2 B)+1/(2e)\ln[(1+e\sin B)/(1-e\sin B)]\}$, 由 B, B_0, B_1, B_2 计算 S, S_0, S_1, S_2;

$\beta=(m_1^2-m_2^2)/(S_2-S_1)$;

$C=m_1^2+\beta S_1$;

$\gamma=\beta(L-L_0)$;

$\rho=a(C-\beta S)^{1/2}/\beta$, 由 S, S_0 计算 ρ, ρ_0;

$n=\rho\beta/(am)=(C-\beta S)^{1/2}/m$ (纬线的长度比);

$m=1/n$ (子午线长度比);

E, N 的计算同前.

(3)投影反算:

// 式(2-57)等面积纬度 ω 反解大地纬度 B //;

$$B=\omega+(e^2/3+31e^4/180+517e^6/5040+120389e^8/1814400+\cdots)\sin 2\omega$$
$$+(23e^4/360+251e^6/3780+102287e^8/1814400+\cdots)\sin 4\omega$$
$$+(761e^6/45360+47561e^8/1814400+\cdots)\sin 6\omega$$
$$+(6059e^8/1209600+\cdots)\sin 8\omega;$$

$L=L_0+\gamma/\beta$;

其中:

$\rho=\{(E-FE)^2+[\rho_0-(N-FN)]^2\}^{1/2}$;

$\gamma=\arctan\{(E-FE)/(\rho_0-N+FN)\}$;

$S=(C-\rho^2\beta^2/a^2)/\beta$ ($\rho=a(C-\beta S)^{1/2}/\beta$);

$\omega=\arcsin(S/\{1-[(1-e^2)/(2e)]\ln[(1+e)/(1-e)]\})$;

或

$F=K-\rho^2\beta/2$ ($\rho=[2(K-F)/\beta]^{1/2}$);

$F_p=a^2(1-e^2)\{1/(1-e^2)+1/(2e)\ln[(1+e)/(1-e)]\}/2$ 式(2-16);

$\omega=\arcsin(F/F_p)$ 式(2-20);

式中 K、C、β 和 ρ_0 的计算同上.

算例3-12:

投影坐标参照系: Australia(GDA 1994)/ GDA 1994 Australia Albers.

(1)投影参数:

椭球参数: GRS 1980, a=6378137.00m, $1/f$=298.257222101;

原点纬度: B_0 = 00°00′00.000″N;

原点经度: L_0 = 132°00′00.000″E;

第一标准纬度: B_1 = 18°00′00.000″S;

第二标准纬度: B_2 = 36°00′00.000″S;

原点东平移量: FE = 0.00m;

原点北平移量：$FN = 0.00\mathrm{m}$.

(2)投影正算：

点大地坐标：

$$B = 30°00'00.00000''\mathrm{S}, \qquad L = 133°30'55.00000''\mathrm{E};$$

过程参数：

$$m_1 = 0.95136065, \qquad m_2 = 0.80995419;$$
$$S_0 = 0.000000000, \qquad S_1 = -0.61415841;$$
$$S_2 = -1.16950502, \qquad S = -0.9944155528;$$
$$\gamma = -0.011860738, \qquad \rho_0 = -15452159.644;$$
$$\rho = -12188838.934, \qquad \beta = -0.4484789972;$$
$$C = 1.1805242277.$$

计算结果：

$$N = -3264178.0458\mathrm{m}, \qquad E = 144565.2417\mathrm{m}.$$

(3)投影反算：

过程参数：

$$\beta = -0.4484789972, \qquad C = 1.1805242277;$$
$$\rho_0 = -15452159.644, \qquad \rho = -12188838.934;$$
$$\gamma = -0.011860738, \qquad S = -0.9944155528;$$
$$\omega = -0.5216614083;$$

计算结果：

$$B = 30°00'00.000''\mathrm{S}, \qquad L = 133°30'55.000''\mathrm{E}.$$

算例 3-13：

投影坐标参照系：Canada(NAD 1983)/ NAD 1983 Quebec Albers.

(1)投影参数：

椭球参数：GRS 1980，$a = 6378137.00\mathrm{m}$，$1/f = 298.257222101$；

原点纬度：$B_0 = 44°00'00.000''\mathrm{N}$；

原点经度：$L_0 = 68°30'00.000''\mathrm{W}$；

第一标准纬度：$B_1 = 46°00'00.000''\mathrm{N}$；

第二标准纬度：$B_2 = 60°00'00.000''\mathrm{N}$；

东坐标平移：$FE = 0.00\mathrm{m}$；

北坐标平移：$FN = 0.00\mathrm{m}$.

(2)投影正算：

输入点坐标：

$$B = 45°00'00.00000''\mathrm{N}, \qquad L = 70°00'00.00000''\mathrm{W};$$

计算过程参数：

$$m_1 = 0.69586466, \qquad m_2 = 0.50125994;$$
$$S_0 = 1.38299677, \qquad S_1 = 1.43235901;$$
$$S_2 = 1.72624064, \qquad S = 1.40789039;$$

$$\gamma = -0.02075338, \quad \rho_0 = 5820670.942;$$
$$\rho = 5709879.726, \quad \beta = 0.792720823;$$
$$C = 1.619688433.$$

计算结果：

$$N = 112020.8024\text{m}; \quad E = -118490.8126\text{m}.$$

(3)投影反算：

过程参数：

$$\beta = 0.7927208239, \quad C = 1.6196884330;$$
$$\rho_0 = 5820670.942, \quad \rho = 5709879.726;$$
$$\gamma = -0.0207533826, \quad S = 1.4078903876;$$
$$\omega = 0.7831589561.$$

计算结果：

$$B = 45°00'00.0000''\text{N}, \quad L = 70°00'00.0000''\text{W}.$$

3.5 Bonne 等面积伪圆锥投影

3.5.1 Bonne 投影基本原理

伪圆锥投影其投影的纬线描写为同心圆圆弧，中央经线描写为过各纬线共同中心的直线，其他经线为对称于中央子午线的曲线. 由于伪圆锥投影的经纬线不正交，非等角投影，只有等面积和任意投影.

Bonne 投影(Bonne Equivalent Pseudo-Conic)是一种等面积伪圆锥投影，是在 1752 年法国人 Bonne 为制作法国地图所创建，19 世纪中叶欧洲一些国家利用这一投影制作地图，20 世纪该投影被等角投影替代，逐渐淡出地形图制图领域.

Bonne 投影的满足的投影条件：

① 中央经线投影为直线，保持长度不变，即 $m_0 = 1$；

② 纬线投影为同心圆圆弧，长度保持不变，即 $n = 1$；

③ 中央经线与所有纬线正交，而且切纬线(标准纬线)与所有经线正交；

④ 面积比 $P = 1$.

Bonne 等面积伪圆锥投影公式推导如下：

伪圆锥投影的构成原理与等距切圆锥投影基本相同. 如图 3-10 所示，切纬线的投影半径 $\rho_0 = N_0 \cot B_0$，其他纬线的投影半径，根据中央经线投影后长度不变，则有

$$-\frac{\mathrm{d}\rho}{M\mathrm{d}B} = 1;$$

对其积分，

$$\rho = K - \int_0^B M\mathrm{d}B = K - S;$$

式中，S 为赤道至纬度 B 的子午线弧长. 当 $B = 0$，ρ 为赤道的投影半径，即

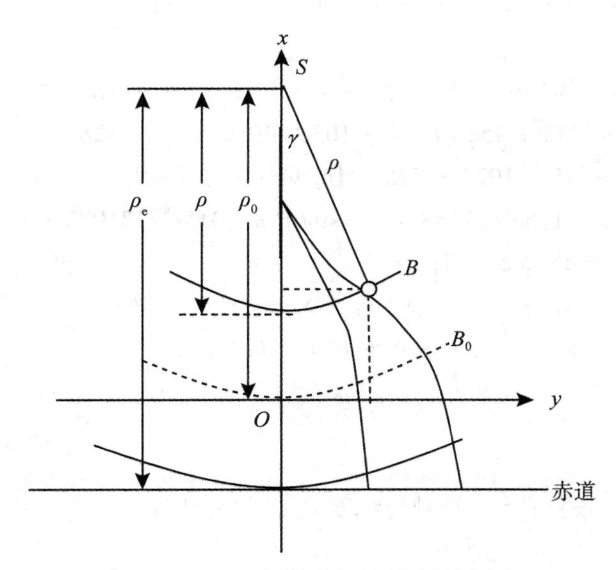

图 3-10　Bonne 投影(等面积伪圆锥投影)

$$K = \rho_{eq};$$

而纬度的长度比为

$$n = \frac{\rho \mathrm{d}\gamma}{N\cos B \mathrm{d}\lambda} = \frac{\beta\rho}{N\cos B} = \frac{\beta(K - S)}{N\cos B}.$$

在等距离、等角和等面积切圆锥中，总有 $\beta = \sin B_0$，因切纬线长度等于 1，则有

$$n_0 = \frac{\beta(K - S)}{N\cos B} = \frac{\sin B_0(K - S_0)}{N_0\cos B_0} = 1;$$

可得

$$K = \rho_{eq} = N_0\cot B_0 + S_0; \tag{3-65}$$

则有

$$\rho = N_0\cot B_0 + S_0 - S; \tag{3-66}$$

由于纬线投影长度不变，则有 $\rho\gamma = N\cos B\lambda$，即

$$\gamma = N\cos B\lambda/\rho; \tag{3-67}$$

投影直角坐标为

$$\left.\begin{aligned} x &= \rho_0 - \rho\cos\gamma \\ y &= \rho\sin\gamma \end{aligned}\right\}. \tag{3-68}$$

Bonne 等面积伪圆锥投影公式具体如下：

(1)投影正算：

$$N = FN + \rho_0 - \rho\cos\gamma;$$

$$E = FE + \rho\sin\gamma;$$

式中：

$N = a/(1 - e^2 \sin^2 B)^{1/2}$，由纬度 B_0，B 计算 N_0，N；

$\rho_0 = N_0 \cot B_0$；

$S = a\{(1 - e^2/4 - 3e^4/64 - 5e^6/256 - 175e^8/16384 - \cdots)B$
$\quad - (3e^2/8 + 3e^4/32 + 45e^6/1024 + 105e^8/4096 + \cdots)\sin 2B$
$\quad + (15e^4/256 + 45e^6/1024 + 525e^8/16384 + \cdots)\sin 4B$
$\quad - (35e^6/3072 + 175e^8/12288 + \cdots)\sin 6B + (315e^8/131072 + \cdots)\sin 8B\}$；

由纬度 B_0，B 依据上式计算 S_0，S；

$$\rho = \rho_0 + S_0 - S;$$
$$\gamma = N\cos B(L - L_0)/\rho.$$

(2)投影反算：

$x = N - FN$；

$y = E - FE$；

$\rho = \pm[y^2 + (\rho_0 - x)^2]^{1/2}$，符号与纬度 B_0 的符号相同；

$S = \rho_0 + S_0 - \rho$；

$\psi = S/[a(1 - e^2/4 - 3e^4/64 - 5e^6/256 - 175e^8/16384 - \cdots)]$；

$B = \psi + (3e^2/8 + 3e^4/16 + 213e^6/2048 + 255e^8/4096 + \cdots)\sin 2\psi$
$\quad + (21e^4/256 + 21e^6/256 + 533e^8/8196 + \cdots)\sin 4\psi$
$\quad + (151e^6/6144 + 151e^8/4096e^8 + \cdots)\sin 6\psi$
$\quad + (1097e^8/131072 + \cdots)\sin 8\psi + \cdots$；

或采用下式计算纬度：

$e_1 = (1 - \sqrt{1 - e^2})/(1 + \sqrt{1 - e^2})$；

$B = \psi + (3e_1/2 - 27e_1^3/32 + 269e_1^5/512 - \cdots)\sin 2\psi$
$\quad + (21e_1^2/16 - 55e_1^4/32 + \cdots)\sin 4\psi + (151e_1^3/96 - 417e_1^5/128 + \cdots)\sin 6\psi$
$\quad + (1097e_1^4/512 - \cdots)\sin 8\psi + (8011e_1^5/2560 - \cdots)\sin 10\psi + \cdots$；

$L = L_0 + \rho\arctan[y/(\rho_0 - x)]/(N\cos B)$.

如果 $B = \pm 90°$，则 $\cos B = 0$，经度 L 无法确定，取 $L = L_0$.

3.5.2　Bonne 投影(西南向坐标系)

在早期的地图制图中，葡萄牙采用的是一种特殊的 Bonne 投影坐标系，该投影坐标系的坐标轴以向南和向西为正，计算公式同 3.5.1 小节的相应内容，只作以下修改：

$$W = FE - \rho\sin\gamma;$$
$$S = FN - (\rho_0 - \rho\cos\gamma).$$

以上公式中的 FE 和 FN 仍保留原始定义，即初始原点处加大了西向和南向的坐标值，其实际效果是增加了西平移(FW)和南平移(FS).

投影反算公式仍采用上节标准 Bonne 投影公式，修改部分如下：

$$x = FN - W;$$

$$y = FE - S.$$

算例 3-14：

投影坐标参照系：Portugal（Datum Lisboa Bessel）/ Lisboa Bessel Bonne

（1）投影参数：

椭球参数：Bessel 1841，$a = 6377397.155\text{m}$，$1/f = 299.1528128$；

原点纬度：$B_0 = 39°40'00.000''\text{N}$；

中央子午线经度：$L_0 = 8°07'54.862''\text{W}$；

东坐标平移：$FE = 0.000\text{m}$；

北坐标平移：$FN = 0.000\text{m}$.

（2）投影正算：

输入点坐标：

$$B = 39°00'00.00000''\text{N}, \quad L = 10°00'00.00000''\text{W};$$

过程参数：

$$S_0 = 4392078.3171, \quad S = 4318071.7385;$$
$$\rho = 7775196.8743, \quad \gamma = -0.0208106423;$$

计算结果：

$$S = 72322.9873\text{m}, \quad W = 161795.1626\text{m}.$$

（3）投影反算：

输入点坐标：

$$S = 72322.9873\text{m}, \quad W = 161795.1626\text{m};$$

过程参数：

$$S_0 = 4392078.3171, \quad S = 4318071.7385;$$
$$\rho = 7775196.8743, \quad \gamma = -0.0208106423;$$
$$\Psi = 0.6782230826.$$

计算结果：

$$B = 39°00'00.00000''\text{N}, \quad L = 10°00'00.00000''\text{W}.$$

第4章　圆柱投影

4.1　等角圆柱投影

4.1.1　圆柱投影(墨卡托投影)基本理论

墨卡托投影是由16世纪荷兰制图学家墨卡托(Mercator)提出的，并于1569年首次应用于海图制作. 墨卡托投影是兰勃特等角圆锥投影的一个特例，墨卡托投影的标准纬线定义在赤道，纬线投影后都是直线，经线投影后也是直线，经线与赤道正交且间隔相等，两经线间的间隔与相应的经差成比例. 墨卡托投影是横轴与斜轴墨卡托投影的基础，不过在陆域制图中很少采用该投影，但航海图中主要采用墨卡托投影，因为墨卡托投影不仅等角，而且具有沿直线方位不变的特点，这样航海者只要根据直线与子午线之间的夹角即可在图上确定航线.

少数国家在陆域制图中也采用墨卡托投影，例如印度尼西亚在通用横轴墨卡托投影之前曾使用墨卡托投影. 墨卡托投影有时候也会在赤道引入尺度比例因子，其效果与双标准纬线等效，这样在赤道南北两侧出现两条尺度不变的标准纬线.

墨卡托投影的基本原理如下：

设定投影区域中央经线的投影为 x 轴，赤道或投影区域最低纬线的投影为 y 轴，如图4-1，图4-2所示.

圆柱投影的一般方程式为：

$$\left.\begin{aligned} x &= f(B) \\ y &= C\lambda = C(L - L_0) \end{aligned}\right\} \tag{4-1}$$

圆柱投影变形的公式：

经线长度比：

$$m = \frac{\mathrm{d}x}{M\mathrm{d}B}; \tag{4-2}$$

纬线长度比：

$$n = \frac{\mathrm{d}y}{r\mathrm{d}\lambda} = \frac{C}{N\cos B}; \tag{4-3}$$

在上述公式中，常数 C 根据是切圆柱投影还是割圆柱投影来确定.

在切圆柱投影中，原点纬度 $B_0 = 0°$，所以

$$n_0 = \frac{C}{N_0 \cos B_0} = k_0;$$

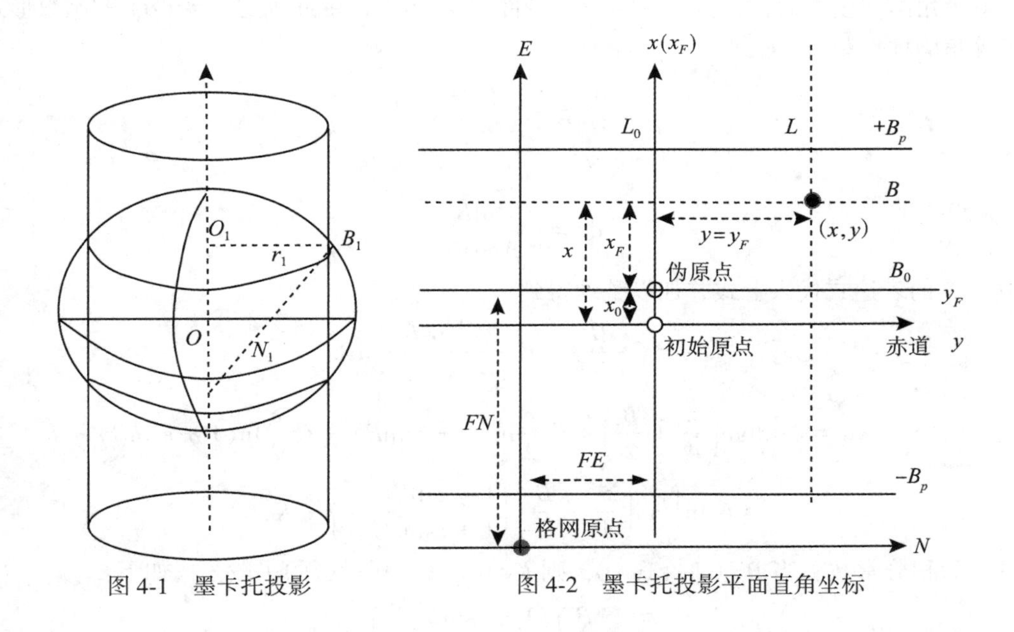

图 4-1 墨卡托投影　　图 4-2 墨卡托投影平面直角坐标

因此

$$C = N_0 \cos B_0 k_0 = a k_0. \tag{4-4}$$

式中，k_0 为赤道投影的长度比例因子，在切圆柱投影中，$k_0 = 1$. 当 $k_0 < 1$ 时，该投影为割圆柱投影.

在割圆柱投影中，圆柱与赤道南北两条标准纬线 $\pm B_p$ 相割，且标准纬线尺度不变，故有

$$n_p = \frac{C}{N_p \cos B_p} = 1.$$

所以

$$C = N_p \cos B_p = \frac{a \cos B_p}{\sqrt{1 - e^2 \sin^2 B_p}} = a k_0; \tag{4-5}$$

$$k_0 = \cos B_p / \sqrt{1 - e^2 \sin^2 B_p}. \tag{4-6}$$

式中，k_0 为赤道投影的长度比例因子. 由此可见，C 为标准纬线的半径，它与割(或切)的位置有关，与投影性质无关.

因此，切、割圆柱投影的一般公式为

$$\left.\begin{aligned} x &= f(B), \\ y &= a k_0 (L - L_0), \\ k &= \frac{a k_0}{N \cos B}. \end{aligned}\right\} \tag{4-7}$$

式中，$x = f(B)$ 的函数形式未定，它取决于圆柱投影的变形性质，k 为投影长度比.

就等角圆柱投影而言，按照等角投影条件 $m=n=1$，由此确定 $x=f(B)$ 的函数形式，对于等角圆柱投影有

$$\frac{\mathrm{d}x}{M\mathrm{d}B}=\frac{C}{N\cos B},$$

即

$$\mathrm{d}x=C\frac{M\mathrm{d}B}{N\cos B}.$$

将 M、N 的表达式代入上式并加以整理得到

$$\mathrm{d}x=C\frac{\mathrm{d}B}{\cos B}-C\frac{e^2\cos B}{1-e^2\sin^2 B}\mathrm{d}B.$$

对上式积分，　$$x=C\ln\tan\left(\frac{\pi}{4}+\frac{B}{2}\right)+C\frac{e}{2}\ln(1-e\sin B)-C\frac{e}{2}\ln(1+e\sin B)+K.$$

$$x=C\ln\left\{\tan\left(\frac{\pi}{4}+\frac{B}{2}\right)\left(\frac{1-e\sin B}{1+e\sin B}\right)^{e/2}\right\}+K,$$

式中 K 为积分常数，当 $B=0$ 时，$x=0$，则 $K=0$，墨卡托投影的一般公式如下：

$$\left.\begin{aligned}x&=C\ln\left\{\tan\left(\frac{\pi}{4}+\frac{B}{2}\right)\left(\frac{1-e\sin B}{1+e\sin B}\right)^{e/2}\right\}=ak_0\ln U\\y&=C(L-L_0)=ak_0(L-L_0)\\k&=\frac{ak_0}{N\cos B}\end{aligned}\right\};\tag{4-8}$$

由图 4-2 可知

$$\left.\begin{aligned}N&=FN+x-x_0\\E&=FE+ak_0(L-L_0)\end{aligned}\right\};\tag{4-9}$$

式中，x_0 为坐标原点至赤道的投影距离，即

$$x_0=ak_0\ln\left\{\tan\left(\frac{\pi}{4}+\frac{B_0}{2}\right)\left(\frac{1-e\sin B_0}{1+e\sin B_0}\right)^{e/2}\right\}.\tag{4-10}$$

等角正轴切圆柱投影(球体)，由式(4-8)可得

$$\left.\begin{aligned}x&=R\ln\tan\left(\frac{\pi}{4}+\frac{\varphi}{2}\right)\\y&=R(\lambda-\lambda_0)\\k&=m=n=\frac{1}{\cos\varphi}\end{aligned}\right\};\tag{4-11}$$

式中，R 为球体半径，λ，φ 为球面经纬度，k 为长度比.

4.1.2　等角正圆柱投影正反算模型与算例

墨卡托投影参数定义如下：

① B_0：原点纬度；

② L_0： 原点经度；

③ B_P： 标准纬线；

④ k_p： 标准纬线比例因子(单纬线，$B_P = 0°$， 定义 $k_p \leqslant 1$； 双标准纬线 $B_P \neq 0°$， 则 $k_p = 1$， 在双标准纬线割圆柱投影中，一般省略参数 k_p， 但为了保持投影参数定义的完整性，将切圆柱与割圆柱投影参数统一起来，保留此参数)；

FE：原点东平移；

FN：原点北平移.

(1)投影正算：

如果 $B_p = 0$， 单标准纬线(赤道)的比例因子：$k_0 = k_p$；

如果 $B_p \neq 0$， 赤道的比例因子 $k_0 = \cos B_P / (1 - e^2 \sin^2 B_P)^{1/2}$；

$$E = FE + ak_0(L - L_0)；$$

如果 $B_0 \neq 0$， 则

$x = ak_0 \ln\{\tan(\pi/4 + B/2)[(1 - e\sin B)/(1 + e\sin B)]^{e/2}\}$， 由 B_0， B 计算 x_0， x，

$$N = FN + x - x_0；$$

如果 $B_0 = 0$， 则

$$x = ak_0 \ln\{\tan(\pi/4 + B/2)[(1 - e\sin B)/(1 + e\sin B)]^{e/2}\}；$$

$$N = FN + x.$$

(2)投影反算：

①计算纬度：

如果 $B_0 = 0$， 则 $t = \mathrm{e}^{(FN-N)/(ak_0)}$， e 为自然对数的底；

如果 $B_0 \neq 0$， 则 $t = \mathrm{e}^{(FN-N-x_0)/(ak_0)}$；

迭代法求纬度：

$$B^{(i+1)} = \pi/2 - 2\arctan\{t[(1 + e\sin B^{(i)})/(1 - e\sin B^{(i)})]^{e/2}\},$$

初始值 $B^{(0)} = \pi/2 - 2\arctan(t)$， 直到满足 $|B^{(i+1)} - B^{(i)}| \leqslant 0.5 \times 10^{-11}$ 迭代结束；

或直接解法求纬度：

$$\chi = \pi/2 - 2\arctan(t)$$

$$\begin{aligned} B = \chi &+ (e^2/2 + 5e^4/24 + e^6/12 + 13e^8/360 + 3e^{10}/160 + \cdots)\sin 2\chi \\ &+ (7e^4/48 + 29e^6/240 + 811e^8/11520 + 81e^{10}/2240 + \cdots)\sin 4\chi \\ &+ (7e^6/120 + 81e^8/1120 + 3029e^{10}/53760 + \cdots)\sin 6\chi \\ &+ (4279e^8/161280 + 883e^{10}/20160 + \cdots)\sin 8\chi + \cdots. \end{aligned}$$

② 计算经度：

$$L = L_0 + (E - FE)/(ak_0)$$

式中，k_0 的计算与投影正算计算方法相同.

为保证投影坐标系参数设置的完整性，单纬线墨卡托投影参数，要求标准纬线参数值设置为零，即 $B_p = 0$， 保留该参数(通常情况该值默认是缺省值). 三种不同情况下墨卡托投影的定义参数见表 4-1.

表4-1　　三种不同情况下墨卡托投影的定义参数

投影参数	Mercator A	Mercator B	Mercator C
原点纬度	$B_0=0$	$B_0=0$	$B_0\neq 0$
原点经度	L_0	L_0	L_0
标准纬度	$B_p=0$	B_p	B_p
尺度因子	$k_p\leqslant 1$	$k_p=1$	$k_p=1$
原点东平移量	FE	FE	FE
原点北平移量	FN	FN	FN

算例4-1：Mercator A

投影坐标参考系：印度尼西亚苏拉威西岛 Makassar/ NEIEZ.

(1)投影参数：

椭球参数：Bessel 1841，a=6377397.155m，$1/f$=299.1528128；

原点纬度：$B_0=0°00'0000''$N；

中央子午线经度：$L_0=110°00'0000''$E；

标准纬线：$B_p=0°00'0000''$N；

尺度因子：$k_p=0.997$；

原点东平移量：$FE=3900000$m；

原点北平移量：$FN=900000$m.

(2)投影正算：

点大地坐标：

$$B=3°00'00.0000''\text{S},\qquad L=120°00'00.0000''\text{E};$$

过程变量：

$$k_0=0.997,\qquad x=-330849.1817;$$

投影结果：

$$N=569150.8183\text{m},\qquad E=5009726.5832\text{m};$$

(3)投影逆运算：

过程参数：

$$t=1.0534120918,\qquad \varphi=-0.0520110414;$$

计算结果：

$$B=3°00'0000''\text{S},\qquad L=120°00'0000''\text{E};$$

算例4-2：Mercator B

投影坐标参考系：印度尼西亚苏拉威西岛 Makassar/ NEIEZ.

(1)投影参数：

椭球参数：Bessel 1841，a=6377397.155m，$1/f$=299.1528128；

原点纬度：B_0 = 0°00′0000″N；
原点经度：L_0 = 110°00′0000″E；
标准纬线：B_p = 4°27′14.58556″N；
尺度因子：k_p = 1；
原点东平移量：FE = 3900000m；
原点北平移量：FN = 900000m.
(2)投影正算：
点大地坐标：

$$B=3°00'00.0000''\text{S},\quad L=120°00'00.0000''\text{E};$$

过程变量：

$$k_0=0.997,\quad x=-330849.1817;$$

投影结果：

$$N=569150.8183\text{m},\quad E=5009726.5832\text{m}.$$

(3)投影逆运算：
过程参数：

$$t=1.0534120918,\quad \varphi=-0.0520110414;$$

计算结果：

$$B=3°00'0000''\text{S},\quad L=120°00'0000''\text{E}.$$

算例 4-3：Mercator C

投影坐标参考系：Pulkovo 1942 /Caspian Sea Mercator.
(1)投影参数：
参考椭球：Krassovsky 1940，a = 6378245.000m，$1/f$=298.3；
原点纬度：B_0 = 42°00′0000″N；
原点经度：L_0 = 51°00′0000″E；
标准纬线：B_p = 42°00′0000″N；
尺度因子：k_p = 1；
原点东平移量：FE = 0.000m；
原点北平移量：FN = 0.000m；
(2)投影正算：
点大地坐标：

$$B=53°00'00.00''\text{N},\quad L=53°00'00.00''\text{E};$$

过程变量：

$$k_0=0.74426089,\quad x_0=3819897.8516;$$
$$x=5171848.0724.$$

投影结果：

$$N=1351950.2207\text{m},\quad E=165704.2933\text{m}.$$

(3)投影逆运算：

过程参数：

$$t=0.3363912884, \quad \varphi=0.9217959577;$$

计算结果：

$$B=53°00'0000''\text{N}; \quad L=53°00'0000''\text{E}.$$

4.1.3　等角正轴圆柱投影的应用

由1.4.2节中的定义可知，等角航线是地球表面上与各经线相交成相等方位角的曲线，又称为斜航线. 墨卡托投影的特性是将地球上的等角航线描写为直线.

由等角航线方程式(1-40)可知

$$L-L_1=\tan\alpha(\ln U-\ln U_1); \tag{1-40}$$

上式两边同时乘以 C，将等角正轴圆柱投影方程式(4-8)代入上式，则有

$$\tan\alpha=\frac{C(L-L_1)}{C(\ln U-\ln U_1)}=\frac{y-y_1}{x-x_1}; \tag{4-12}$$

等角航线与所通过的经线保持方位角相等，在椭球面上不是大地线，在球面上除赤道之外也都不是大圆，但等角航线在平面上的投影为直线(见图4-3). 因此墨卡托投影主要用于制作海图，连接起点与终点的直线即为等角航线，等角航线与经线的交角为航向角，沿此角航行不改变方位角即可到达终点. 其优点是绘制航迹简单方便，但航程较远. 因为球面上任意两点间的最短距离是大圆航线，在椭球面上最短距离为大地线航线，因此等角航线不是地球表面上两点间的最短距离，而是以极点为渐近点的一条螺旋曲线(图1-7). 故在远洋航行时，考虑到航距尽可能短与航行方便，通常把两者结合起来，即把大圆航线(或大地线航线)所经过的重要点展绘到墨卡托投影的海图上(见图4-4)，然后依次把各点连接成直线，各直线段为等角航线，但航行中沿此折线而行. 这样既保持短距航线又等角航行，便于领航.

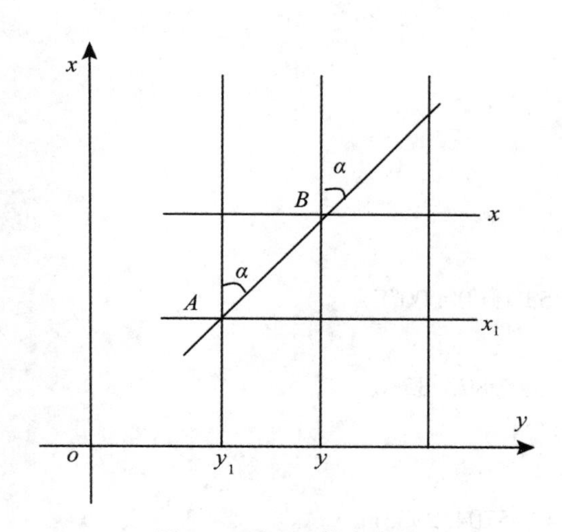

图4-3　平面上等角航线

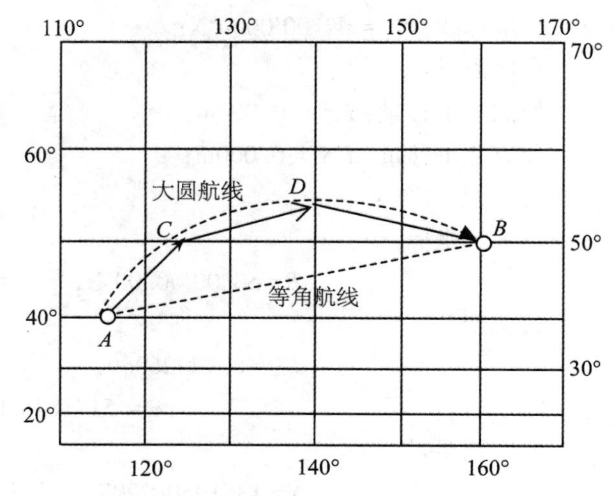

图4-4　墨卡托投影大圆航线与等角航线

4.2 横轴墨卡托投影

4.2.1 横轴墨卡托投影簇

各种形式的横轴墨卡托投影是当今使用最广泛的投影，用于陆地和近海的测量与地形图成图. 虽然不同国家采用的横轴墨卡托投影有区别，但基本特征和公式并无差异，差别只在于投影变换参数的选择，如初始原点纬度 B_0(通常在赤道上，但有些国家如埃及选择赤道以外的纬线)、初始原点经度 L_0(中央经线)、初始原点的尺度比例因子 k_0、原点东平移 *FE* 和北平移值 *FN*，坐标单位(如米制以外的长度单位：英尺、码等)，以及根据领土分布选定的分带经差. 不同形式的横轴墨卡托投影可视作同一类型投影，其投影坐标系如图 4-5、图 4-6 所示.

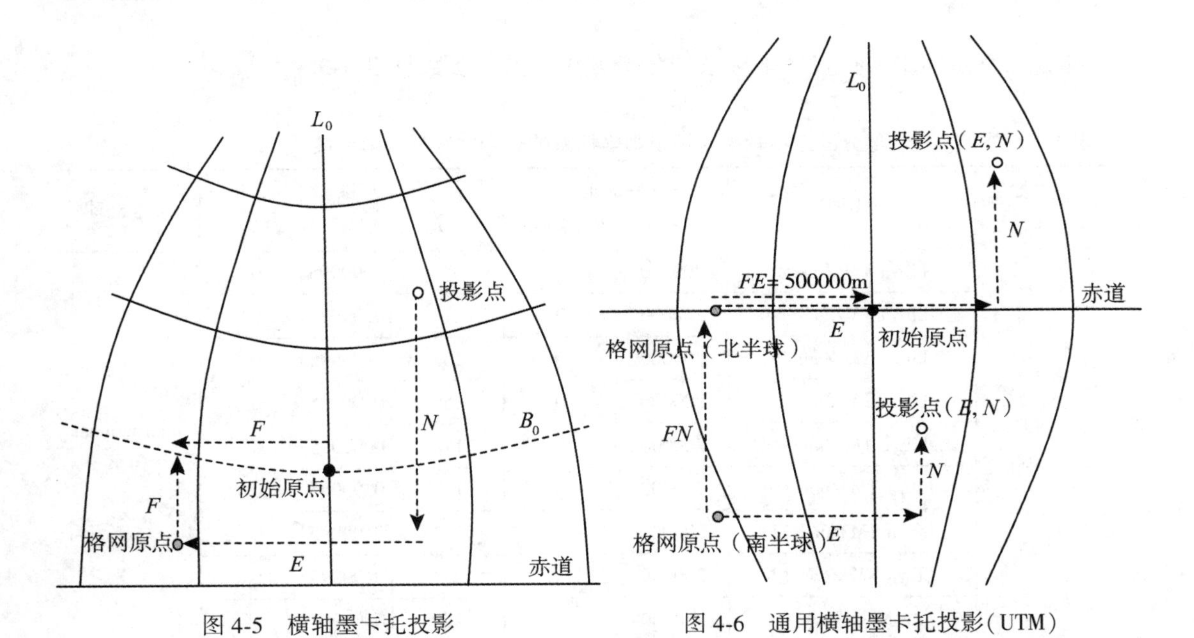

图 4-5　横轴墨卡托投影　　　　图 4-6　通用横轴墨卡托投影(UTM)

表 4-2 列出了各种横轴墨卡托投影坐标转换参数，可用于横轴墨卡托投影运算.

表 4-2　**横轴墨卡托投影比较**

投影方法	地区	中央子午线 L_0	原点纬度 B_0	尺度因子 k_0	经差	东坐标平移 *FE*	北坐标平移 *FN*
横轴墨卡托投影	世界各地	不固定	不固定	不固定	通常小于 6°	不固定	不固定

续表

投影方法	地区	中央子午线 L_0	原点纬度 B_0	尺度因子 k_0	经差	东坐标平移 *FE*	北坐标平移 *FN*
横轴墨卡托投影(西南向)	南非	2° 间隔自 11°E 以东	0°	1	2°	0m	0m
高斯-克吕格(GK)	苏联 南斯拉夫 中国、越南	不同	0°	1	6° 或 3° 或小于 3°	不固定；经常为 500km 加带号	不固定
UTM	赤道以北 84°N，赤道以南 80°S	6°间隔，自 177°W 以东	0°	0.9996	6°	500km	北半球 0m 南半球 10000km

部分国家横轴墨卡托投影坐标系的分带方法与投影参数见表 4-3.

表 4-3　**部分国家横轴墨卡托投影坐标系的分带方法与投影参数**

国家	大地坐标系统	投影带	东坐标平移 *FE*(m)	北坐标平移 *FN*(m)	中央子午线 L_0	尺度比 k_0	原点纬度 B_0	参考椭球
利比亚 Libya	LGD 2006	Libya TM Zone 5	200000	0	9°	0.99995	0°	International 1924
		Libya TM Zone 6	200000	0	11°	0.99995	0°	
		Libya TM Zone 7	200000	0	13°	0.99995	0°	
		Libya TM Zone 8	200000	0	15°	0.99995	0°	
		Libya TM Zone 9	200000	0	17°	0.99995	0°	
		Libya TM Zone 10	200000	0	19°	0.99995	0°	
		Libya TM Zone 11	200000	0	21°	0.99995	0°	
		Libya TM Zone 12	200000	0	23°	0.99995	0°	
		Libya TM Zone 13	200000	0	25°	0.99995	0°	
埃及 Egypt	Egypt 1907	Egypt Blue Belt	300000	1100000	35°	1	30°	Helmert 1906
		Egypt Red Belt	615000	810000	31°	1	30°	
		Egypt Purple Belt	700000	200000	27°	1	30°	
越南 Vietnam	VN 2000	VN2000 TM 3 Zone 481	0	500000	102°	0.9996	0°	WGS_1984
		VN2000 TM 3 Zone 482	0	500000	105°	0.9996	0°	
		VN2000 TM 3 Zone 491	0	500000	108°	0.9996	0°	

1) 横轴墨卡托投影正算

$$\left.\begin{aligned}x &= FN + k_0\{S - S_0 + Nt[A^2/2 + (5 - t^2 + 9\eta^2 + 4\eta^4)A^4/24 \\ &\quad + (61 - 58t^2 + t^4)A^6/720]\}, \\ y &= FE + k_0N[A + (1 - t^2 + \eta^2)A^3/6 + (5 - 18t^2 + t^4 + 14\eta^2 \\ &\quad - 58\eta^2t^2)A^5/120],\end{aligned}\right\} \tag{4-13}$$

$$\begin{aligned}k &= k_0[1 + (1 + \eta^2)A^2/2 + (5 - 4t^2 + 42\eta^2 + 13\eta^4)A^4/24 \\ &\quad + (61 - 148t^2 + 16t^4)A^6/720].\end{aligned} \tag{4-14}$$

式中：k 为尺度比，且

$t = \tan B$;

$\eta^2 = e'^2\cos^2 B$;

$A = (L - L_0)\cos B$;

$N = a/\sqrt{1 - e^2\sin^2 B}$.

S 和 S_0 为纬度 B 与 B_0 所对应的子午线弧长，即

$$\begin{aligned}S &= a[(1 - e^2/4 - 3e^4/64 - 5e^6/256 - 175e^8/16384 - \cdots)B \\ &\quad - (3e^2/8 + 3e^4/32 + 45e^6/1024 + 105e^8/4096 + \cdots)\sin 2B \\ &\quad + (15e^4/256 + 45e^6/1024 + 525e^8/16384 + \cdots)\sin 4B \\ &\quad - (35e^6/3072 + 175e^8/12288 + \cdots)\sin 6B + (315e^8/131072 + \cdots)\sin 8B].\end{aligned}$$

2)横轴墨卡托投影反算

$$\left.\begin{aligned}B &= B_f - N_f t_f/M_f\{D^2/2 - (5 + 3t_f^2 + \eta_f^2 - 9\eta_f^2 t_f^2)D^4/24 \\ &\quad + (61 + 90t_f^2 + 45t_f^4)D^6/720 + \cdots\} \\ L &= L_0 + 1/\cos B_f[D - (1 + 2t_f^2 + \eta_f^2)D^3/6 + (5 + 28t_f^2 + 24t_f^4 \\ &\quad + 6\eta_f^2 + 8\eta_f^2 t_f^2)D^5/120 + \cdots]\end{aligned}\right\} \tag{4-15}$$

式中：

$N_f = a/(1 - e^2\sin^2 B_f)^{1/2}$;

$M_f = a(1 - e^2)/(1 - e^2\sin^2 B_f)^{3/2}$;

$t_f = \tan B_f$;

$\eta_f^2 = e'^2\cos^2 B_f$;

$D = (y - FE)/(N_f k_0)$;

直接法计算底点纬度 B_f:

$$S_f = S_0 + (x - FN)/k_0;$$

$$\psi = S_f/[a(1 - e^2/4 - 3e^4/64 - 5e^6/256 - 175e^8/16384 - \cdots)];$$

$$\begin{aligned}B_f &= \psi + (3e^2/8 + 3e^4/16 + 213e^6/2048 + 255e^8/4096 + \cdots)\sin 2\psi \\ &\quad + (21e^4/256 + 21e^6/256 + 533e^8/8196 + \cdots)\sin 4\psi \\ &\quad + (151e^6/6144 + 151e^8/4096e^8 + \cdots)\sin 6\psi \\ &\quad + (1097e^8/131072 + \cdots)\sin 8\psi + \cdots;\end{aligned}$$

或

$$e_1 = (1 - \sqrt{1-e^2})/(1+\sqrt{1-e^2});$$

$$\begin{aligned} B_f = \psi &+ (3e_1/2 - 27e_1^3/32 + 269e_1^5/512 - \cdots)\sin 2\psi \\ &+ (21e_1^2/16 - 55e_1^4/32 + \cdots)\sin 4\psi \\ &+ (151e_1^3/96 - 417e_1^5/128 + \cdots)\sin 6\psi \\ &+ (1097e_1^4/512 - \cdots)\sin 8\psi + (8011e_1^5/2560 - \cdots)\sin 10\psi + \cdots. \end{aligned}$$

以上公式在赤道以南地区仍然适用，只要取负值即可，不过此时原点(例如赤道)的北坐标平移应足够大，以避免投影北坐标出现负值，UTM 投影的北坐标平移值取 10000km 就是这个原因. 该问题的另一种解决方法是将南极定为原点，并将该原点投影北坐标设置为零，阿根廷的横轴墨卡托投影带(高斯-克吕格)就是如此，同时将各投影带中央经线的东坐标平移设置为 500km，并在该值前加带号，以保证任意投影带内的任意点均有唯一的投影坐标相对应，避免不同投影带中出现相同的投影东坐标值(E). 上述投影逆运算公式也同样适用于赤道以南地区，此时得到的纬度 B 为负值，因为 S_f 为负值，由 S_f 计算得到的纬度 B 也是负值.

算例 4-4：

投影坐标参考系：OSGB 1936 / British National Grid.

(1)投影参数：

参考椭球：Airy 1830，a=6377563.396m，$1/f$=299.3249646；

原点纬度：B_0 = 49°00′00.00″N；

中央子午线经度：L_0 = 2°00′00.00″W；

中央子午线尺度因子：k_0 = 0.9996012717；

原点东坐标平移量：FE=400000.000m；

原点北坐标平移量：FN=-100000.000m.

(2)投影正算：

点大地坐标：

B=50°30′00.00″N，　L=00°30′00.00″E；

过程参数：

A=0.02775415，　S=5596050.4612，　S_0=5429228.6019；

投影结果：

N= 69740.4923m，　E=577274.9839m.

(3)投影反算：

点平面直角坐标：

N=69740.4923m，　E=577274.9839m；

计算过程参数：

S_f=5599036.80，　ψ =0.87939562，　B_f=0.88185987；

计算结果：

B=50°30′00000″N，　L=00°30′00001″E.

算例 4-5：

投影坐标参考系：阿根廷(Argentina) POSGAR 2007/ Argentina Zone 2.

(1)投影参数：

椭球参数：GRS_1980，$a=6378137.000\text{m}$，$1/f=298.257222101$；

原点纬度：$B_0 = 90°00'00.00''\text{S}$；

中央子午线经度：$L_0 = 69°00'00.00''\text{W}$；

尺度因子：$k_0 = 1$；

原点东坐标平移量：$FE=2500000.000\text{m}$；

原点北坐标平移量：$FN= 0.000\text{m}$.

(2)投影正算：

大地坐标：

$$B=28°30'55.5500''\text{S},\quad L=70°30'55.3055''\text{W};$$

过程参数：

$$A=-0.0232396,\quad S=-3155563.639,\quad S_0=-10001965.73;$$

投影结果：

$$N=6845465.4240\text{m},\quad E=2351651.8706\text{m}.$$

(3)投影反算：

直角坐标：

$$N=6845465.4240\text{m},\quad E=577274.9841\text{m};$$

过程参数：

$$S_f=-3156500.31,\quad \psi=-0.49572446,\quad B_f=-0.49783566;$$

计算结果：

$$B=28°30'55.5500''\text{S},\quad L=70°30'55.3055''\text{W}.$$

4.2.2 横轴墨卡托投影(南非-西南向坐标系)

南非横轴墨卡托投影采用西南向坐标系，该坐标系的两坐标轴以南向和西向为坐标轴正方向，坐标值自原点分别向南和向西递增，如图 4-7 所示.

横轴墨卡托投影按上述要求修改后得到如下公式：

$$\left.\begin{aligned}\text{S}:\ x &= FN - k_0\{S - S_0 + Nt[A^2/2 + (5 - t^2 + 9\eta^2 + 4\eta^4)A^4/24 \\ &\quad + (61 - 58t^2 + t^4)A^6/720\} \\ \text{W}:\ y &= FE - k_0N\{A + (1 - t^2 + \eta^2)A^3/6 + (5 - 18t^2 + t^4 + 14\eta^2 \\ &\quad - 58\eta^2t^2)A^5/120\}\end{aligned}\right\}\tag{4-16}$$

以上公式中的 FE 和 FN 定义不变，也就是横轴墨卡托投影南向坐标系在其初始原点处加大了西向和南向坐标值，其实际效果是增加了西平移(FW)和南平移(FS).

除下列算式外，投影逆运算与常规横轴墨卡托投影相同：

$$S_f = S_0 - (x - FN)/k_0;$$

$$D = -(y - FE)/k_0.$$

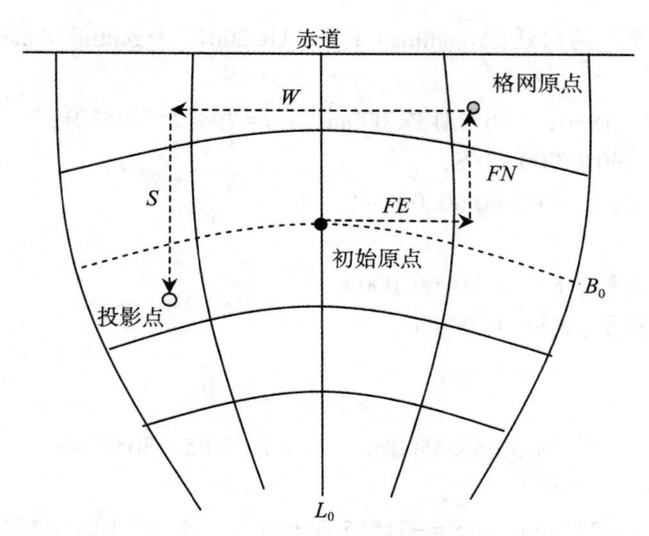

图 4-7 南非横轴墨卡托投影(西南向坐标系)

为了区分西南向坐标系与常规横轴墨卡托投影所采用的东北向坐标系，投影参数设置取中央子午线尺度比 k_0 为负值(见算例 4-6). 南非横轴墨卡托投影坐标系分带与投影参数见表 4-4.

表 4-4 **南非横轴墨卡托投影坐标系分带与投影参数**

(Cape 和 Hartebeesthoek 1994 大地坐标系统)

投影带	假东坐标 FE(m)	假北坐标 FN(m)	中央子午线 L_0	尺度比 k_0	原点纬度 B_0
Lo17	0	0	17°	−1	0°
Lo19	0	0	19°	−1	0°
Lo21	0	0	21°	−1	0°
Lo23	0	0	23°	−1	0°
Lo25	0	0	25°	−1	0°
Lo27	0	0	27°	−1	0°
Lo29	0	0	29°	−1	0°
Lo31	0	0	31°	−1	0°

算例 4-6:

投影坐标参考系：南非(South Africa)Hartebeesthoek 1994/ Lo29.

(1)投影参数:

参考椭球：WGS-1984, a = 6378137.000m, $1/f$ = 298.257223563.

原点纬度：B_0 = 00°00′00.00″N；
中央子午线经度：L_0 = 29°00′00.00″E；
尺度因子：$k_0 = -1$ //用来定义坐标轴方向//；
原点东平移：FE=0.000m；
原点北平移：FN=0.000m.
(2)投影正算：
点大地坐标：

$$B=25°43'55.3020''\text{S}, \quad L=28°16'57.4790''\text{E};$$

过程参数：

$$A=-1.12788215, \quad S=-2847147.078, \quad S_0=0.000;$$

投影结果：

$$S=2847342.7351\text{m}, \quad W=71984.4797\text{m}.$$

(3)投影反算：
点直角坐标：

$$S=2847342.7351\text{m}, \quad W=71984.4797\text{m};$$

过程参数：

$$S_f=-2847342.735, \quad \psi=-0.447171650, \quad B_f=-0.449139443;$$

计算结果：

$$B=25°43'55.3020''\text{S}, \quad L=28°16'57.4790''\text{E}.$$

4.3 斜轴墨卡托投影

4.3.1 概述

横轴墨卡托投影常用于经向可分带地域的地形图绘制. 但有些国家的领土形状、延伸和区域范围仅需要一个单独的投影带即可覆盖，只要用一条平行领土延伸方向的中心线替代中央经线，而不是像横轴墨卡托投影那样将比例不失真的中央经线作为中心线，也不像墨卡托投影那样将赤道作为中心线，这种单独的斜轴投影带适合横向跨度较大、纵向比较狭窄，区域延伸方向与子午线相割的地域.

在斜轴与横轴圆柱投影中，为了计算方便通常把地球作为球体，确定新极点，建立球面坐标系，一般选择球面极坐标系或以新极点为依据的新球面坐标系. 正如在2.4节中所介绍的方法，以极坐标 Z，α 为参数进行投影计算，或者以新球面坐标 φ'，λ' 为参数按正轴圆柱投影公式计算. 因此等高圈(相当于纬圈)投影为一组平行线，垂直圈(相当于经圈)投影后与等高圈垂直的一组平行线，经纬线投影后都是曲线，只有通过新极点 Q 的经线为起始经线或以方位角 α_0 为起始垂直圈的垂直圈投影后为直线，且为其他经线或垂直圈的对称轴. 依照正轴圆柱投影，其斜轴或横轴投影的一般公式为

$$\left.\begin{aligned} x &= f(\varphi') \\ y &= C\lambda' \end{aligned}\right\}. \tag{4-17}$$

在斜轴投影坐标系中，一般情况下通过新极点 Q 的子午线的投影线为 x 轴，或以方位角 α_0 的方向 OQ 为 x 轴，以新极点所应的大圆 OA_Q 投影线为 y 轴，其交点为原点，如图4-8与图4-9所示，显然方位角 α_0 起移轴的作用，若 $\alpha_0=0$，x 轴的投影线为 QPQ_1，$\alpha_0=\pi$，x 轴的投影线为 QP_1Q_1.

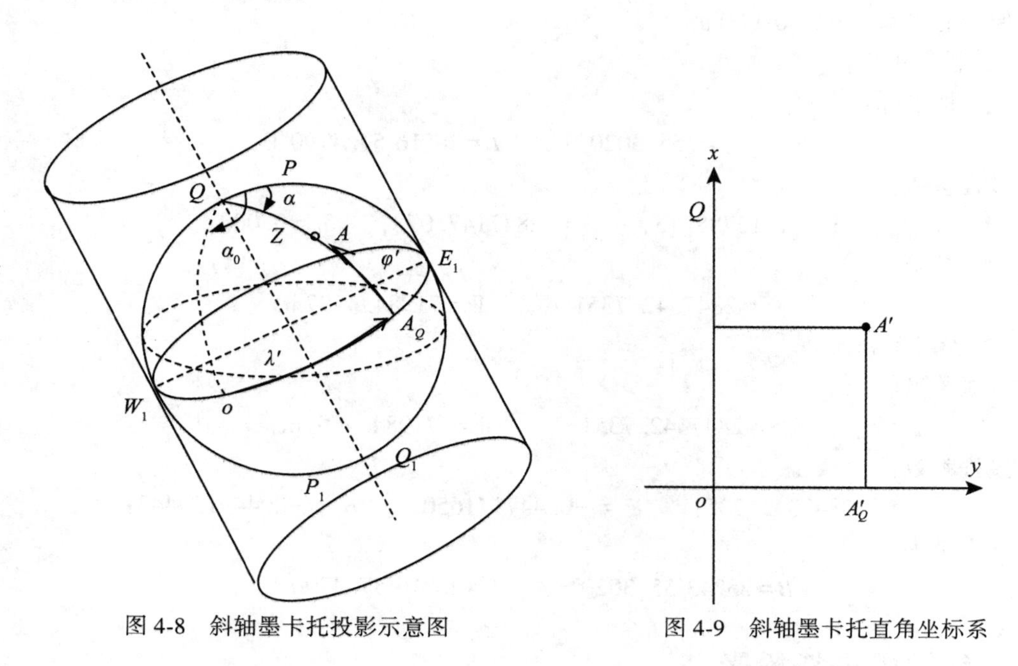

图4-8　斜轴墨卡托投影示意图　　图4-9　斜轴墨卡托直角坐标系

4.3.2　斜轴墨卡托投影的基本理论

斜轴墨卡托投影是圆柱面切于地球球体的经圈和赤道以外的任一大圆，见图4-8，沿此大圆 $O\text{-}A_Q$ 的长度比没有长度变形. 参照切圆柱投影公式，并以 $\varphi'=90°-Z$ 代替 φ，以 $\lambda'=\pi-\alpha$ 或 $\lambda'=-\alpha$ 代替 λ，由式(4-11)直接写出投影公式：

$$\left.\begin{aligned}&x=R\ln\tan\left(\frac{\pi}{4}+\frac{\varphi'}{2}\right)=\frac{1}{2}R\ln\frac{1+\sin\varphi'}{1-\sin\varphi'}\\&y=R\lambda'\\&k=\frac{1}{\cos\varphi'}\end{aligned}\right\}. \tag{4-18}$$

将式(2-94)和式(2-95)代入上式，顾及 $\varphi'=90°-Z$，则有

$$\left.\begin{aligned}&x=\frac{1}{2}R\ln\frac{1+\sin\varphi_0\sin\varphi+\cos\varphi_0\cos\varphi\cos(\lambda-\lambda_0)}{1-\sin\varphi_0\sin\varphi-\cos\varphi_0\cos\varphi\cos(\lambda-\lambda_0)}\\&y=-R\arctan\frac{\cos\varphi\sin(\lambda-\lambda_0)}{\cos\varphi_0\sin\varphi-\sin\varphi_0\cos\varphi\cos(\lambda-\lambda_0)}\\&k=\frac{1}{\cos\varphi'}=\frac{1}{\sin Z}\end{aligned}\right\}. \tag{4-19}$$

式中 R 为球体半径，k 为长度比.

当 $\varphi_0 = 90°$ 时，正轴墨卡托投影(适用于球体)：

$$\left.\begin{aligned} x &= \frac{1}{2}R\ln\frac{1+\sin\varphi}{1-\sin\varphi} = R\ln\tan\left(\frac{\pi}{4}+\frac{\varphi}{2}\right) \\ y &= R(\lambda - \lambda_0) \end{aligned}\right\}. \tag{4-20}$$

当 $\varphi_0 = 0°$ 时，横轴墨卡托投影(适用于球体)：

$$\left.\begin{aligned} x &= \frac{1}{2}R\ln\frac{1+\cos\varphi\cos(\lambda-\lambda_0)}{1-\cos\varphi\cos(\lambda-\lambda_0)} \\ y &= -R\arctan[\cot\varphi\sin(\lambda-\lambda_0)] \end{aligned}\right\}. \tag{4-21}$$

在实际应用中，经常取 $\lambda' = \alpha_0 - \alpha$，以方位角 α_0 的垂直圈为斜轴投影的中央子午线，如图 4-8 所示，则斜轴墨卡托投影公式：

$$\left.\begin{aligned} x &= R\ln\tan\left(\frac{\pi}{4}+\frac{\varphi'}{2}\right) = R\ln\cot\frac{Z}{2} = R\ln\frac{1+\cos Z}{\sin Z} \\ y &= R\lambda' = R(\alpha_0 - \alpha) \\ k &= \frac{1}{\cos\varphi'} = \frac{1}{\sin Z} \end{aligned}\right\}. \tag{4-22}$$

4.3.3　Hotine 斜轴墨卡托投影

斜轴墨卡托椭球投影早在 20 世纪初由罗森蒙得(Rosenmund)提出，用于瑞典的地图投影，1970 年匈牙利也采用了该方法. 拉伯德(Laborde)在 20 世纪 20 年代将该投影应用于马达加斯加和留尼汪岛地图的制作，使得该投影得到了进一步的发展. 20 世纪 40 年代，Hotine 将该投影应用于马来西亚的制图，命名该投影为 Rectified Skew Orthomorphic. 斜轴墨卡托投影通常选取过某一点(如测区中心点)的特定方位线，或选定两个点之间的测地线(椭球上两点间的最短路径)作为初始线.

上述方法在使用上略有不同. Hotine 投影是先将椭球大地坐标以等角方式投影到球面上，再将球面坐标投影到平面上，然后将坐标网格旋转至投影北方向. 像 Hotine 投影一样，拉伯德使用多重投影技术，将椭球映射到平面上，但该方法是在中间球面上将坐标旋转到北方向，不是在投影平面进行坐标格网的旋转.

国际石油与天然气生产者协会 OGP(International Association of Oil and Gas Producers)认可两种形式的斜轴墨卡托投影，即 Hotine 斜轴墨卡托投影与 Laborde 斜轴墨卡托投影(见 4.3.4 节). Hotine 斜轴墨卡托投影公式基于双曲函数导出，斯奈德(Synder)抛开 Hotine 双曲函数表达式，推导出用指数函数表示的投影公式. Hotine 投影方法包含两种不同的坐标表达形式，根据网格坐标原点的定义点来加以区分(见图 4-10)，如果网格坐标的初始原点定义在初始线和过渡球面的交点，称为 Hotine A，在 GIS 中数据处理软件中其投影名称为 Hotine Oblique Mercator Azimuth Natural Center 以及 Rectified Skew Orthomorphic Natural Origin；若网格坐标原点定义在投影中心，称为 Hotine B，其投影名称为 Hotine Oblique Mercator Azimuth Center.

Hotine B 可作为 Laborde 斜轴墨卡托投影方法的近似，则该方法所需的参数，从校正网格到倾斜网格的角度 γ_c 与穿过投影中心的初始线的方位角 α_c 相同，即 $\gamma_c = \alpha_c$).

两种不同形式 Hotine 投影的参数定义见表 4-5.

表 4-5　　**Hotine 斜轴墨卡托投影方法 A 与方法 B 投影参数**

投影参数	Hotine A	Hotine B
投影中心点纬度 B_c	✓	✓
投影中心点经度 L_c	✓	✓
初始线方位角 α_c	✓	✓
校正网格到倾斜网格的角度 γ_c	✓	✓
初始线的尺度因子 k_c	✓	✓
初始原点东坐标平移量 FE	✓	
初始原点北坐标平移量 FN	✓	
投影中心点东坐标平移量 E_c		✓
投影中心点北坐标平移量 N_c		✓

Hotine 斜轴墨卡托坐标系定义如图 4-10 所示.

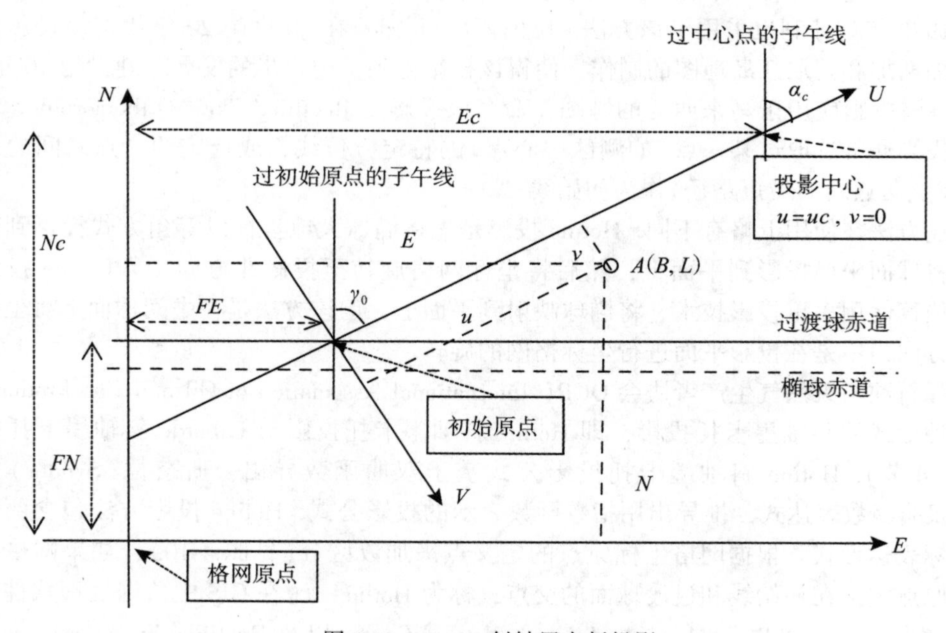

图 4-10　Hotine 斜轴墨卡托投影

图 4-10 中穿过投影区的初始线方位角为 α_c，初始线经过投影中心（B_c，L_c），初始线

与过渡球的交点位于过渡球赤道，交点坐标(u，v)是坐标系的原点，u 轴方向沿初始线方向，v 轴与之垂直(u 轴顺时针旋转 90°).

利用 Hotine 斜轴墨卡托投影公式计算时，首先计算(u，v)坐标系(根据初始线定义)中的坐标，然后通过正交变换将坐标校正到常规意义上的东北方向，这也正是该方法称为“正形斜校正投影”的由来. 在定义投影网格的斜方位角时，该投影要求方位角的定义必须使初始原点处的网格北与真北能保持一致. 某些情况下，尤其在非赤道地区，如阿拉斯加锅柄州，矫正网格到倾斜网格的角度 γ_c 与在投影中心点初始线的方位角相等，这样导致格网北在投影中心处与该点真北方向重合，而不是在初始原点处与该点真北方向重合.

为了保证投影区网格坐标均为正值，引入了坐标平移量，即将投影中心的坐标定义为(E_c，N_c)，或将初始原点坐标定义为(FE，FN).

本节公式的应用地域包括：阿拉斯加州平面带 1，匈牙利 EOV，东、西马来西亚正形矫正网格，瑞士圆柱投影.

瑞士和匈牙利坐标系是 Hotine 斜轴墨卡托投影方法 B 的特例，因为其投影中心线的方位角为 90°. Hotine 斜轴墨卡托投影方法 B 也可作为马达斯加拉 Laborde 投影(见 4.3.4 节)一种近似方法.

Hotine 斜轴墨卡托投影参数见表 4-5.

利用上述参数计算 Hotine 斜轴墨卡托投影常数：

$$\beta = [1 + e^2 \cos^4 B_c/(1 - e^2)]^{1/2};$$

$$C = a\beta k_c (1 - e^2)^{1/2}/(1 - e^2 \sin^2 B_c);$$

$$t_c = \tan(\pi/4 - B_c/2)\ [(1 + e\sin B_c)/(1 - e\sin B_c)]^{e/2};$$

$$D = \beta (1 - e^2)^{1/2}/[\cos B_c (1 - e^2 \sin^2 B_c)^{1/2}];$$

$$F = D + (D^2 - 1)^{1/2} \times \mathrm{sign}(B_c),\ \text{如果 } D < 1,\ D^2 = 1;$$

$$H = F t_c^{\beta};$$

$$G = (F - 1/F)/2;$$

$$\gamma_0 = \arcsin(\sin\alpha_c/D);$$

$$L_0 = L_c - [\arcsin(G\tan\gamma_0)]/\beta.$$

对于 Hotine 方法 B 而言，计算投影中心点(B_c，L_c)的坐标(u_c，v_c)，即

$$v_c = 0;$$

$$u_c = (C/\beta)\arctan[(D^2 - 1)^{1/2}/\cos\alpha_c] \times \mathrm{sign}(B_c);$$

$$u_c = C(L_c - L_0)\quad \text{当 } \alpha_c = 90° \text{ 时(如匈牙利、瑞士)}.$$

(1)投影正算：

$$t = \tan(\pi/4 - B/2)\ [(1 + e\sin B)/(1 - e\sin B)]^{e/2};$$

$$Q = H / t^{\beta};$$

$$S = (Q - 1/Q)/2;$$

$$T = (Q + 1/Q)/2;$$

$$V = \sin[\beta(L - L_0)];$$

$$U = (-V\cos\gamma_0 + S\sin\gamma_0)/T;$$

$$v = C\ln[(1-U)/(1+U)]/(2\beta).$$

① Hotine 方法 A(在初始原点(u, v)处定义 FE 和 FN 值):

$$u = C\arctan\{(S\cos\gamma_0 + V\sin\gamma_0)/\cos[\beta(L-L_0)]\}/\beta.$$

则有

$$E = FE + v\cos\gamma_c + u\sin\gamma_c;$$

$$N = FN + u\cos\gamma_c - v\sin\gamma_c.$$

② Hotine 方法 B(在投影点中心点(B_c, L_c)定义东平移量 E_c 和北平移量 N_c):

$$u = C\arctan\{(S\cos\gamma_0 + V\sin\gamma_0)/\cos[\beta(L-L_0)]\}/\beta - abs(u_C)\cdot\mathrm{sign}(B_C).$$

在 $\alpha_c = 90°$ 特殊情况下:

如果 $L = L_c$, 则 $u = 0$;

否则 $u = C\arctan\{(S\cos\gamma_0 + V\sin\gamma_0)/\cos[\beta(L-L_0)]\}/\beta - abs(u_c)\cdot\mathrm{sign}(B_c)\cdot\mathrm{sign}(L_c - L)$ 则有

$$E = E_c + v\cos\gamma_c + u\sin\gamma_c;$$

$$N = N_c + u\cos\gamma_c - v\sin\gamma_c.$$

(2)投影反算:

①Hotine 方法 A:

$$v' = (E - FE)\cos\gamma_c - (N - FN)\sin\gamma_c;$$

$$u' = (N - FN)\cos\gamma_c + (E - FE)\sin\gamma_c.$$

②Hotine 方法 B:

$$v' = (E - E_c)\cos\gamma_c - (N - N_c)\sin\gamma_c;$$

$$u' = (N - N_c)\cos\gamma_c + (E - E_c)\sin\gamma_c + \mathrm{abs}(u_c)\cdot\mathrm{sign}(B_c);$$

对于上述两种投影方法都有:

$$Q' = \mathrm{e}^{-(\beta v'/C)};$$

$$S' = (Q' - 1/Q')/2;$$

$$T' = (Q' + 1/Q')/2;$$

$$V' = \sin(\beta u'/C);$$

$$U' = (V'\cos\gamma_0 + S'\sin\gamma_0)/T';$$

$$t' = \{H/[(1+U')/(1-U')]^{1/2}\}^{1/\beta};$$

$$\chi = \pi/2 - 2\arctan(t');$$

$$\begin{aligned}B = \chi &+ (e^2/2 + 5e^4/24 + e^6/12 + 13e^8/360 + \cdots)\sin 2\chi \\ &+ (7e^4/48 + 29e^6/240 + 811e^8/11520 + \cdots)\sin 4\chi \\ &+ (7e^6/120 + 81e^8/1120 + \cdots)\sin 6\chi + (4279e^8/161280 + \cdots)\sin 8\chi;\end{aligned}$$

$$L = L_0 - \arctan[(S'\cos\gamma_0 - V'\sin\gamma_0)/\cos(\beta u'/C)]/\beta.$$

算例 4-7:

投影坐标参考系:马来西亚 Timbalai 1948 / RSO Borneo(m).

(1)投影名称:Hotine Oblique Mercator Azimuth Center(Hotine B).

(2)投影参数:

参考椭球:Everest 1830(1967 年定义)

$$a = 6377298.556\text{m}, \quad 1/f = 300.8017;$$

投影中心纬度：$B_c = 4°00'00''$N；

投影中心经度：$L_c = 115°00'00''$E；

初始线方位角：$\alpha_c = 53°18'56.95372''$；

网格旋转角：$\gamma_c = 53°07'48.36847''$；

初始线比例因子：$k_c = 0.99984$；

投影中心点东平移量：$E_c = 590476.87$m；

投影中心点北平移量：$N_c = 442857.65$m.

(3)投影正算：

输入点坐标：

$$B = 5°23'14.1129''\text{N}, \quad L = 115°48'19.8196''\text{E};$$

计算常数：

$$\beta = 1.003303209, \quad C = 6376278.686, \quad t_c = 0.932946976;$$
$$D = 1.002425787, \quad F = 1.072121256, \quad H = 1.000002991;$$
$$\gamma_0 = 0.927295218, \quad L_0 = 1.914373469, \quad u_C = 738096.09;$$
$$v_C = 0.00;$$

中间参数

$$t = 0.910700729, \quad Q = 1.098398182, \quad S = 0.093990763;$$
$$T = 1.004407419, \quad V = 0.106961709, \quad U = 0.010967247;$$
$$v = -69702.787, \quad u = 163238.163.$$

计算结果

$$E = 679245.7281\text{m}, \quad N = 596562.7775\text{m}.$$

(4)投影逆运算：

输入点坐标：

$$E = 679245.7281\text{m}, \quad N = 596562.7775\text{m};$$

中间参数：

$$v' = -69702.787, \quad u' = 901334.257, \quad Q' = 1.011028053;$$
$$S' = 0.010967907, \quad T' = 1.000060146, \quad V' = 0.141349378;$$
$$U' = 0.093578324, \quad t' = 0.910700729, \quad \chi = 0.093404829;$$

计算结果

$$B = 5°23'14.1129''\text{N}, \quad L = 115°48'19.8196''\text{E}.$$

对于 HOM A 而言：

投影名称：Rectified Skew Orthomorphic Natural Origin；

投影中心东平移：$FE = 0.0$m；

投影中心北平移：$FN = 0.0$m；

$$u = 901334.257$$

其他中间参数与方法 B 相同.

正算结果：

$E=679245.7335\text{m}$, $N=596562.7840\text{m}$.

算例4-8：

投影坐标参考系：匈牙利 Hungarian 1972/ HD 1972 EOV

(1)投影名称：Hotine Oblique Mercator Azimuth Center(Hotine B)

(2)投影参数：

参考椭球：GRS 1967, $a = 6378160\text{m}$, $1/f = 298.247167427$;

中心点纬度：$B_c = 19°02'54.85840''\text{N}$;

投影中心经度：$L_c = 47°08'39.81740''\text{E}$;

初始线方位角：$\alpha_c = 90°00'00.00000''$;

网格旋转角：$\gamma_c = 90°00'00.00000''$;

初始线比例因子：$k_c = 0.99993$;

投影中心点东平移量：$E_c = 650000\text{m}$;

投影中心点北平移量：$N_c = 200000\text{m}$.

(3)投影正算：

输入点坐标：

$B=47°30'00.00000''\text{N}$, $L=19°30'00.00000''\text{E}$;

计算常数：

$\beta=1.000720912$, $C=6383878.705$, $t_c = 0.39438868$;
$D=1.469028859$, $F= 2.545154218$, $H= 1.00310696$;
$\gamma_0 = 0.748747548$, $L_0 = -1.237204441$, $u_c =10020549.284$;
$v_C =0.000$;

中间参数：

$t= 0.39080524$, $Q= 2.56850861$, $S= 1.08958881$;
$T= 1.47891980$, $V= 0.99996891$, $U=0.00621239$;
$v= -39631.1300$, $u= 340101.4215$;

计算结果：

$E= 684010.4215\text{m}$, $N=239631.1300\text{m}$.

(4)投影逆运算：

输入点坐标

$E= 684010.4215\text{m}$, $N= 239631.1300\text{m}$;

中间参数

$v'=-39631.1299$, $u'=10054559.7058$, $Q'=1.00623181$;
$S'=0.0062125171$, $T'= 1.00001929$, $V'=0.99998578$;
$U'=0.73674638$, $t'=0.39080524$, $\chi =0.8256866925$;

计算结果：

$B= 47°30'00.00000''\text{N}$, $L= 19°30'00.00000''\text{E}$.

4.3.4 Laborde 斜轴等角圆柱投影

拉伯德(Laborde)以斜轴等角圆柱投影为基础研发了一种斜轴墨卡托坐标网格用于马

达加斯加的地图投影. 在拉伯德投影中，投影北的旋转变换不在投影平面上，而是在过渡的等角球面上实现.

Laborde 投影参数：

B_c： 投影中心纬度；

L_c： 投影中心经度；

α_c： 过投影中心点初始线方位角(真方位角)；

k_c： 投影初始线的比例因子；

E_c： 投影中心点东平移量；

N_c： 投影中心点北平移量.

如果用 Hotine 方法 B 近似替代 Laborde 投影，则需要定义网格旋转角 γ_c 等于过投影中心的初始线方位角 α_c， 即 $\gamma_c = \alpha_c$.

由以上定义参数可计算下列常数：

$$\beta = [1 + e^2 \cos^4 B_c/(1 - e^2)]^{1/2};$$

$$\varphi_c = \arcsin(\sin B_c/\beta);$$

$$R = ak_c (1 - e^2)^{1/2}/(1 - e^2 \sin^2 B_c);$$

$$U_c = \tan(\pi/4 + B_c/2) [(1 - e\sin B_c)/(1 + e\sin B_c)]^{e/2};$$

$$K = U_c^{\beta}/\tan(\pi/4 + \varphi_c/2).$$

1)投影正算

$\lambda = \beta(L - L_c)$；

$U = \tan(\pi/4 + B/2) [(1 - e\sin B)/(1 + e\sin B)]^{e/2}$；

$\varphi = 2\arctan(U^{\beta}/K) - \pi/2$；

$U = \cos\varphi\cos\lambda\cos\varphi_c + \sin\varphi\sin\varphi_c$；

$V = \cos\varphi\cos\lambda\sin\varphi_c - \sin\varphi\cos\varphi_c$；

$W = \cos\varphi\sin\lambda$；

$D = (U^2 + V^2)^{1/2}$；

如果 $D \neq 0$， 则有 $\lambda_1 = 2\arctan[V/(U + D)]$， $\varphi_1 = \arctan(W/D)$；

如果 $D = 0$， 则有 $\lambda_1 = 0$， $\varphi_1 = \pi/2 \cdot \mathrm{sign}(W)$；

$H = -\lambda_1 + i \cdot \ln[\tan(\pi/4 + \varphi_1/2)]$， 其中 $i^2 = -1$；

$G = [1 - \cos(2\alpha_c) + i \cdot \sin(2\alpha_c)]/12$；

$E = E_c + R \cdot \mathrm{imaginary}(H + GH^3)$；

$N = N_c + R \cdot \mathrm{real}(H + GH^3)$.

2)投影反算

$G = [1 - \cos(2\alpha_c) + i \cdot \sin(2\alpha_c)]/12$， 其中 $i^2 = -1$；

迭代计算纬度和经度，迭代初始值为：

$H_0 = (N - N_c)/R + i \cdot (E - E_c)/R$， 当 $k = 0$；

$H_1 = H_0/(H_0 + G \cdot H_0^3)$， 当 $k=1$；

依次迭代：

$H_{K+1} = (H_0 + 2GH_K^3)/(1 + 3GH_K^2)$;

直至满足 $abs[real(H_0 - H_K - GH_K^3)] \leqslant 1 \times 10^{-11}$ 迭代结束.

$\lambda_1 = -1 \cdot real(H_K)$;

$\varphi_1 = 2\arctan(e^{imaginary(H_K)}) - \pi/2$, 其中 e 是自然对数的底;

$U_1 = \cos\varphi_1\cos\lambda_1\cos\varphi_c + \cos\varphi_1\sin\lambda_1\sin\varphi_c$;

$V_1 = \sin\varphi_1$;

$W_1 = \cos\varphi_1\cos\lambda_1\sin\varphi_C - \cos\varphi_1\sin\lambda_1\cos\varphi_c$;

$D_1 = U_1^2 + V_1^2$;

如果 $D_1 \neq 0$, 则 $\lambda = 2\arctan[V_1/(U_1 + D_1)]$, $\varphi = \arctan(W_1/D_1)$.

如果 $D_1 = 0$, 则 $\lambda = 0$, $\varphi = \pi/2 \cdot sign(W_1)$.

$L = L_c + \lambda/\beta$;

$q = \ln[K\tan(\pi/4 + \varphi/2)]/\beta$ // $\varphi = 2\arctan(U^\beta/K) - \pi/2$, $q = \ln U$ //

迭代计算求纬度:

$B^{(i+1)} = 2\arctan\{e^q[(1 + e\sin B^{(i)})/(1 - e\sin B^{(i)})]^{e/2}\} - \pi/2$;

初始值 $B_0 = 2\arctan(e^q) - \pi/2$, 满足 $|B^{(i+1)} - B^{(i)}| \leqslant 0.5 \times 10^{-11}$ 迭代结束;

或采用直接法求纬度:

$$\chi = 2\arctan(e^q) - \pi/2;$$

$$\begin{aligned} B = \chi &+ (e^2/2 + 5e^4/24 + e^6/12 + 13e^8/360 + \cdots)\sin 2\chi \\ &+ (7e^4/48 + 29e^6/240 + 811e^8/11520 + \cdots)\sin 4\chi \\ &+ (7e^6/120 + 81e^8/1120 + \cdots)\sin 6\chi + (4279e^8/161280 + \cdots)\sin 8\chi. \end{aligned}$$

算例 4-9:

投影坐标参考系:马达斯加 Tananarive 1925(Paris)/ Laborde Grid.

(1)投影参数:

参考椭球:International 1924, a=6378388.000m, $1/f$=297.0.

起始子午线["Paris", 2.5969212963]["Grad", 0.01570796326794897].

投影中心纬度:B_c = 21 grads S;

投影中心经度:L_c = 49 grads E of Paris;

初始线方位角:α_c = 21 grads;

初始线比例因子:k_c = 0.9995;

投影中心点东平移量:E_c = 400000m;

投影中心点北平移量:N_c = 800000m.

(2)计算常数:

$$\beta = 1.002707541, \quad \varphi_c = -0.328942879, \quad R = 6358218.319$$
$$K = 1.000297391;$$

(3)投影正算:

输入点坐标:

$$B = 16°11'23.2800''\text{S}, \quad L = 44°27'27.2600''\text{E};$$

中间参数：

$$\lambda = -0.0346450814,\quad \varphi = -0.2817902069,\quad U = 0.9983430103;$$
$$V = -0.0469489953,\quad W = -0.0332719935,\quad D = 0.99944633394;$$
$$\lambda_1 = -0.0469922972,\quad \varphi_1 = -0.0332781355;$$
$$H = 0.0469922972 - 0.0332842794i;$$
$$G = 0.0174870823 + 0.0510755878i;$$

计算结果：

$$E = 188333.8484\text{m},\quad N = 1098841.0911\text{m};$$

(4)投影反算：

输入点坐标：

$$E = 188333.8484\text{m},\quad N = 1098841.0911\text{m};$$

中间参数：

$$G = 0.0174870823 + 0.0510755878i;$$
$$H_0 = 0.0470007596 - 0.0332901673i;$$
$$H_1 = 0.9998209495 - 0.0000015025i;$$
$$H_K = 0.0469922972 - 0.0332842794i;$$
$$\lambda_1 = -0.0469922972,\quad \varphi_1 = -0.0332781354,\quad U_1 = 0.9599827516;$$
$$V_1 = -0.0332719935,\quad W_1 = -0.2780756929,\quad D_1 = 0.9605591648;$$
$$\lambda = -0.0346450814\quad \varphi = -0.2817902069;$$

计算结果：

$$B = 16°11'23.2800''\text{S},\quad L = 44°27'27.2600''\text{E}.$$

Hotine 斜轴墨卡托投影(方法 B)作为 Laborde 斜轴墨卡托投影的近似方法，两者计算结果比较见表 4-6.

表 4-6　**Hotine 与 Laborde 斜轴墨卡托投影的比较**

纬度	经度	Laborde 投影		Hotine 投影 B		dN(m) dE(m)
18°54′S	47°30′E	N	799665.5205	N	799665.5205	0.0000
		E	511921.0542	E	511921.0540	0.0002
16°12′S	44°24′E	N	1097651.4259	N	1097651.4479	-0.0220
		E	182184.9852	E	182184.9820	0.0032
25°40′S	45°18′E	N	50636.2223	N	50636.8504	-0.6281
		E	285294.3340	E	285294.7881	-0.4541
12°00′S	49°12′E	N	1561109.1456	N	1561109.3500	-0.2044
		E	701354.0556	E	701352.9350	1.1206

在投影中心马达加斯加首都(the Capital of Madagascar: Antananarivo)附近450km的范围内，Hotine斜轴墨卡托投影(方法B)与Laborde斜轴墨卡托投影计算结果差值优于2 cm，但沿初始线距中心点600km，其差值大于1m。

算例4-10：

投影坐标参考系：马达加斯加 Tananarive 1925/ Laborde Grid.

(1)投影参数：

参考椭球：International1924，$a=6378388.000\text{m}$，$1/f=297.0$；

投影中心纬度：$B_c = 18°54'00.000''\text{S}$；

投影中心经度：$L_c = 46°26'14.025''\text{E}$；

初始线方位角：$\alpha_c = 18°54'00.000''$；

初始线尺度因子：$k_c = 0.9995$；

投影中心点东平移量：$E_c = 400000\text{m}$；

投影中心点北平移量：$N_c = 800000\text{m}$；

(2)计算常数：

$$\beta = 1.002707541,\quad \varphi_c = -0.328942879;$$
$$R = 6358218.319,\quad K = -0.0002973474;$$

(3)投影正算：

输入点坐标：

$$B = 16°11'23.2800''\text{S},\quad L = 44°27'27.2600''\text{E};$$

中间参数：

$$\lambda = -0.034645081,\quad \varphi = -0.281790207,\quad U = 0.998343010;$$
$$V = -0.046948995,\quad W = -0.033271994,\quad D = 0.999446334;$$
$$\lambda_1 = -0.046992297,\quad \varphi_1 = -0.033278135,$$
$$H = 0.046992297-0.033284279\text{i},$$
$$G = 0.017487082+0.051075588\text{i};$$

计算结果：

$$E = 188333.8479\text{m},\quad N = 1098841.0912\text{m};$$

(4)投影反算：

输入点坐标：

$$E = 188333.8479\text{m},\quad N = 1098841.0912\text{m};$$

中间参数

$$G = 0.017487082 + 0.051075588\text{i};$$
$$H_0 = 0.047000760 - 0.033290167\text{i};$$
$$H_1 = 0.999820949 - 0.000001503\text{i};$$
$$H_K = 0.046992297 - 0.033284279\text{i};$$
$$\lambda_1 = -0.046992297,\quad \varphi_1 = -0.033278136,\quad U_1 = 0.959982752;$$
$$V_1 = -0.033271994,\quad W_1 = -0.278075693,\quad D_1 = 0.960559165;$$
$$\lambda = -0.034645081,\quad \varphi = -0.281790207,\quad q = -0.284527565;$$

$$B_0 = -0.28076449;$$

计算结果：

$$B = 16°11'23.2800''\text{S}, \qquad L = 44°27'27.2600''\text{E}.$$

4.3.5 斜轴墨卡托投影新算法

正如4.3.3节所述，斜轴墨卡托投影通常选取过某一点(如测区中心点)的一特定方位线，或选定两个点之间的测地线(椭球上两点间的最短路径)作为初始线. 将椭球大地坐标以等角方式投影到球面上，再将球面坐标投影到平面上，然后将坐标网格旋转至投影北方向.

如图4-11所示，在测区方向线选择 C、B 两点，选择以 C 点为投影中心点，将两点的椭球大地坐标按等角方式投影到中间球面上，由 C、B 两点球面坐标计算 CB 方位角 α_c (或在椭球面上由两点大地坐标计算两点大地方位角). 在投影中心点 C 作一垂直于测区方向线 CB 的大圆 $W'E'$，以该大圆作为斜轴墨卡托投影圆球的伪赤道，以线路方向线 CB 为斜轴投影的伪中央子午线，球面上任意点 A 位置可以采用以伪赤道和伪中央子午线为依据的伪球面坐标 (φ', λ') 来表示.

伪球面坐标 (φ', λ') 的计算可以通过球面坐标 (φ, λ) 换算为球面极坐标 (Z, α)，将球面极坐标旋转 α_c 得到新的球面极坐标 (Z', α')， 再将新球面极坐标转换为球面坐标 (φ', λ')， 根据球面各点伪球面坐标为 (φ', λ')， 仿照球面横轴墨卡托投影投影计算公式计算平面直角坐标 (u, v)， 最后通过正交变换将平面直角坐标 (u, v) 旋转到北方向.

平面直角坐标系如图4-12所示.

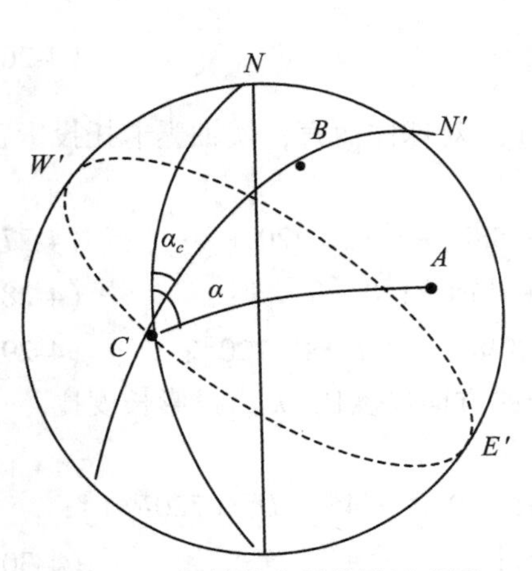

图4-11 斜轴墨卡托投影示意图

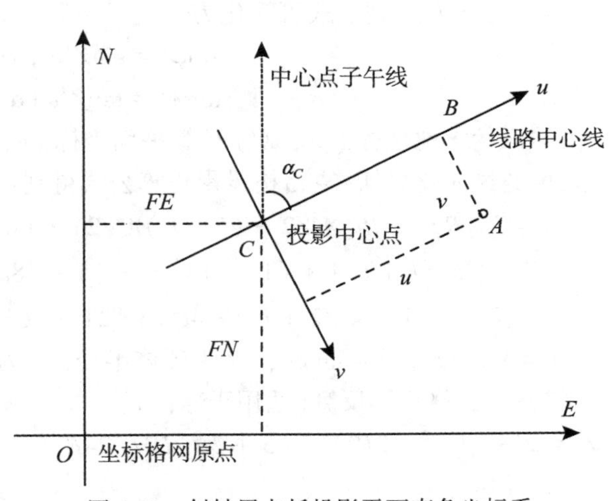

图4-12 斜轴墨卡托投影平面直角坐标系

斜轴墨卡托投影计算过程如下：

在球面上以投影中心点 C 为极点建立球面极坐标系，假设 C 点的球面坐标为 (φ_c, λ_c)， 任意点的球面坐标为 (φ, λ)， 任意点在以 C 点为极点的极坐标为 (α, Z)， 由球面三角形公式可得

$$\tan\alpha = \frac{\cos\varphi\sin(\lambda - \lambda_c)}{\cos\varphi_c\sin\varphi - \sin\varphi_c\cos\varphi\cos(\lambda - \lambda_c)}; \tag{2-93}$$

式中 $0 \leqslant \alpha < 2\pi$.

$$\cos Z = \sin\varphi_c\sin\varphi + \cos\varphi_c\cos\varphi\cos(\lambda - \lambda_c); \tag{2-87}$$

或

$$\tan Z = \frac{\{\cos^2\varphi\sin^2(\lambda - \lambda_c) + [\cos\varphi_c\sin\varphi - \sin\varphi_c\cos\varphi\cos(\lambda - \lambda_c)]^2\}^{1/2}}{\sin\varphi_c\sin\varphi + \cos\varphi_c\cos\varphi\cos(\lambda - \lambda_c)}; \tag{2-92}$$

将式(2-89)乘以 $\sin\alpha$，式(2-88)乘以 $\cos\alpha$，两式相加除以式(2-87)得

$$\tan Z = \frac{p\sin\alpha + q\cos\alpha}{\sin\varphi_c\sin\varphi + \cos\varphi_c\cos\varphi\cos(\lambda - \lambda_c)}. \tag{4-23}$$

式中，$p = \cos\varphi\sin(\lambda - \lambda_c)$，$q = \sin\varphi\cos\varphi_c - \cos\varphi\sin\varphi_c\cos(\lambda - \lambda_c)$，$0 < Z \leqslant \pi$.

在球面上过中心点线路方向 CB 的方位角为 α_c，以线路方向线为斜轴投影的中央子午线，球面上任意点以投影中心点为极点，以线路方向线为起始方向线的极坐标为

$$\left.\begin{aligned} \alpha' &= \alpha - \alpha_c \\ Z' &= Z \end{aligned}\right\}, \tag{4-24}$$

以线路方向线为中央子午线，以大圆 $W'E'$ 作为斜轴投影圆球的赤道. 根据球面三角公式，由球面极坐标（α'，Z'）反解伪球面坐标（φ'，λ'）：

$$\left.\begin{aligned} \sin\varphi' &= \sin\varphi'_c\cos Z' + \cos\varphi'_c\sin Z'\cos\alpha' \\ \tan(\lambda' - \lambda'_c) &= \frac{\sin Z'\sin\alpha'}{\cos\varphi'_c\cos Z' - \sin\varphi'_c\sin Z'\cos\alpha'} \end{aligned}\right\}, \tag{4-25}$$

令 $\varphi'_c = 0$，$\lambda'_c = 0$，则上式可简化为

$$\left.\begin{aligned} \sin\varphi' &= \sin Z'\cos\alpha' \\ \tan\lambda' &= \tan Z'\sin\alpha' \end{aligned}\right\}, \tag{4-26}$$

由球面伪大地坐标（φ'，λ'）计算平面坐标（u，v），对球体而言，横轴墨卡托投影正算公式可通过简化高斯-克吕格投影正算公式得到：

$$u = k_c\{R\varphi' + Rt[A^2/2 + (5 - t^2)A^4/24 + (61 - 58t^2 + t^4)A^6/720 + \cdots]\}; \tag{4-27}$$

$$v = k_c\{R[A + (1 - t)A^3/6 + (5 - 18t^2 + t^4)A^5/120 + \cdots]\}; \tag{4-28}$$

$$k = k_c[1 + A^2/2 + (5 - 4t^2)A^4/24 + (61 - 148t^2 + 16t^4)A^6/720]; \tag{4-29}$$

式中，$A = \lambda'\cos\varphi'$，$t = \tan\varphi'$，R 为球体半径，k_c 为线路方向尺度比，k 为投影长度比.

高斯-克吕格投影反算(适用于球体)：

$$\varphi' = \varphi'_f - t_f[D^2/(2R^2) - (5 + 3t_f^2)D^4/(24R^4) + (61 + 90t_f^2 + 45t_f^4)D^6/(720R^6)]; \tag{4-30}$$

$$\lambda' = 1/\cos\varphi'_f[D/R - (1 + 2t_f^2)D^3/(6R^3) + (5 + 28t_f^2 + 24t_f^4)D^5/(120R^5)]; \tag{4-31}$$

$$k = k_c[1 + D^2/(2R) + D^4/(24R^4)], \tag{4-32}$$

式中：

$$\varphi'_f = u/(Rk_c); \tag{4-33}$$

$$D = v/k_c. \tag{4-34}$$

就球体而言，式(4-27)与式(4-28)可改写为

$$\left.\begin{aligned} u &= R\varphi' + (R\cos\varphi')\lambda' + \frac{1}{12}R(\cos\varphi' + \cos3\varphi')\lambda'^3 \\ &\quad + \frac{1}{240}R(2\cos\varphi' + 5\cos3\varphi' + 3\cos5\varphi')\lambda'^5 + \cdots \\ v &= \frac{1}{4}R(\sin2\varphi')\lambda'^2 + \frac{1}{96}R(4\sin\varphi' + 3\sin2\varphi')\lambda'^4 \\ &\quad + \frac{1}{2880}R(17\sin2\varphi' + 30\sin4\varphi' + 15\sin6\varphi')\lambda'^6 + \cdots \end{aligned}\right\} \tag{4-35}$$

通过正交变换将平面直角坐标(u, v)旋转到北方向，则有

$$\left.\begin{aligned} N &= N_c + u\cos\alpha_c - v\sin\alpha_c \\ E &= E_c + u\sin\alpha_c + v\cos\alpha_c \end{aligned}\right\} \tag{4-36}$$

为了避免坐标值出现负值，式中 N_c、E_c 分别为纵横坐标的平移量，可以根据测区范围的实际情况确定其大小.

1)斜轴墨卡托投影参数定义：

中心点纬度：B_c；

中心点经度：L_c；

初始线方位角：α_c；

初始线尺度因子：k_c；

中心点东坐标平移量：E_c；

中心点北坐标平移量：N_c.

2)由以上参数计算下列投影常数

$$\beta = [(1 + e^2\cos^4 B_c/(1 - e^2)]^{1/2};$$

$$\varphi_c = \arcsin(\sin B_c/\beta);$$

$$U_c = \tan(\pi/4 + B_c/2)\ [(1 - e\sin B_c)/(1 + e\sin B_c)]^{e/2};$$

$$K = U_c^\beta/\tan(\pi/4 + \varphi_c/2);$$

$$R = a\,(1 - e^2)^{1/2}/(1 - e^2\sin^2 B_c).$$

3)斜轴墨卡托投影正算

$U = \tan(\pi/4 + B/2)\ [(1 - e\sin B)/(1 + e\sin B)]^{e/2}$；

$\varphi = 2\arctan(U^\beta/K) - \pi/2$；

$\lambda = \beta(L - L_c)$；

$k_1 = \beta R\cos\varphi/[a\cos B/(1 - e^2\sin^2 B)^{1/2}]$ //椭球向球面投影的尺度比//；

$\alpha = \arctan[\cos\varphi\sin\lambda/(\cos\varphi_c\sin\varphi - \sin\varphi_c\cos\varphi\cos\lambda)]$ //象限判断//；

$p = \cos\varphi\sin\lambda$，$q = \cos\varphi_c\sin\varphi - \sin\varphi_c\cos\varphi\cos\lambda$；

$Z = \arctan[(p\sin\alpha + q\cos\alpha)/(\sin\varphi_c\sin\varphi + \cos\varphi_c\cos\varphi\cos\lambda)]$ //象限判断//；

$\varphi' = \arcsin[\sin Z\cos(\alpha - \alpha_c)]$；

$\lambda' = \arctan[\tan Z\sin(\alpha - \alpha_c)]$；

$A = \lambda'\cos\varphi'$;

$t = \tan\varphi'$;

$u = k_c R\{\varphi' + t[A^2/2 + (5 - t^2)A^4/24 + (61 - 58t^2 + t^4)A^6/720]\}$;

$v = k_c R[A + (1 - t^2)A^3/6 + (5 - 18t^2 + t^4)A^5/120]$

$k_2 = k_c[1 + A^2/2 + (5 - 4t^2)A^4/24 + (61 - 148t^2 + 16t^4)A^6/720]$ //长度比//;

$N = N_c + u\cos\alpha_c - v\sin\alpha_c$;

$E = E_c + u\sin\alpha_c + v\cos\alpha_c$;

4)斜轴墨卡托投影反算

$u = (E - E_c)\sin\alpha_c + (N - N_c)\cos\alpha_c$ （调整坐标轴为斜轴方向为 u，v）；

$v = (E - E_c)\cos\alpha_c - (N - N_c)\sin\alpha_c$;

$\varphi'_f = u/(Rk_c)$;

$D = v/k_c$;

$t_f = \tan\varphi'_f$;

$\varphi' = \varphi'_f - t_f[D^2/(2R^2) - (5 + 3t_f^2)D^4/(24R^4) + (61 + 90t_f^2 + 45t_f^4)D^6/(720R^6)]$;

$\lambda' = 1/\cos\varphi'_f[D/R - (1 + 2t_f^2)D^3/(6R^3) + (5 + 28t_f^2 + 24t_f^4)D^5/(120R^5)]$;

$k_2 = k_c[1 + D^2/(2R^2) + D^4/(24R^4)]$;

$\alpha = \alpha_c + \arctan(\cos\varphi'\sin\lambda'/\sin\varphi')$ （象限判断）；

$Z = \arctan[(\cos\varphi'\sin\lambda'\sin\alpha' + \sin\varphi'\cos\alpha')/(\cos\varphi'\cos\lambda')]$ （象限判断）；

$\varphi = \arcsin(\sin\varphi_c\cos Z + \cos\varphi_c\sin Z\cos\alpha)$;

$\lambda = \arctan[\sin Z\sin\alpha/(\cos\varphi_c\cos Z - \sin\varphi_c\sin Z\cos\alpha)]$;

$L = L_c + \lambda/\beta$;

$q = \ln[K\tan(\pi/4 + \varphi/2)]/\beta$, $(\varphi = 2\arctan(U^\beta/K) - \pi/2,\ q = \ln U)$;

$\chi = 2\arctan(e^q) - \pi/2$ （球面等角纬度）；

$B = \chi + (e^2/2 + 5e^4/24 + e^6/12 + 13e^8/360 + \cdots)\sin 2\chi$;

$+ (7e^4/48 + 29e^6/240 + 811e^8/11520 + \cdots)\sin 4\chi$;

$+ (7e^6/120 + 81e^8/1120 + \cdots)\sin 6\chi + (4279e^8/161280 + \cdots)\sin 8\chi$;

$k_1 = \beta R\cos\varphi/[a\cos B/(1 - e^2\sin^2 B)^{1/2}]$ //椭球面向球面投影长度比//.

算例 4-11：

投影坐标参考系：Hungarian 1972/ HD 1972 EOV.

投影方法一：斜轴墨卡托投影新方法.

(1)投影参数：

参考椭球：GRS 1967，a=6378160m，1 / f=298. 247167427；

投影中心点纬度：B_c = 47°08′39. 81740″N；

投影中心点经度：L_c = 19°02′54. 85840″E；

中心点线路方位角：α_c = 90°00′00. 00″；

初始线尺度因子：k_c = 0. 99993；

中心点东坐标平移量：E_c = 650000m；

中心点北坐标平移量：$N_c = 200000\text{m}$.

(2)投影常数：

$$\beta = 1.0007209121, \quad \varphi_c = 0.8220487783;$$
$$K = 0.9969026568, \quad R = 6379726.3852.$$

(3)投影正算：

大地坐标：

$$B = 47°30'00.00000''\text{N}, \quad L = 19°30'00.00000''\text{E};$$

中间参数：

$$\varphi = 0.8282458189, \quad \lambda = 0.0078845888, \quad \alpha = 0.7092151075,$$
$$Z = 0.0081864349, \quad \varphi' = 0.0053312860, \quad \lambda' = -0.0062112525,$$
$$u = 34010.4215, \quad v = -39631.1300;$$

计算结果：

$$E = 239631.1300\text{m}, \quad N = 684010.4216\text{m}.$$

(4)投影反算：

直角坐标：

$$E = 239631.1300\text{m}, \quad N = 684010.4216\text{m};$$

中间参数：

$$u = 34010.4215, \quad v = -39631.1300, \quad \varphi' = 0.0053312860,$$
$$\lambda' = -0.0062112525, \quad \alpha = 0.7092151073, \quad Z = 0.0081864349,$$
$$\varphi = 0.8282458189, \quad \lambda = 0.0078845888, \quad \chi = 0.82568669256;$$

计算结果：

$$B = 47°30'00.00000''\text{N}, \quad L = 19°30'00.00000''\text{E}.$$

投影方法二：Laborde Oblique Mercator Projection.

(1)投影常数：

$$\beta = 1.0007209121, \quad \varphi_c = 0.8220487783;$$
$$K = 0.9969026568, \quad R = 6379726.3852.$$

(2)投影正算：

大地坐标：

$$B = 47°30'00.00000''\text{N}, \quad L = 19°30'00.00000''\text{E};$$

中间参数：

$$\varphi = 0.8282458189, \quad \lambda = 0.0078845888, \quad U = 0.9999664913,$$
$$V = -0.0062123972, \quad S = 0.0053312607, \quad D = 0.9999857887,$$
$$\lambda_1 = -0.0062125254, \quad \varphi_1 = 0.0053312860,$$
$$H = 0.0062125254 + 0.0053313113\text{i},$$
$$G = 0.1666666667 + 0.0000000000\text{i};$$

计算结果：

$$E = 239631.1300\text{m}, \quad N = 684010.4216\text{m}.$$

(3)投影反算：

直角坐标：

$$E= 239631.1300\text{m}, \quad N= 684010.4216\text{m};$$

中间参数：

$$G = 0.1666666667 + 0.0000000000\text{i},$$
$$H_0 = 0.0062124771 + 0.0053313889\text{i},$$
$$H_1 = 0.0062125254 + 0.0053313113\text{i},$$
$$H_K = 0.0062125254 + 0.0053313113\text{i},$$
$$\lambda_1 = -0.0062125254, \quad \varphi_1 = 0.0053312860, \quad U_1 = 0.6761481687,$$
$$V_1 = 0.0053312607, \quad S_1 = 0.7367463820, \quad D_1 = 0.6761691862,$$
$$\lambda = 0.0078845888, \quad \varphi = 0.8282458189, \quad \chi = 0.82568669256;$$

计算结果：

$$B= 47°30'00.00000''\text{N}, \quad L= 19°30'00.00000''\text{E}.$$

算例 4-12：

投影坐标参考系：CGCS2000/ 斜轴墨卡托投影新方法.

(1)投影参数：

参考椭球：CGCS2000，$a= 6378137\text{m}$，$1/f=298.257222101$；

投影中心纬度：$B_c = 29°14'28''\text{N}$；

投影中心经度：$L_c = 119°52'02''\text{E}$；

初始线方位角：$\alpha_c = 73°26'9.7303''$；

初始线尺度比：$k_c = 1$；

中心点东坐标平移量：$E_c = 0\text{m}$；

中心点北坐标平移量：$N_c = 0\text{m}$.

(2)投影常数：

$$\beta = 1.0019515452, \quad K=0.9990133787;$$
$$\varphi_c = 29°10'43.1590'', \quad R= 6366922.8532.$$

(3)投影正算：

大地坐标：

$$B = 29°30'30.82817''\text{N}, \quad L = 120°43'28.81152''\text{E};$$

中间参数：

$$\varphi = 0.5139196921, \quad \lambda = 0.014994489;$$
$$\alpha = 1.225020567, \quad Z = 0.013856663;$$
$$\varphi' = 0.013856663, \quad \lambda' = -0.000786288;$$
$$u = 88224.3315, \quad v = -5005.7610;$$

计算结果：

$$N= 29949.5164\text{m}, \quad E= 83136.1340\text{m}.$$

(4)投影反算：

直角坐标：

$$N= 29949.5164\text{m}, \quad E= 83136.1340\text{m};$$

中间参数

$$u = 88224.3315\text{m}, \quad v = -5005.7610\text{m};$$
$$\varphi' = 0.013856663, \quad \lambda' = -0.000786288;$$
$$\alpha = 1.225020567, \quad Z = 0.013856663;$$
$$\varphi = 0.5139196921, \quad \lambda = 0.014994489;$$

计算结果：

$$B = 29°30'30.82817''\text{N}, \quad L = 120°43'28.81152''\text{E}.$$

算例 4-13：

投影坐标参考系：CGCS2000/ Laborde Oblique Mercator.

(1)投影参数：

参考椭球：CGCS2000，$a = 6378137\text{m}$，$1/f = 298.257222101$；

投影中心纬度：$B_c = 29°14'28''\text{N}$；

投影中心经度：$L_c = 119°52'02''\text{E}$；

初始线方位角：$\alpha_c = 73°26'9.7303''$；

初始线尺度比：$k_c = 1$；

中心点东坐标平移：$E_c = 0\text{m}$；

投影中北坐标平移：$N_c = 0\text{m}$.

(2)计算常数：

$$\beta = 1.0019515452, \quad \varphi_C = 0.509263606049,$$
$$R = 6366922.8532, \quad C = 0.000987108322.$$

(3)投影正算：

大地坐标：

$$B = 29°30'30.82817''\text{N}, \quad L = 120°43'28.81152''\text{E};$$

中间参数：

$$\lambda = 0.0149944899, \quad \varphi = 0.5139196916, \quad U = 0.9999036888,$$
$$V = -0.0047037954, \quad S = 0.0130570770, \quad D = 0.9999147527,$$
$$\lambda_1 = -0.0047042138, \quad \varphi_1 = 0.0130574480;$$
$$H = 0.0047042138 + 0.0130578191\text{i};$$
$$G = 0.1531210359 + 0.0455425189\text{i};$$

计算结果：

$$N = 29949.5163\text{m}, \quad E = 83136.1339\text{m}.$$

(4)投影反算：

直角坐标：

$$N = 29949.5163\text{m}, \quad E = 83136.1339\text{m};$$

中间参数：

$$G = 0.1531210359 + 0.0455425186\text{i};$$
$$H_0 = 0.0047039232 + 0.0130575060\text{i};$$
$$H_1 = 0.004704213 + 0.0000120533\text{i};$$

$$H_K = 0.0047042138 + 0.0130578191\mathrm{i};$$
$$\lambda_1 = -0.0047042138,\quad \varphi_1 = 0.0130574480;$$
$$U_1 = 0.8707264099,\quad V_1 = 0.0130570770;$$
$$S_1 = 0.4915943773,\quad D_1 = 0.8708243038;$$
$$\lambda = 0.0149944899,\quad \varphi = 0.5139196916;$$
$$q = 0.5361272551;$$

计算结果：

$$B = 29°30'30.82817''\mathrm{N},\quad L = 120°43'28.81152''\mathrm{E}.$$

洪特尼斜轴墨卡托投影、拉伯德(Laborde)投影、斜轴墨卡托投影新方法三者计算结果比较见表4-7.

表4-7　**三种斜轴墨卡托投影的比较**

经纬度	洪特尼算法 B ①	拉波德算法②	新算法③	坐标差(m)③-②
29°35′N 120°52′E	E：38346.4653	38346.4650	38346.4653	0.000
	N：96832.5419	96832.5418	96832.5419	0.000
29°34′N 121°08′E	E：36749.8049	36749.8043	36749.8049	0.001
	N：122687.8533	122687.8527	122687.8533	0.001
29°22′N 123°02′E	E：18098.6139	18098.6357	18098.6139	-0.018
	N：307374.7889	307374.7281	307374.7889	0.060
29°46′N 123°58′E	E：65255.9932	65255.9498	65255.9932	0.043
	N：396384.3851	396384.1443	396384.3851	0.261
29°49′N 125°02′E	E：74938.3027	74938.2203	74938.3027	0.080
	N：499215.6985	499214.9354	499215.6985	0.763

Hotine斜轴墨卡托投影(算法B)与新算法计算结果一致；在距投影中心方向线附近130km的范围内，新算法与拉伯德斜轴墨卡托投影相比，其差值优于0.1 cm，但沿方向线距中心点300km，其差值大于6cm. 距中心点越远，其差值越大，500km左右，其差值大于0.7m.

在工程测量独立坐标系建立过程中，因顾及高程对长度改化的影响，常采用独立椭球面作为投影原面，独立椭球下斜轴墨卡托投影算法基于上述算法即可实现.

独立椭球斜轴墨卡托投影参数定义如下：

B_c：投影中心点纬度；

L_c：投影中心点经度；

α_c：投影中心点初始线方位角；

k_c：投影中心点初始线尺度比；

H_m：投影面高程(或测区平均高程面高程)；

E_c：投影中心点东坐标平移量；

N_c：投影中心点北坐标平移量.

由以上参数计算下列投影常数：

$\mathrm{d}a = (1 - e^2 \sin^2 B_c)^{1/2} H_m$　//椭球膨胀法 2//，

$M_c = a(1 - e^2) / (1 - e^2 \sin^2 B_c)^{3/2}$；

$B_c = B_c + e^2 \sin B_c \cos B_C / M_c$；

$\beta = [(1 + e^2 \cos^4 B_c / (1 - e^2)]^{1/2}$　//独立椭球面向球面局部投影//；

$\varphi_c = \arcsin(\sin B_c / \beta)$；

$U_c = \tan(\pi/4 + B_c/2)\{(1 - e\sin B_c)/(1 + e\sin B_c)\}^{e/2}$；

$K = U_c^\beta / \tan(\pi/4 + \varphi_c/2)$；

$R = (a + \mathrm{d}a)(1 - e^2)^{0.5} / (1 - e^2 \sin^2 B_c)$.

(1)独立椭球斜轴墨卡托投影正算：

在上述正算算法之前添加如下算式：

$M = a(1 - e^2) / (1 - e^2 \sin^2 B)^{3/2}$；

$B = B + e^2 \sin B \cos B \mathrm{d}a / M$　//计算独立椭球纬度//；

$a = a + \mathrm{d}a$　// 独立椭球长半径，扁率不变 //.

(2)独立椭球斜轴墨卡托投影反算：

在上述反算算法之前添加下式：

$$a = a + \mathrm{d}a;$$

在上述反算算法之后添加如下算式：

$M = (a + \mathrm{d}a)(1 - e^2) / (1 - e^2 \sin^2 B)^{3/2}$；

$B = B - e^2 \sin B \cos B \mathrm{d}a / M$　// 恢复参考椭球纬度 //.

算例 4-14：

投影坐标参考系：CGCS2000/ Oblique Mercator.

(1)投影参数：

参考椭球：CGCS2000　$a = 6378137\mathrm{m}$，　$1/f = 298.257222101$；

投影中心纬度：$B_c = 29°14'28''\mathrm{N}$；

投影中心经度：$L_c = 119°52'02''\mathrm{E}$；

初始线方位角：$\alpha_c = 73°26'9.7303''$；

投影面高程：$H_m = 150\mathrm{m}$；

投影中心东坐标平移：$E_c = 0\mathrm{m}$；

投影中心北坐标平移：$N_c = 0\mathrm{m}$.

(2)计算常数：

$$\beta = 1.0019515449, \quad K = 0.9990133787;$$
$$\varphi_c = 0.5092636734, \quad R = 6367072.4723.$$

(3)投影正算：

大地坐标：

$$B = 29°30'30.82817''\mathrm{N}, \quad L = 120°43'28.81152''\mathrm{E};$$

中间参数：

$$\varphi = 0.5139197594,\qquad \lambda = 0.0149944899;$$
$$\alpha = 1.2250205291,\qquad Z = 0.0138789520;$$
$$\varphi' = 0.0138566626,\qquad \lambda' = -0.0007862894;$$
$$u = 88226.4023\text{m},\qquad v = -5005.8819\text{m};$$

计算结果：

$$N = 29950.2227\text{m},\qquad E = 83138.0844\text{m}.$$

(4)投影反算：

直角坐标：

$$N = 29950.2227\text{m},\qquad E = 83138.0844\text{m};$$

中间参数：

$$u = 88226.4023\text{m},\qquad v = -5005.8819\text{m};$$
$$\varphi' = 0.0138566626,\qquad \lambda' = -0.0007862894;$$
$$\alpha = 1.2250205291,\qquad Z = 0.0138789520;$$
$$\varphi = 0.5139197594,\qquad \lambda = 0.0149944899;$$

计算结果：

$$B = 29°30'30.82817''\text{N},\qquad L = 120°43'28.81152''\text{E}.$$

4.4　等距圆柱投影

等距圆柱投影(Equidistant Cylindrical Projection)(见图 4-13)具有沿两条标准纬线(与赤道距离相等的两条纬线，或将赤道定义为标准纬线)和各经线无长度变形的特征. 等距圆柱投影平面坐标系如图 4-14 所示.

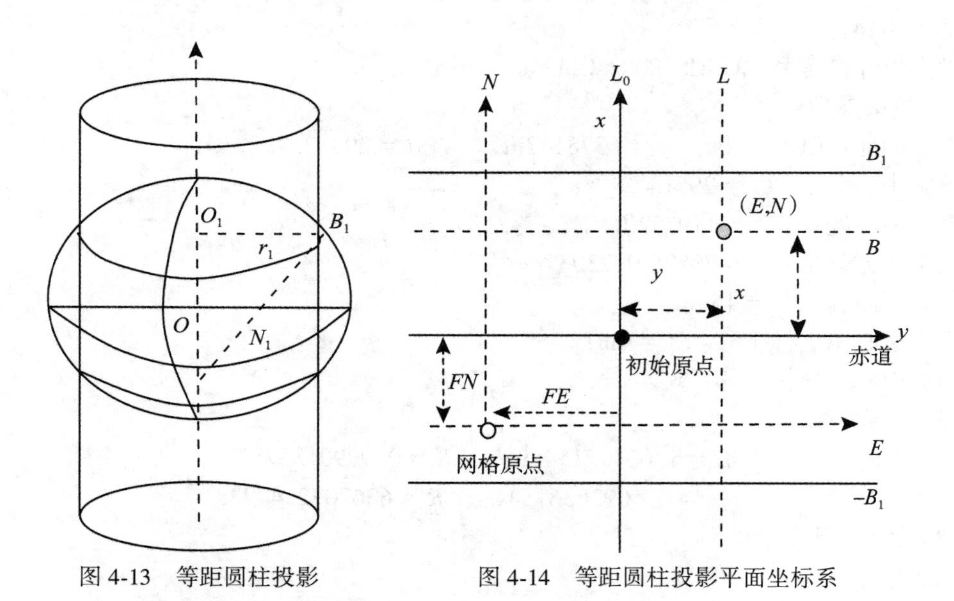

图 4-13　等距圆柱投影　　　图 4-14　等距圆柱投影平面坐标系

圆柱投影的一般方程式为：

$$\left.\begin{aligned} x &= f(B) \\ y &= C(L - L_0) = C\lambda \end{aligned}\right\} \tag{4-37}$$

圆柱投影变形的一般公式：

$$m = \frac{\mathrm{d}x}{M\mathrm{d}B}, \qquad n = \frac{\mathrm{d}y}{r\mathrm{d}\lambda} = \frac{C}{N\cos B}$$

在上述公式中，常数 C 要根据是切圆柱投影还是割圆柱投影来确定.

在切圆柱投影中，$B_0 = 0°$，则有

$$n_0 = \frac{C}{N_0\cos B_0} = 1$$

因此

$$C = N_0\cos B_0 = a \tag{4-38}$$

在割圆柱投影中，圆柱面割于赤道南北两条标准纬线 $\pm B_1$，则有

$$n_1 = \frac{C}{N_1\cos B_1} = 1$$

所以

$$C = N_1\cos B_1 \tag{4-39}$$

割圆柱投影的一般公式为

$$\left.\begin{aligned} x &= f(B) \\ y &= C\lambda = N_1\cos B_1\lambda \end{aligned}\right\} \tag{4-40}$$

$x = f(B)$ 的函数形式未定，它取决于圆柱投影的变形性质.

对于等距离圆柱投影而言，按照等距离条件经线长度比 $m = 1$ 来确定 $x = f(B)$ 的函数形式.

对于割等距离圆柱投影有

$$m = \frac{\mathrm{d}x}{M\mathrm{d}B} = 1$$

因 $\mathrm{d}x = M\mathrm{d}B$，对该式积分可得

$$x = \int_0^B M\mathrm{d}B + K = S + K$$

式中，S 为赤道至纬度 B 子午线弧长. 当 $B=0$，$x=0$，$S=0$，则 $K=0$，因此有

$$x = S \tag{4-41}$$

等距离圆柱投影公式(适用于椭球体)：

1)投影正算

$$\left.\begin{aligned} N &= FN + S \\ E &= FE + N_1\lambda\cos B_1 \end{aligned}\right\} \tag{4-42}$$

式中：

$$\lambda = L - L_0;$$

$$N_1 = a/(1 - e^2\sin^2 B_1)^{1/2};$$

S 为子午线弧长，即

$$S = a[(1 - e^2/4 - 3e^4/64 - 5e^6/256 - 175e^8/16384 - \cdots)B$$
$$- (3e^2/8 + 3e^4/32 + 45e^6/1024 + 105e^8/4096 + \cdots)\sin 2B$$
$$+ (15e^4/256 + 45e^6/1024 + 525e^8/16384 + \cdots)\sin 4B$$
$$- (35e^6/3072 + 175e^8/12288 + \cdots)\sin 6B + (315e^8/131072 + \cdots)\sin 8B].$$

2)投影反算

$$L = L_0 + (E - FE)/(N_1\cos B_1);$$

$$B = \psi + (3e^2/8 + 3e^4/16 + 213e^6/2048 + 255e^8/4096 + \cdots)\sin 2\psi$$
$$+ (21e^4/256 + 21e^6/256 + 533e^8/8196 + \cdots)\sin 4\psi$$
$$+ (151e^6/6144 + 151e^8/4096e^8 + \cdots)\sin 6\psi$$
$$+ (1097e^8/131072 + \cdots)\sin 8\psi + \cdots;$$

或

$$B = \psi + (3e_1/2 - 27e_1^3/32 + 269e_1^5/512 - \cdots)\sin 2\psi$$
$$+ (21e_1^2/16 - 55e_1^4/32 + \cdots)\sin 4\psi + (151e_1^3/96 - 417e_1^5/128 + \cdots)\sin 6\psi$$
$$+ (1097e_1^4/512 - \cdots)\sin 8\psi + (8011e_1^5/2560 - \cdots)\sin 10\psi + \cdots.$$

式中:

$$e_1 = (1 - \sqrt{1 - e^2})/(1 + \sqrt{1 - e^2});$$
$$S = N - FN;$$
$$\psi = S/[a(1 - e^2/4 - 3e^4/64 - 5e^6/256 - 175e^8/16384 - \cdots)].$$

在上述公式中用球半径 R 替代 N_1，即可得到球面等距离(割)圆柱投影计算公式(适用于球体):

投影正算:

$$\left.\begin{aligned} N &= FN + RB \\ E &= FE + R\lambda\cos B_1 \end{aligned}\right\} \tag{4-43}$$

投影反算:

$$\left.\begin{aligned} B &= (N - FN)/R \\ L &= L_0 + (E - FE)/(R\cos B_1) \end{aligned}\right\} \tag{4-44}$$

算例4-15:

投影坐标参照系: WGS-84/ World Equidistant Cylindrical.

(1)投影参数:

椭球参数: WGS-1984, a=6378137.00m, $1/f$=298.257223563;

标准纬度1: B_1 = 0°00′00.000″N;

中央子午线经度: L_0 = 0°00′00.000″E;

东坐标平移量: FE= 0.00m;

北坐标平移量: FN=0.00m;

(2)投影正算:

大地坐标:

$B=55°00'00.0000''N$,　　$L=10°00'00.0000''E$;

过程参数:

$S=6097230.3131$,　　$N_1=6378137.0000$;

计算结果:

$N=6097230.3131m$,　　$E=1113194.9079m$.

(3)投影反算:

平面坐标:

$N=6097230.3131m$,　　$E=1113194.9079m$;

过程参数:

$S=6097230.3131$,　　$\Psi=0.9575624671$;

计算结果:

$B=55°00'00.0000''N$,　　$L=10°00'00.0000''E$.

4.5　卡西尼-斯洛德投影

4.5.1　卡西尼-斯洛德投影正算与反算

卡西尼-斯洛德投影(Cassini-Soldner Projection)是球面卡西尼投影的椭球版，是一种非等角投影. 由于方法构成比较简单，该投影在20世纪得到了广泛应用，至今在经度范围不大的成图区仍有应用，目前大部分卡西尼-斯洛德投影已被横轴墨卡托投影代替. 与横轴墨卡托投影类似，卡西尼-斯洛德投影有一条中央经线，中央经线没有长度变形，其他的经线与纬线都是曲线，距中央子午线越远，其长度变形越大.

这里不加推导直接给出投影坐标计算公式:

1)投影正算

$$\left.\begin{aligned} N &= FN + S - S_0 + Nt[A^2/2 + (5 - t^2 + 6\eta^2)A^4/24 + \cdots] \\ E &= FE + N[A - t^2A^3/6 - (8 - t^2 + 8\eta^2)t^2A^5/120 + \cdots] \end{aligned}\right\} \tag{4-45}$$

式中:

$A = (L - L_0)\cos B$;

$t = \tan B$;

$\eta^2 = e'^2 \cos^2 B$;

$N = a/(1 - e^2 \sin^2 B)^{1/2}$;

S 为子午线弧长，即

$$\begin{aligned} S = a[&(1 - e^2/4 - 3e^4/64 - 5e^6/256 - 175e^8/16384 - \cdots)B \\ &- (3e^2/8 + 3e^4/32 + 45e^6/1024 + 105e^8/4096 + \cdots)\sin 2B \\ &+ (15e^4/256 + 45e^6/1024 + 525e^8/16384 + \cdots)\sin 4B \\ &- (35e^6/3072 + 175e^8/12288 + \cdots)\sin 6B + (315e^8/131072 + \cdots)\sin 8B] \end{aligned}$$

S_0 为原点纬度 B_0 所对应的子午线弧长，当 $B_0=0$ 时，$S_0=0$.

2)投影反算

$$\left.\begin{aligned}B &= B_f - (N_f t_f / M_f)[D^2/2 - (1 + 3t_f^2)D^4/24 + \cdots] \\ L &= L_0 + (1/\cos B_f)[D - t_f^2 D^3/3 + (1 + 3t_f^2)t_f^2 D^5/15]\end{aligned}\right\} \tag{4-46}$$

式中：

$N_f = a/(1 - e^2\sin^2 B_f)^{1/2}$；

$M_f = a(1 - e^2)/(1 - e^2\sin^2 B_f)^{3/2}$；

$t_f = \tan B_f$；

$D = (E - FE)/N_f$；

B_f 是中央经线上某点的纬度(又称为底点纬度)，中央经线上纬度 B_f 所对应的子午线弧长 S_f 与投影点的纵坐标相等，且

$$\begin{aligned}B = \psi &+ (3e^2/8 + 3e^4/16 + 213e^6/2048 + 255e^8/4096 + \cdots)\sin 2\psi \\ &+ (21e^4/256 + 21e^6/256 + 533e^8/8196 + \cdots)\sin 4\psi \\ &+ (151e^6/6144 + 151e^8/4096e^8 + \cdots)\sin 6\psi \\ &+ (1097e^8/131072 + \cdots)\sin 8\psi + \cdots\end{aligned}$$

式中：

$S_f = S_0 + (N - FN)$；

$\psi = S_f/[a(1 - e^2/4 - 3e^4/64 - 5e^6/256 - 175e^8/16384 - \cdots)]$.

算例 4-16：

投影坐标参考系：北美洲特立尼达和多巴哥 Trinidad 1903/ Trinidad Grid.

(1)投影参数：

椭球参数：Clarke 1858，a=6378293.6452087m，$1/f$=294.260676369；

原点纬度：B_0=10°26′30.00″N；

中央子午线经度：L_0=61°20′00.00″W；

尺度因子：k_0=1(省略值)；

原点东平移量：FE=430000.000， Clarke's links；

原点北平移量：FN=325000.000， Clarke's links.

(2)投影正算：

大地坐标：

B =10°00′00.00″N， L =62°00′00.00″W；

过程参数：

S_0=5739691.1167， S=5496860.2377；

计算结果：

N=82536.2187，Clarke's links， E=66644.9404， Clarke's links.

(3)投影逆运算：

直角坐标：

N=82536.2187， Clarke's links， E=66644.9404， Clarke's links；

过程参数：

$$D=-0.01145875, \quad S_f=5497227.3354,$$
$$\beta=0.17367306, \quad B_f=0.17454458;$$

计算结果:

$$B=10°00'0000''\text{N}, \quad L=62°00'0000''\text{W}.$$

4.5.2 双曲线卡西尼-斯洛德投影

斐济瓦努阿岛(Vanua Levu)坐标网格采用的是经修改的卡西尼-斯洛德投影，称为双曲线卡西尼-斯洛德投影(Hyperbolic Cassini-Soldner). 投影东坐标的计算方法与上述标准卡西尼-斯洛德投影相同，修改后的投影北(N)计算公式如下:

$$\left.\begin{aligned} N &= FN + Q - Q^3/(6MN) \\ E &= FE + N[A - t^2A^3/6 - (8 - t^2 + 8\eta^2)t^2A^5/120 + \cdots] \end{aligned}\right\} \tag{4-47}$$

式中:

$$Q = S - S_0 + N\tan B[A^2/2 + (5 - t^2 + 6\eta^2)A^4/24 + \cdots] \tag{4-48}$$

其他元素的计算与标准卡西尼-斯洛德投影公式相同.

标准卡西尼-斯洛德投影反算公式经双曲线校正因子 $Q^3/(6MN)$ 修订后得到双曲线卡西尼-斯洛德投影的反算公式，专用于斐济瓦努阿岛网格. 投影反算公式与标准卡西尼-斯洛德公式相同，但 S_f 计算公式作了如下调整:

$$S_f = S_0 + (N - FN) + q \tag{4-49}$$

式中:

$B'_1 = B_0 + (N - FN)/315320$;

$M'_1 = a(1 - e^2)/(1 - e^2\sin^2 B'_1)^{3/2}$;

$N'_1 = a/(1 - e^2\sin^2 B'_1)^{1/2}$;

$q' = (N - FN)^3/(6M'_1N'_1)$;

$q = (N - FN + q')^3/(6M'_1N'_1)$.

第5章　方位投影

5.1　方位投影的基本理论

方位投影是假设一个平面与地球面相切或相割，根据投影条件(如等面积、等距或透视)将地球的表面投影到该平面上. 根据投影中心点的位置差异，方位投影分为正轴、横轴与斜轴投影，根据投影的变形性质分为等角、等面积和任意投影(主要指等距投影).

对于正轴方位投影而言，纬线投影为同心圆，经线投影为同心圆的直径，两经线投影的夹角与相应的经差相等. 方位投影的极坐标方程为：

$$\left.\begin{aligned}\rho &= f(\varphi)\\ \theta &= \lambda\end{aligned}\right\} \tag{5-1}$$

式中，ρ 为纬线投影半径，θ 为两经线投影的夹角，λ 为球面经差，φ 为球面纬度.

正轴方位投影适用于两极地区，除此之外其他地区通常采用斜轴方位投影，在此介绍斜轴方位投影的一般公式：

假设投影面与球面的位置关系如图5-1所示，以 Q 点为极点的垂直圈和等高圈分别代替经线和纬线，A 点在以 Q 点为极点的球面坐标为 $A(\varphi', \lambda')$， 而且有

$$\left.\begin{aligned}\varphi' &= 90^\circ - Z\\ \lambda' &= \alpha\end{aligned}\right\} \tag{5-2}$$

由图5-1可知，投影点 A' 的极坐标方程式：

$$\left.\begin{aligned}\rho &= f(\varphi') = f(90^\circ - Z)\\ \theta &= \lambda' = \alpha\end{aligned}\right\} \tag{5-3}$$

以通过 Q 点经线的投影线为 x 轴，过 Q 点投影点 Q' 与 x 轴垂直的直线为 y 轴，则平面直角坐标：

$$\left.\begin{aligned}x &= \rho\cos\theta = \rho\cos\alpha\\ y &= \rho\sin\theta = \rho\sin\alpha\end{aligned}\right\} \tag{5-4}$$

如图5-2所示，在球面有一微分四边形 $ABCD$，在平面上的投影为 $A'B'C'D'$(见图5-3)，球面上垂直圆的微分长度 $AD = R\mathrm{d}Z$ ，等高圆的微分长度 $A'B' = r\mathrm{d}\alpha = R\sin Z\mathrm{d}\alpha$； 平面上垂直圆的微分长度 $A'D' = \mathrm{d}\rho$， 等高圆的微分长度 $A'B' = \rho\mathrm{d}\theta$， 则垂直圈与等高圈的长度比分别为：

$$\left.\begin{aligned}\mu_1 &= \frac{\mathrm{d}\rho}{R\mathrm{d}Z}\\ \mu_2 &= \frac{\rho}{R\sin Z}\end{aligned}\right\} \tag{5-5}$$

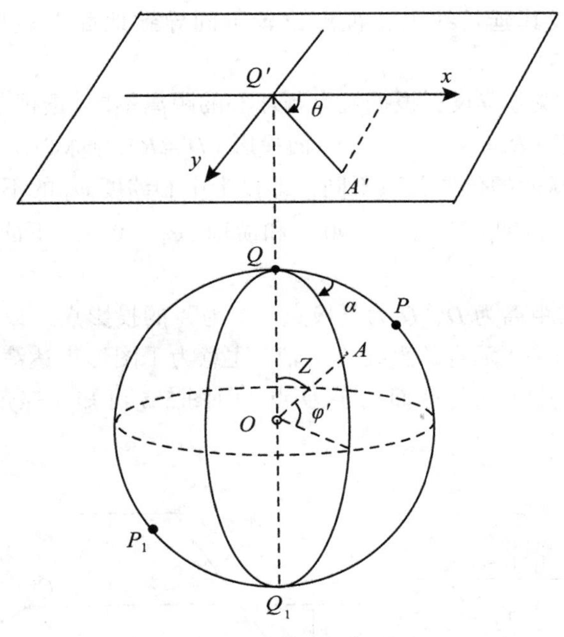

图 5-1 方位投影示意图

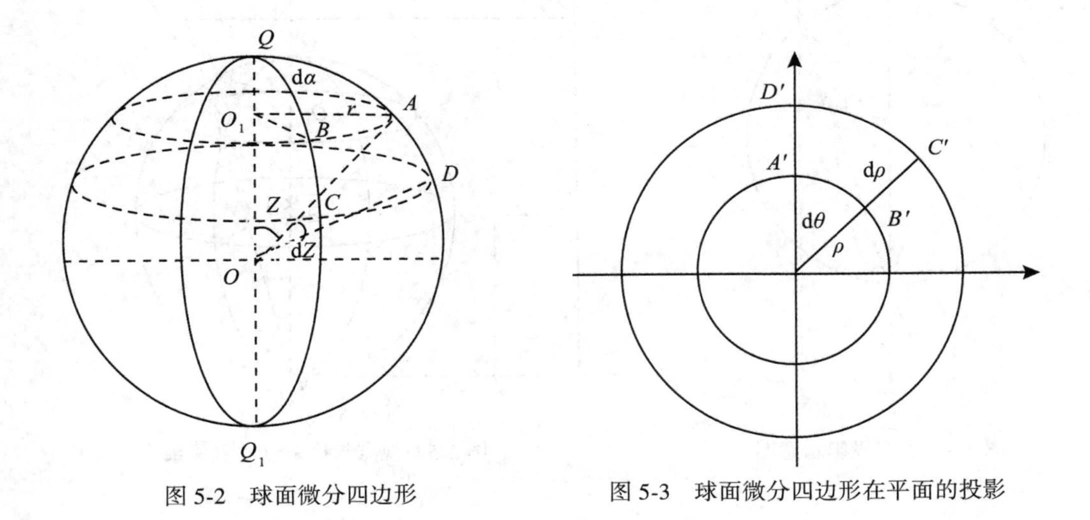

图 5-2 球面微分四边形

图 5-3 球面微分四边形在平面的投影

5.2 透视方位投影种类和基本公式

5.2.1 概述

透视方位投影是方位投影的特殊情况，该投影具有方位投影的一般特点，同时具备地球表面上的点与相应投影点间的透视关系，因此投影要有固定的视点．视点通常在垂直于投影面的直径上或其延长线上，视点位置不同导致地面点在投影面上位置也不相同．

如图5-4所示，透视方位投影根据视点与球心的距离不同(透视条件)，可分为正射投影（$D=\infty$）、外心投影（$R<D<\infty$）、球面投影（$D=R$）与球心投影（$D=0$，称为日晷投影）．根据投影面与球面的位置关系不同，即投影中心纬度 φ_0 的不同，透视方位投影可分为正轴（$\varphi_0=90^0$）、斜轴（$0<\varphi_0<90^0$）和横轴（$\varphi_0=0°$）．下面推求透视方位投影的一般公式：

设透视点距球心的距离为 D，Q 为新极点，A'为 A 的投影点，以过 Q 点经线 QP 的投影作为 x 轴，过 Q 点与 QP 垂直的直线为 y 轴．注意为了图形表达清晰，切平面与球面相隔一段距离，实际上投影平面与球面切于 Q 点．由图5-5可知，三角形 $Q'A'Q_1$ 与三角形 O_1AQ_1 相似，则有

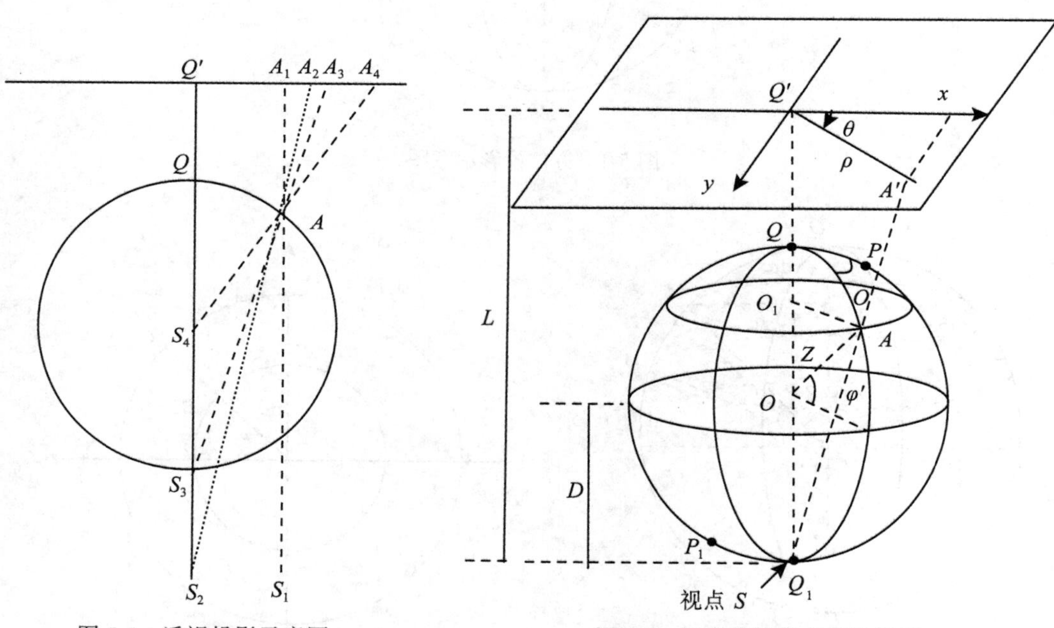

图5-4　透视投影示意图　　　　图5-5　视点与投影点位置关系

$$\frac{Q'A'}{O_1A}=\frac{Q'Q_1}{O_1Q_1}\qquad Q'A'=\frac{Q'Q_1}{O_1Q_1}O_1A$$

$Q'Q_1=L$，$O_1A=R\sin Z$，$O_1Q_1=D+R\cos Z$，$Q'A'=\rho$，由上式可得

$$\rho=\frac{LR\sin Z}{D+R\cos Z}\tag{5-6}$$

由方位投影的特性可知 $\theta=\alpha$，则投影直角坐标为：

$$\left.\begin{aligned} x &= \frac{LR\sin Z\cos\alpha}{D + R\cos Z} \\ y &= \frac{LR\sin Z\sin\alpha}{D + R\cos Z} \end{aligned}\right\} \tag{5-7}$$

由式(5-5)和式(5-6)可得到透视方位投影垂直圆与等高圈的长度比 μ_1 和 μ_2 分别为：

$$\left.\begin{aligned} \mu_1 &= \frac{\mathrm{d}\rho}{R\mathrm{d}Z} = \frac{L(R + D\cos Z)}{(D + R\cos Z)^2} \\ \mu_2 &= \frac{\rho}{R\sin Z} = \frac{L}{D + R\cos Z} \end{aligned}\right\} \tag{5-8}$$

以上为透视方位投影的一般公式.

5.2.2 正射投影

正射投影(Orthographic Projection)视点 S 位于无穷远处，即 $D=\infty$，如图 5-6 所示，由式(5-6)可知

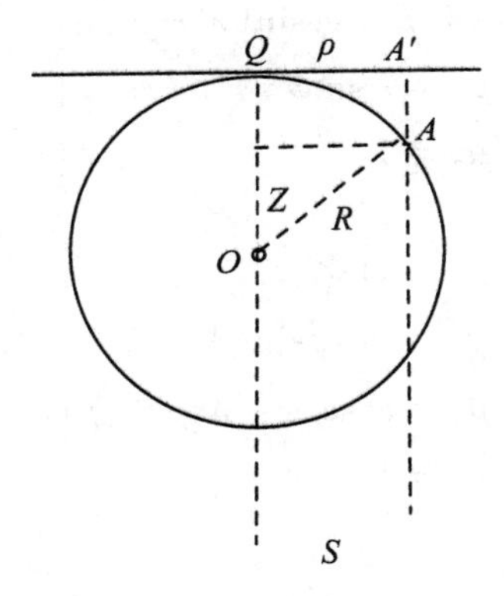

图 5-6 正射投影

$$\rho = \frac{\frac{L}{D}R\sin Z}{1 + \frac{R}{D}\cos Z}$$

由于 $D=\infty$，$L=D+R=\infty$，则 $\frac{L}{D}=1$，$\frac{R}{D}=0$，代入上式得

$$\rho = R\sin Z \tag{5-9}$$

则有

$$\left.\begin{aligned} x &= R\sin Z\cos\alpha \\ y &= R\sin Z\sin\alpha \end{aligned}\right\} \tag{5-10}$$

$$\left.\begin{aligned}\mu_1&=\frac{\mathrm{d}\rho}{R\mathrm{d}Z}=\cos Z\\ \mu_2&=\frac{\rho}{R\sin Z}=1\end{aligned}\right\}\tag{5-11}$$

将式(2-88)与式(2-89)代入式(5-10)，则有

$$\left.\begin{aligned}x&=R[\cos\varphi_0\sin\varphi-\sin\varphi_0\cos\varphi\cos(\lambda-\lambda_0)]\\ y&=R\cos\varphi\sin(\lambda-\lambda_0)\end{aligned}\right\}\tag{5-12}$$

北极正射投影：$\varphi_0=90°$，由式(5-11)与式(5-12)可得

$$\left.\begin{aligned}x&=-R\cos\varphi\cos(\lambda-\lambda_0)\\ y&=R\cos\varphi\sin(\lambda-\lambda_0)\\ \mu_1&=\sin\varphi\\ \mu_2&=1\end{aligned}\right\}\tag{5-13}$$

南极正射投影：$\varphi_0=-90°$，有

$$\left.\begin{aligned}x&=R\cos\varphi\cos(\lambda-\lambda_0)\\ y&=R\cos\varphi\sin(\lambda-\lambda_0)\\ \mu_1&=-\sin\varphi\\ \mu_2&=1\end{aligned}\right\}\tag{5-14}$$

赤道正射投影：$\varphi_0=0°$，有

$$\left.\begin{aligned}x&=R\sin\varphi\\ y&=R\cos\varphi\sin(\lambda-\lambda_0)\\ \mu_1&=\cos\varphi\cos(\lambda-\lambda_0)\\ \mu_2&=1\end{aligned}\right\}\tag{5-15}$$

正射投影反算：

$\rho=(x^2+y^2)^{1/2}$

如果 $\rho=0$，则 $\varphi=\varphi_0$；

如果 $\rho\neq 0$，则有

$Z=\arcsin(\rho/R)$，

// $\cos\alpha=x/\rho$，$\sin\varphi=\sin\varphi_0\cos Z+\cos\varphi_0\sin Z\cos\alpha$ //

$\varphi=\arcsin(\sin\varphi_0\cos Z+\cos\varphi_0\sin Z\cdot x/\rho)$；

若 $\varphi_0\neq 90°$，

// $\cos\alpha=x/\rho$，$\sin\alpha=y/\rho$ //

// $\tan(\lambda-\lambda_0)=\sin Z\sin\alpha/(\cos\varphi_0\cos Z-\sin\varphi_0\sin Z\cos\alpha)$ //

$\lambda=\lambda_0+\arctan[y\sin Z/(\rho\cos\varphi_0\cos Z-x\sin\varphi_0\sin Z)]$；

若 $\varphi_0=90°$，则 $\lambda=\lambda_0+\arctan[y/(-x)]$；

若 $\varphi_0=-90°$，则 $\lambda=\lambda_0+\arctan[y/x]$.

5.2.3　球面投影

球面投影(Stereographic Projection)是视点 S 在球面上的透视方位投影，如图5-7所示，

即 $D = R$，$L = 2R$，由式(5-6)可得

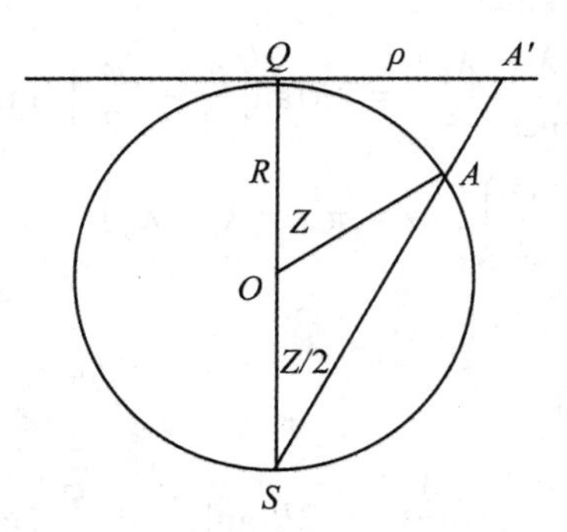

图 5-7 球面投影示意图

$$\rho = \frac{2R\sin Z}{1 + \cos Z} = 2R\tan\frac{Z}{2} \tag{5-16}$$

将上式代入式(5-4)，则有

$$\left.\begin{aligned} x &= \rho\cos\alpha = \frac{2R\sin Z\cos\alpha}{1 + \cos Z} \\ y &= \rho\sin\alpha = \frac{2R\sin Z\sin\alpha}{1 + \cos Z} \end{aligned}\right\} \tag{5-17}$$

将式(2-87)、式(2-88)、式(2-89)代入式(5-17)，可得

$$\left.\begin{aligned} x &= \frac{2R[\sin\varphi\cos\varphi_0 - \cos\varphi\sin\varphi_0\cos(\lambda - \lambda_0)]}{1 + \sin\varphi\sin\varphi_0 + \cos\varphi\cos\varphi_0\cos(\lambda - \lambda_0)} \\ y &= \frac{2R\cos\varphi\sin(\lambda - \lambda_0)}{1 + \sin\varphi\sin\varphi_0 + \cos\varphi\cos\varphi_0\cos(\lambda - \lambda_0)} \end{aligned}\right\} \tag{5-18}$$

依照式(5-16)可得球面投影垂直圈与等高圈的长度比：

$$\left.\begin{aligned} \mu_1 &= \frac{\mathrm{d}\rho}{R\mathrm{d}Z} = \sec^2\frac{Z}{2} = \frac{2}{1 + \cos Z} \\ \mu_2 &= \frac{\rho}{R\sin Z} = \sec^2\frac{Z}{2} = \frac{2}{1 + \cos Z} \end{aligned}\right\} \tag{5-19}$$

顾及式(2-87)，球面投影垂直圈与等高圈的长度比

$$k = \frac{2}{1 + \cos Z} = 2/[1 + \sin\varphi\sin\varphi_0 + \cos\varphi\cos\varphi_0\cos(\lambda - \lambda_0)] \tag{5-20}$$

顾及上式，则式(5-18)可改写为

$$\left.\begin{aligned} x &= kR[\sin\varphi\cos\varphi_0 - \cos\varphi\sin\varphi_0\cos(\lambda - \lambda_0)] \\ y &= kR\cos\varphi\sin(\lambda - \lambda_0) \end{aligned}\right\} \tag{5-21}$$

北极球面投影：$\varphi_0 = 90°$，则

$$\left.\begin{aligned}x&=-\frac{2R\cos\varphi\cos(\lambda-\lambda_0)}{1+\sin\varphi}=-2R\tan\left(\frac{\pi}{4}-\frac{\varphi}{2}\right)\cos(\lambda-\lambda_0)\\y&=\frac{2R\cos\varphi\sin(\lambda-\lambda_0)}{1+\sin\varphi}=2R\tan\left(\frac{\pi}{4}-\frac{\varphi}{2}\right)\sin(\lambda-\lambda_0)\\\rho&=2R\tan\left(\frac{\pi}{4}-\frac{\varphi}{2}\right),\ \alpha=\pi-(\lambda-\lambda_0)\\k&=\frac{2}{1+\sin\varphi}\end{aligned}\right\}\tag{5-22}$$

南极球面投影：$\varphi_0=-90°$，则

$$\left.\begin{aligned}x&=\frac{2R\cos\varphi\cos(\lambda-\lambda_0)}{1-\sin\varphi}=2R\tan\left(\frac{\pi}{4}+\frac{\varphi}{2}\right)\cos(\lambda-\lambda_0)\\y&=\frac{2R\cos\varphi\sin(\lambda-\lambda_0)}{1-\sin\varphi}=2R\tan\left(\frac{\pi}{4}+\frac{\varphi}{2}\right)\sin(\lambda-\lambda_0)\\\rho&=2R\tan\left(\frac{\pi}{4}+\frac{\varphi}{2}\right),\ \alpha=\lambda-\lambda_0\\k&=\frac{2}{1-\sin\varphi}\end{aligned}\right\}\tag{5-23}$$

赤道球面投影：$\varphi_0=0°$，则

$$\left.\begin{aligned}x&=\frac{2R\sin\varphi}{1+\cos\varphi\cos(\lambda-\lambda_0)}=kR\sin\varphi\\y&=\frac{2R\cos\varphi\sin(\lambda-\lambda_0)}{1+\cos\varphi\cos(\lambda-\lambda_0)}=kR\cos\varphi\sin(\lambda-\lambda_0)\\k&=\frac{2}{1+\cos\varphi\cos(\lambda-\lambda_0)}\end{aligned}\right\}\tag{5-24}$$

球面方位投影反算：

$\rho=(x^2+y^2)^{1/2}$，

如果$\rho=0$，则$\varphi=\varphi_0$，

如果$\rho\neq 0$，则有

$Z=2\arctan[(\rho/(2R)]$，

// $\cos\alpha=x/\rho$，$\sin\varphi=\sin\varphi_0\cos Z+\cos\varphi_0\sin Z\cos\alpha$ //；

$\varphi=\arcsin(\sin\varphi_0\cos Z+\cos\varphi_0\sin Z\cdot x/\rho)$，

若$\varphi_0\neq 90°$ // $\cos\alpha=x/\rho$，$\sin\alpha=y/\rho$ //，

// $\tan(\lambda-\lambda_0)=\sin Z\sin\alpha/(\cos\varphi_0\cos Z-\sin\varphi_0\sin Z\cos\alpha)$ //，

$\lambda=\lambda_0+\arctan[y\sin Z/(\rho\cos\varphi_0\cos Z-x\sin\varphi_0\sin Z)]$，

若$\varphi_0=90°$，则$\lambda=\lambda_0+\arctan[y/(-x)]$；

若$\varphi_0=-90°$，则$\lambda=\lambda_0+\arctan[y/x]$.

5.2.4　球心投影(日晷投影)

视点S位于球心的透视投影称为球心投影，又称日晷投影(Gnomonic Projection)，如

图 5-8 所示，因视点在球心，$D=0$，$L=R$，代入式(5-6)得

$$\rho = R\tan Z \tag{5-25}$$

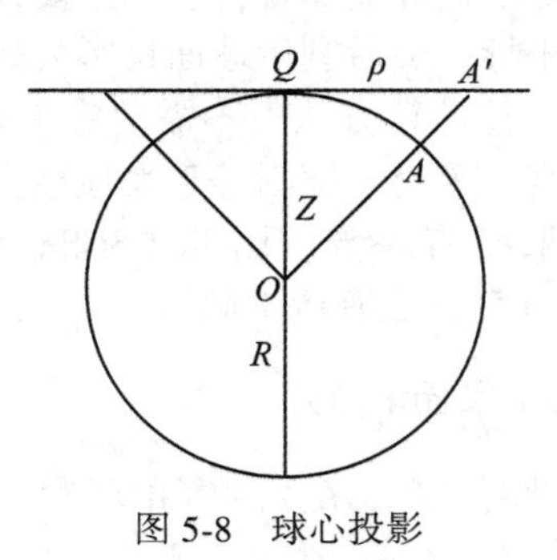

图 5-8 球心投影

将上式代入式(5-4)，则有

$$\left.\begin{aligned} x &= R\tan Z\cos\alpha = R\frac{\sin Z\cos\alpha}{\cos Z} \\ y &= R\tan Z\sin\alpha = R\frac{\sin Z\sin\alpha}{\cos Z} \end{aligned}\right\} \tag{5-26}$$

将式(2-87)、式(2-88)、式(2-89)代入上式，则有

$$\left.\begin{aligned} x &= R\frac{\cos\varphi_0\sin\varphi - \sin\varphi_0\cos\varphi\cos(\lambda-\lambda_0)}{\sin\varphi_0\sin\varphi + \cos\varphi_0\cos\varphi\cos(\lambda-\lambda_0)} \\ y &= R\frac{\cos\varphi\sin(\lambda-\lambda_0)}{\sin\varphi_0\sin\varphi + \cos\varphi_0\cos\varphi\cos(\lambda-\lambda_0)} \end{aligned}\right\} \tag{5-27}$$

由投影半径 $\rho = R\tan Z$，则垂直圈与等高圈的长度比为：

$$\left.\begin{aligned} \mu_1 &= \frac{d\rho}{R dZ} = \sec^2 Z \\ \mu_2 &= \frac{\rho}{R\sin Z} = \sec Z \end{aligned}\right\} \tag{5-28}$$

5.3 球面投影(适用于椭球体)

球面投影(Stereographic Projection)可以看作地球表面在其切平面上的投影，投影范围自切点至过切点直径的另一端.

在各种球面投影中，极球面投影最广为人知，它经常用于极地区域的地图制图，填补通用横轴墨卡托投影在高纬度地区的空缺. 球面上球面投影应用较广，美国地质调查局常用其制作行星地图或小比例尺的陆域油气分布图. 椭球面上横轴或斜轴球面投影常用于面积不大但能以某点为中心的区域(如荷兰)，此时投影平面即为椭球面上过该中心点的切平面，切点视作投影坐标系的原点，过切点的子午线定义为中央经线. 为了减小投影区域边缘的长度失真，通常在原点处引入一个小于 1 的长度因子，使得在原点一定距离处有

一条长度因子为 1 的同心圈.

大地坐标到投影坐标的转换根据点到中心点(即切点或原点)的距离和方位进行计算,球面上的计算公式相对简单,对于椭球面而言,首先需要计算切点处的等角球参数,然后将椭球面大地坐标转化为球面坐标,最后利用球面投影公式计算.

斯奈德(Synder)给出的另一种计算方法,不需要定义切点(原点)处的等角球面,而是计算椭球面上各点的等角纬度,等角经度则等于大地经度.偏离原点的投影点斯奈德公式与本节给出公式的计算结果略有差异,因此 USGS(美国地质调查局 US Geological Survey)使用的公式与本节所述计算方法有所不同.

5.3.1 斜轴球面投影和赤道球面投影

已知投影原点(切点)大地坐标 (B_0, L_0),等角球参数定义为:

$$R = (M_0 N_0)^{1/2};$$

$$\beta = \{1 + e^2 \cos^4 B_0/(1 - e^2)\}^{1/2};$$

$$C = (\beta + \sin B_0)(1 - \sin\chi_0)/[(\beta - \sin B_0)(1 + \sin\chi_0)].$$

式中:

$M_0 = a(1 - e^2)/(1 - e^2 \sin^2 B_0)^{3/2}$;

$N_0 = a/(1 - e^2 \sin^2 B_0)^{1/2}$;

$S_1 = (1 + \sin B_0)/(1 - \sin B_0)$;

$S_2 = (1 - e\sin B_0)/(1 + e\sin B_0)$;

$W_1 = [S_1(S_2^e)]^\beta$;

$\sin\chi_0 = (W_1 - 1)/(W_1 + 1)$.

原点在等角球面上的等角纬度和经度 (φ_0, λ_0),由下列公式计算:

$$W_2 = C[S_1(S_2^e)]^\beta = CW_1;$$

$$\varphi_0 = \arcsin[(W_2 - 1)/(W_2 + 1)];$$

$$\lambda_0 = L_0.$$

1)投影正算

大地坐标(B, L)计算等角球面上的等角纬度和经度 (φ, λ);

$$\varphi = \arcsin[(W - 1)/(W + 1)];$$

$$\lambda = \lambda_0 + \beta(L - L_0).$$

式中:

$S_a = (1 + \sin B)/(1 - \sin B)$;

$S_b = (1 - e\sin B)/(1 + e\sin B)$;

$W = C[S_a(S_b^e)]^\beta$;

由此可得,

$N = FN + kR[\sin\varphi\cos\varphi_0 - \cos\varphi\sin\varphi_0\cos(\lambda - \lambda_0)]$ //公式(5-21)//

$E = FE + kR\cos\varphi\sin(\lambda - \lambda_0)$.

式中:$k = 2k_0/[1 + \sin\varphi\sin\varphi_0 + \cos\varphi\cos\varphi_0\cos(\lambda - \lambda_0)]$,$k_0$ 为原点(切点)的尺度比,通常缺省值为 1.

2)投影反算

等角球面参数以及原点等角纬度和经度的计算方法与上述相同，由球面投影的任意格网点坐标(N, E)计算大地坐标.

等角球面经纬度：

$$\varphi = \varphi_0 + 2\arctan\{[(N - FN) - (E - FE)\tan(u/2)]/(2Rk_0)\};$$

$$\lambda = \lambda_0 + u + 2v.$$

式中：

$g = 2Rk_0\tan(\pi/4 - \varphi_0/2)$;

$h = 4Rk_0\tan\varphi_0 + g$;

$v = \arctan\{(E - FE)/[h + (N - FN)]\}$;

$u = \arctan\{(E - FE)/[g - (N - FN)]\} - v$;

计算大地经度：

$$L = L_0 + (\lambda - \lambda_0)/\beta;$$

迭代法计算大地纬度：

$q = 0.5\ln\{(1 + \sin\varphi)/[C(1 - \sin\varphi)]\}/\beta$ //注：q 为等量纬度 //;

$B^{(i+1)} = 2\arctan\{e^q[(1 + e\sin B^{(i)})/(1 - e\sin B^{(i)})]\} - \pi/2$;

初始值 $B^{(0)} = 2\arctan(e^q) - \pi/2$，满足 $|B^{(i+1)} - B^{(i)}| \leqslant 5 \times 10^{-11}$ 则停止迭代.

或者，采用直接法：

$\chi = 2\arctan(e^q) - \pi/2$ // 计算球面等角纬度 //

$$B = \chi + (e^2/2 + 5e^4/24 + e^6/12 + 13e^8/360 + \cdots)\sin 2\chi + (7e^4/48 + 29e^6/240 + 811e^8/11520 + \cdots)\sin 4\chi + (7e^6/120 + 81e^8/1120 + \cdots)\sin 6\chi + (4279e^8/161280 + \cdots)\sin 8\chi$$

另外，还可采用如下算法：

$$\rho = \{[(N - FN)/k_0]^2 + [(E - FE)/k_0]^2\}^{1/2}$$

如果 $\rho = 0$，则 $\varphi = \varphi_0$，$\lambda = \lambda_0$;

如果 $\rho \neq 0$，则

$Z = 2\arctan[(\rho/(2R)]$

// $\cos\alpha = (N - FN)/(\rho k_0)$，$\sin\varphi = \sin\varphi_0\cos Z + \cos\varphi_0\sin Z\cos\alpha$ //;

$\varphi = \arcsin\{\sin\varphi_0\cos Z + \cos\varphi_0\sin Z \cdot (N - FN)/(\rho k_0)\}$;

若 $\varphi_0 \neq 90°$ // $\cos\alpha = (N - FN)/(\rho k_0)$，$\sin\alpha = (E - FE)/(\rho k_0)$ //

// $\tan(\lambda - \lambda_0) = \sin Z\sin\alpha/(\cos\varphi_0\cos Z - \sin\varphi_0\sin Z\cos\alpha)$，判断象限//

$\lambda = \lambda_0 + \arctan[(E - FE)\sin Z/(\rho k_0\cos\varphi_0\cos Z - (N - FN)\sin\varphi_0\sin Z)]$;

$U_0 = \tan(\pi/4 + B_0/2)[(1 - e\sin B_0)/(1 + e\sin B_0)]^{e/2}$;

$CK = U_0^\beta/\tan(\pi/4 + \varphi_0/2)$;

$U = [CK\tan(\pi/4 + \varphi/2)]^{1/\beta}$.

迭代法计算纬度：

$B^{(i+1)} = 2\arctan\{U[(1 + e\sin B^{(i)})/(1 - e\sin B^{(i)})]\} - \pi/2$;

初始值 $B^{(0)} = 2\arctan(U) - \pi/2$，满足 $|B^{(i+1)} - B^{(i)}| \leqslant 5 \times 10^{-11}$ 则停止迭代.

或采用直接法：

$\chi = 2\arctan(U) - \pi/2$ // 计算等角纬度 //;

$B = \chi + (e^2/2 + 5e^4/24 + e^6/12 + 13e^8/360 + \cdots)\sin 2\chi$
$+ (7e^4/48 + 29e^6/240 + 811e^8/11520 + \cdots)\sin 4\chi$
$+ (7e^6/120 + 81e^8/1120 + \cdots)\sin 6\chi + (4279e^8/161280 + \cdots)\sin 8\chi$;

如果是赤道球面投影，B_0 和 φ_0 为零，公式随之简化，以上公式仍有效.

若极球面投影，B_0 和 φ_0 为 90°，上述公式无解，参见 5.3.2 节极球面投影.

算例 5-1：

投影坐标参照系：荷兰(Netherlands) Amersfoort / RD New.

(1)投影方法：Double Stereographic(Oblique and Equatorial).

(2)投影参数：

椭球参数：Bessel 1841，$a=6377397.155$m，$1/f=299.1528128$；

原点纬度：$B_0 = 52°09'22.178''$N；

原点经度：$L_0 = 5°23'15.500''$E；

尺度因子：$k_0 = 0.9999079$；

东坐标平移量：$FE=155000.00$m；

北坐标平移量：$FN=463000.00$m.

(3)投影正算：

大地坐标：

$$B=53°00'00000''\text{N},\quad L=6°00'00000''\text{E};$$

过程参数：

$$R = 6382644.571,\quad \beta = 1.000475857,\quad C=1.007576465;$$
$$S_1 = 8.509582274,\quad S_2 = 0.878790173,\quad W_1 = 8.428769183;$$
$$W_2 = 8.492629457,\quad \varphi_0 = 0.909684757,\quad \lambda_0 = 0.094032038;$$
$$\varphi = 0.924394997,\quad \lambda = 0.104724841;$$

计算结果：

$$N=557057.7394\text{m},\quad E=196105.2830\text{m}.$$

(4)投影反算：

过程参数：

$$g= 4379954.188,\quad h= 37197327.960,\quad u= 0.001102255;$$
$$v= 0.008488122,\quad \lambda= 0.10472467,\quad \varphi= 0.924394767;$$
$$q= 1.089495123.$$

迭代求大地纬度：

$$B^1 = 0.921804999,\quad B^2 = 0.925016671,\quad B^3 = 0.925024484,$$
$$B^4 = 0.925024504,\quad B^5 = 0.925024504;$$

计算结果：

$$B=53°00'00.00000''\text{N},\quad L=6°00'00.00000''\text{E}.$$

对于椭球体而言，为了保持正形投影性质，在此情形下的球面投影实质上是一种非透视投影，斜轴与赤道球面投影亦属于非方位投影. 美国地质调查局 USGS 所使用的适合于椭球体的投影公式，采用球面等角纬度 χ 替代公式(5-21)中的球面纬度 φ，在投影中心对尺度因子 k_0(通常情况下为 1)作微小的修正(即乘以椭球面向球面投影的尺度因子)，仿球面投影式(5-21)，则有(参见本书参考文献[33])：

1)斜轴和赤道球面投影正算 ($B_0 \neq \pm 90°$)

$x = A[\sin\chi\cos\chi_0 - \cos\chi\sin\chi_0\cos(\lambda - \lambda_0)]$；

$y = A\cos\chi\sin(\lambda - \lambda_0)y$；

$k_1 = 2k_0/[1 + \sin\chi\sin\chi_0 + \cos\chi\cos\chi_0\cos(\lambda - \lambda_0)] \cdot R\cos\chi/(N\cos B)$

$= 2ak_0m_0/\{\cos\chi_0[1 + \sin\chi\sin\chi_0 + \cos\chi\cos\chi_0\cos(\lambda - \lambda_0)]\}\cos\chi/(am)$

$= A\cos\chi/(am)$ // 修正后的尺度比 //；

式中：

$m = \cos B/(1 - e^2\sin^2 B)^{1/2}$，由 B、B_0 分别计算 m、m_0；

$N\cos B = a\cos B/(1 - e^2\sin^2 B)^{1/2} = am$；

$\chi = 2\arctan\{\tan(\pi/4 + B/2)[(1 - e\sin B)/(1 + e\sin B)]^{e/2}\} - \pi/2$，由 B_0，B 分别计算 χ_0，χ；

$R = a\cos B_0/(1 - e^2\sin^2 B_0)^{1/2}/\cos\chi_0 = am_0/\cos\chi_0$ // 球面投影半径 //；

$A = Rk = am_0/\cos\chi_0 \cdot 2k_0/[1 + \sin\chi\sin\chi_0 + \cos\chi\cos\chi_0\cos(\lambda - \lambda_0)]$

$= 2ak_0m_0/\{\cos\chi_0[1 + \sin\chi\sin\chi_0 + \cos\chi\cos\chi_0\cos(\lambda - \lambda_0)]\}$.

B_0 为球面投影原点，当 $B_0 = \pm 90°$，A 无法确定，上述公式无解，参见 5.3.2 节极球面投影.

2)斜轴和赤道球面投影反算 ($B_0 \neq \pm 90°$)

$\rho = [(x/k_0)^2 + (y/k_0)^2]^{1/2}$；

如果 $\rho = 0$，则 $\chi = \chi_0$；

如果 $\rho \neq 0$，则有

$Z_e = 2\arctan[\rho\cos\chi_0/(2am_0)]$ // $Z = 2\arctan[\rho/(2R)]$ //；

// $\cos\alpha = x/(\rho k_0)$，仿照公式 $\sin\varphi = \sin\varphi_0\cos Z + \cos\varphi_0\sin Z\cos\alpha$ //

$\chi = \arcsin[\sin\chi_0\cos Z_e + x\cos\chi_0\sin Z_e/(\rho k_0)]$ // $\chi_0 \to \varphi_0$，$\chi \to \varphi$，$Z_e \to Z$ //；

$B^{(i+1)} = 2\arctan\{\tan(\pi/4 + \chi/2)[(1 + e\sin B^{(i)})/(1 - e\sin B^{(i)})]\} - \pi/2$；

初始值 $B^{(0)} = 2\arctan\{\tan(\pi/4 + \chi/2)\}$，满足 $|B^{(i+1)} - B^{(i)}| \leqslant 5 \times 10^{-12}$ 迭代结束.

直接法：

$B = \chi + (e^2/2 + 5e^4/24 + e^6/12 + 13e^8/360 + \cdots)\sin 2\chi$

$+ (7e^4/48 + 29e^6/240 + 811e^8/11520 + \cdots)\sin 4\chi$

$+ (7e^6/120 + 81e^8/1120 + \cdots)\sin 6\chi + (4279e^8/161280 + \cdots)\sin 8\chi$；

// $\cos\alpha = x/(\rho k_0)$，$\sin\alpha = y/(\rho k_0)$ //

// $\tan(\lambda - \lambda_0) = \sin Z\sin\alpha/(\cos\varphi_0\cos Z - \sin\varphi_0\sin Z\cos\alpha)$ //

$\lambda = \lambda_0 + \arctan[y\sin Z_e/(\rho k_0\cos\chi_0\cos Z_e - x\sin\chi_0\sin Z_e)]$.

式中，Z_e 不是真正意义上的球面角距，但类似于球面角距 Z 的表达较为方便.

上述投影算法被美国地质调查局 USGS 所采用，本文在编写计算程序时也采用了该算法，投影计算程序设计中投影名称为 Double_Stereographic_USGS.

5.3.2 极球面投影

根据参数的定义不同将极方位投影(Polar Stereographic Projection)分为以下三种情形：

方法 A：将初始原点定义在极点，初始原点的尺度因子 $k_0 \leqslant 1$，即 k_0 在极点处定义；将原点子午线投影作为 x 轴，北方向为正，y 轴指东；格网坐标的平移量 FN 和 FE 在初始原点(极点)处定义.

方法 B：将初始原点定义在极点，尺度因子 k_0 不在极点定义，而是选择一条标准纬线(尺度因子为 1)来确定初始原点的尺度因子 k_0.

方法 C：定义一条标准纬线，将标准纬线与经线的交点定义为原点，以该原点来定义格网坐标，格网坐标的平移量在该原点加以定义.

三种极地方位投影方法适用于南极的计算公式可直接得到，适用于北极的计算公式只需要稍加修改即可得到，以保证自原点经度起经度值沿逆时针方向逐渐递增(从北极点看，见图 5-9；从南极点看，见图 5-10)，其中部分计算公式是各种方法的共用算式. 三种不同极球面投影方法的投影参数见表 5-1.

表 5-1　**几种不同极球面投影方法的投影参数**

参数	方法 A	方法 B	方法 C
原点纬度 B_0	$B_0 = \pm 90°$	$B_0 = \pm 90°$	$B_0 = B_p$
标准纬度 B_p	缺省值	B_p	B_p
原点经度 L_0	L_0	L_0	L_0
尺度因子 $k_0(k_p)$	$k_0 \leqslant 1$	缺省值 $k_p = 1$	缺省值 $k_p = 1$
原点东坐标平移	FE	FE	FE
原点北坐标平移	FN	FN	FN

极球面投影可以通过圆锥投影在 $B_0 = 90°$ 的情况下导出：

在正轴等角圆锥投影中，依照公式(3-17)可得

$$\rho = Ct^{\beta} = k_0 N_0 \cot B_0 t_0^{-\beta} t^{\beta}; \tag{5-29}$$

将 $B_0 = 90°$，$\beta = \sin B_0 = 1$，将其代入上式得

$$\rho = k_0 \frac{a}{(1-e^2)^{1/2}} \tan\left(\frac{\pi}{4} - \frac{B}{2}\right)\left(\frac{1+e\sin B}{1-e\sin B}\right)^{e/2}\left(\frac{1-e}{1+e}\right)^{e/2} \lim_{B_0 \to 90°} \frac{\tan\left(\frac{\pi}{4} + \frac{B_0}{2}\right)}{\tan B_0}; \tag{5-30}$$

因为

$$\lim_{B_0 \to 90°} \frac{\tan\left(\frac{\pi}{4} + \frac{B_0}{2}\right)}{\tan B_0} = \lim_{B_0 \to 90°} \frac{\left(1 + \tan\frac{B_0}{2}\right)^2}{1 - \tan^2\frac{B_0}{2}} \times \frac{1 - \tan^2\frac{B_0}{2}}{2\tan\frac{B_0}{2}} = 2;$$

则有

$$\rho = 2k_0 \frac{a}{(1-e^2)^{1/2}} \left(\frac{1-e}{1+e}\right)^{e/2} \tan\left(\frac{\pi}{4} - \frac{B}{2}\right)\left(\frac{1+e\sin B}{1-e\sin B}\right)^{e/2}; \tag{5-31}$$

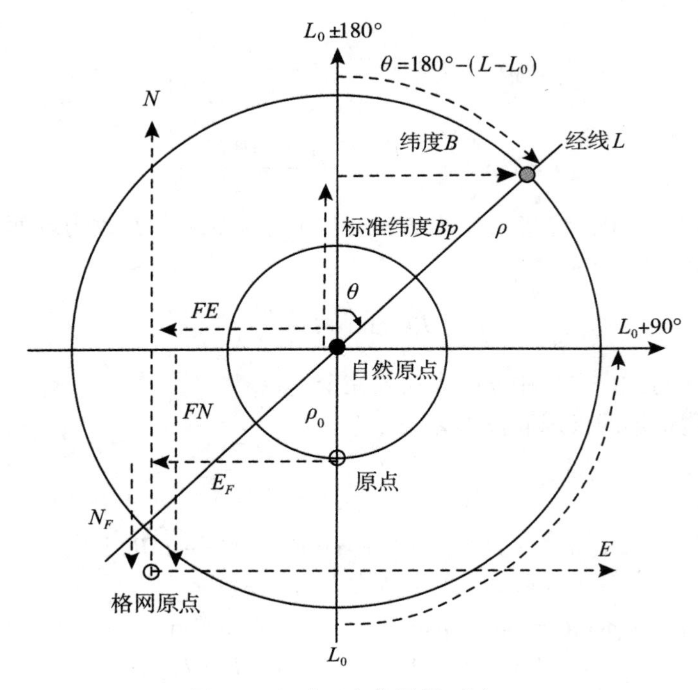

图 5-9　极球面方位投影(北极)

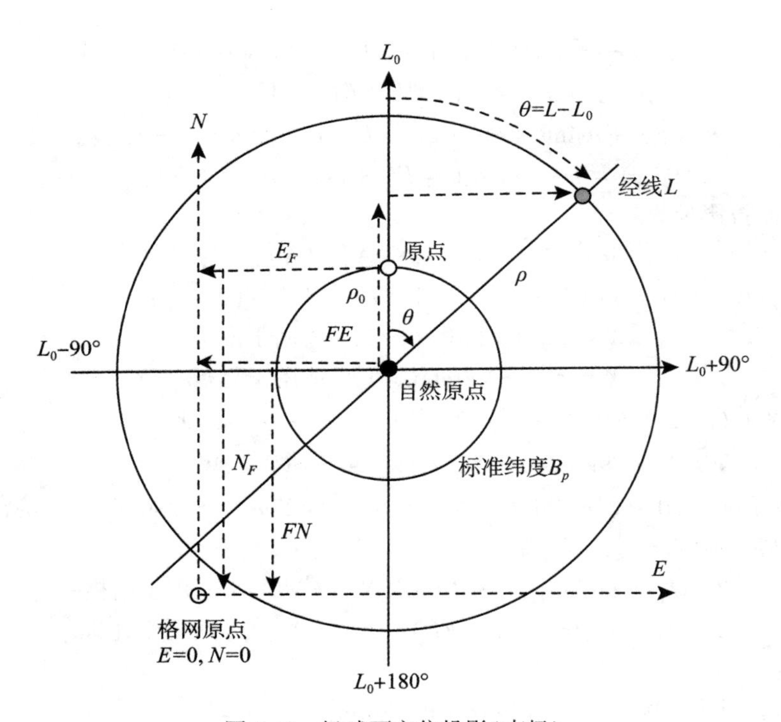

图 5-10　极球面方位投影(南极)

上式简化为

$$\rho = 2ak_0t/[(1+e)^{(1+e)}(1-e)^{(1-e)}]^{1/2}; \tag{5-32}$$

式中：

$$t = \tan\left(\frac{\pi}{4} - \frac{B}{2}\right)\left(\frac{1+e\sin B}{1-e\sin B}\right)^{e/2}; \tag{5-33}$$

对于球体而言，$e=0$，将其代入式(5-32)，将椭球面纬度 B 改为球面纬度 φ(或χ)，则极球面投影公式

$$\rho = 2Rk_0\tan\left(\frac{\pi}{4} - \frac{\varphi}{2}\right) \tag{5-34}$$

若 $k_0=1$，则上式与式(5-22)中 ρ 的表达式完全一致.

上述三种不同情形的极球面投影算法如下：

1)极球面投影(方法A)

(1)北极：

$$t = \tan(\pi/4 - B/2)\ [(1+e\sin B)/(1-e\sin B)]^{e/2};$$

$$\rho = 2ak_0t/[(1+e)^{(1+e)}(1-e)^{(1-e)}]^{1/2};$$

$$E = FE + \rho\sin\theta = FE + \rho\sin(L-L_0)\quad //\ \theta = \pi-(L-L_0)\ //;$$

$$N = FN + \rho\cos\theta = FN - \rho\cos(L-L_0);$$

$$k = \rho\beta/r = \rho/(am)\quad //k \text{ 为尺度比}, m = \cos B/(1-e^2\sin^2 B)^{1/2}\ //.$$

(2)南极：

$$t = \tan(\pi/4 + B/2)\ [(1-e\sin B)/(1+e\sin B)]^{e/2};$$

$$\rho = 2ak_0t/[(1+e)^{(1+e)}(1-e)^{(1-e)}]^{1/2};$$

$$E = FE + \rho\sin\theta = FE + \rho\sin(L-L_0)\ //\ \theta = L-L_0\ //;$$

$$N = FN + \rho\cos\theta = FN + \rho\cos(L-L_0).$$

(3)极球面投影反算：

$$\rho = [(E-FE)^2 + (N-FN)^2]^{1/2};$$

$$t = \rho[(1+e)^{(1+e)}(1-e)^{(1-e)}]^{0.5}/(2ak_0);$$

$$\chi = 2\arctan(t) - \pi/2,\ \text{适用于南极};$$

$$\chi = \pi/2 - 2\arctan(t),\ \text{适用于北极};$$

$$\begin{aligned} B = \chi &+ (e^2/2 + 5e^4/24 + e^6/12 + 13e^8/360 + \cdots)\sin 2\chi \\ &+ (7e^4/48 + 29e^6/240 + 811e^8/11520 + \cdots)\sin 4\chi \\ &+ (7e^6/120 + 81e^8/1120 + \cdots)\sin 6\chi + (4279e^8/161280 + \cdots)\sin 8\chi; \end{aligned}$$

如果 $E=FE$，则 $L=L_0$，否则

$$L = L_0 + \arctan[(E-FE)/(N-FN)],\ \text{适用于南极};$$

$$L = L_0 + \arctan[(E-FE)/(FN-N)],\ \text{适用于北极}.$$

算例 5-2：

投影坐标参照系：WGS 1984 巴西/ UPS North.

(1)投影参数：

椭球参数：WGS 1984，$a=6378137.0$m，$1/f=298.2572236$；

原点纬度：B_0 = 90°00′00.000″N；
原点经度：L_0 = 0°00′00.000″E；
标准纬线：B_p = 90°00′00.000″N(缺省值)；
尺度因子：k_0 = 0.994；
东坐标平移：FE = 2000000.00m；
北坐标平移：FN = 2000000.00m.
(2)投影正算：
大地坐标：

$$B=73°00'00.00000\ N,\quad L=44°00'00.00000''E;$$

过程参数：

$$t = 0.1504128082,\quad \rho = 1900814.5636;$$

计算结果：

$$N=632668.4313m,\quad E=3320416.7474m;$$

(3)投影反算：
平面坐标：

$$N=632668.4313m,\quad E=3320416.7474m;$$

中间参数：

$$\rho = 1900814.5636,\quad t = 0.1504128082;$$
$$\chi = 1.2722209032.$$

计算结果：

$$B=73°00'00.00000\ N,\quad L=44°00'00.00000''E.$$

算例 5-3：
投影坐标参照系：WGS 1984 巴西/ UPS_South.
(1)投影参数：
椭球参数：WGS 1984，a = 6378137.0m，$1/f$ = 298.2572236；
原点纬度：B_0 = 90°00′00.000″S；
原点经度：L_0 = 0°00′00.000″E；
标准纬线：B_p = 90°00′00.000″S(缺省值)；
尺度因子：k_0 = 0.994；
东坐标平移：FE = 2000000.00m；
北坐标平移：FN = 2000000.00m.
(2)投影正算：
点大地坐标：

$$B=73°00'00.00000\ S,\quad L=44°00'00.00000''E;$$

过程参数：

$$t = 0.1504128082;\quad \rho = 1900814.5636;$$

计算结果：

$N=3367331.5687\text{m}$, $E=3320416.7474\text{m}$.

(3)投影反算:

输入点坐标:

$N=3367331.5687\text{m}$, $E=3320416.7474\text{m}$;

中间参数:

$\rho = 1900814.5636$, $t = 0.1504128082$,

$\chi = -1.2722209032$;

计算结果:

$B=73°00'00.00000\text{S}$, $L=44°00'00.00000''\text{E}$.

2)极球面投影(方法B)

(1)北极:

$t_p = \tan(\pi/4 - B_p/2)\ [(1 + e\sin B_p)/(1 - e\sin B_p)]^{e/2}$;

$m_p = \cos B_p/(1 - e^2\sin^2 B_p)^{1/2}$;

$t = \tan(\pi/4 - B/2)\ [(1 + e\sin B)/(1 - e\sin B)]^{e/2}$;

//由兰勃特圆锥投影可知, $\rho = aFt^{\beta} = am_p t^{\beta}/(\beta t_p^{\beta})$ //

//又因为 $\rho = 2ak_0 t/[(1 + e)^{(1+e)}(1 - e)^{(1-e)}]^{1/2}$ //

//所以极点最小长度比 $k_0 = m_p[(1 + e)^{(1+e)}(1 - e)^{(1-e)}]^{1/2}/(2t_p)$, $\beta = \sin B_0 = 1$//

$k_0 = m_p[(1 + e)^{(1+e)}(1 - e)^{(1-e)}]^{1/2}/(2t_p)$;

$\rho = 2ak_0 t/[(1 + e)^{(1+e)}(1 - e)^{(1-e)}]^{1/2}$;

$E = FE + \rho\sin\theta = FE + \rho\sin(L - L_0)$ // $\theta = \pi - (L - L_0)$ //;

$N = FN + \rho\cos\theta = FN - \rho\cos(L - L_0)$.

(2)南极:

$t_p = \tan(\pi/4 + B_p/2)[(1 - e\sin B_p)/(1 + e\sin B_p)]^{e/2}$;

$m_p = \cos B_p/(1 - e^2\sin^2 B_p)^{1/2}$;

$k_0 = m_p[(1 + e)^{(1+e)}(1 - e)^{(1-e)}]^{0.5}/(2t_p)$;

$t = \tan(\pi/4 + B/2)\ [(1 - e\sin B)/(1 + e\sin B)]^{e/2}$;

$\rho = 2ak_0 t/[(1 + e)^{(1+e)}(1 - e)^{(1-e)}]^{1/2}$;

$E = FE + \rho\sin\theta = FE + \rho\sin(L - L_0)$ // $\theta = L - L_0$ //;

$N = FN + \rho\cos\theta = FN + \rho\cos(L - L_0)$.

(3)投影反算:

利用投影正算公式中的 m_p 和 t_p 计算 k_0, 利用方法 A 所列的公式计算 B 和 L.

算例 5-4:

投影坐标参照系: WGS 1984/ Australian Antarctic Polar_Stereographic.

(1)投影名称: Stereographic_South_Polar.

(2)投影参数:

椭球参数: WGS 1984, $a=6378137.0\text{m}$, $1/f=298.2572236$;

原点纬度：$B_0 = 90°00'00.000''$S；

原点经度：$L_0 = 70°00'00.000''$E；

标准纬度：$B_p = 71°00'00.000''$S；

尺度因子：$k_p = 1$(一般为缺省值)；

东坐标平移：$FE = 6000000.00$m；

北坐标平移：$FN = 6000000.00$m.

(3)投影正算：

点大地坐标：

$$B = 75°00'00.00000\ \text{S}, \quad L = 120°00'00.00000''\text{E};$$

计算过程参数：

$$t_p = 0.1684073245, \quad m_p = 0.3265467813, \quad k_0 = 0.9727690129,$$
$$t = 0.1325083477, \quad \rho = 1638738.2384;$$

计算结果：

$$N = 7053389.5606\text{m}, \quad E = 7255380.7933\text{m}.$$

(4)投影反算：

输入点坐标：

$$N = 7053389.5606\text{m}, \quad E = 7255380.7933\text{m};$$

中间参数：

$$t_p = 0.1684073245, \quad m_p = 0.3265467813, \quad k_0 = 0.9727690129;$$
$$t = 0.1325083477, \quad \rho = 1638738.2384, \quad \chi = -1.3073145878;$$

计算结果：

$$B = 75°00'00.00000\ \text{S}, \quad L = 120°00'00.00000''\text{E}.$$

算例 5-5：

投影坐标参照系：WGS 1984/WGS 1984 NSIDC Sea Ice Polar_Stereographic.

(1)投影名称：Stereographic_North_Polar.

(2)投影参数：

椭球参数：WGS 1984，$a = 6378137.0$m，$1/f = 298.2572236$；

原点纬度：$B_0 = 90°$S；

原点经度：$L_0 = 45°00'00.000''$W；

标准纬度：$B_p = 70°00'00.000''$N；

尺度因子：$k_p = 1$(一般为缺省值)；

东坐标平移：$FE = 0.000$m；

北坐标平移：$FN = 0.000$m.

(3)投影正算：

点大地坐标

$$B = 75°00'00.00000\ \text{N}, \quad L = 60°00'00.00000''\text{W};$$

计算过程参数：

$$t_p = 0.177441897, \quad m_p = 0.343035536, \quad k_0 = 0.969858190,$$
$$t = 0.132508347, \quad \rho = 1633879.4975;$$

计算结果：

$$N = -1578206.4037\text{m}, \quad E = -422879.1313\text{m}.$$

(4)投影反算：

输入点坐标：

$$N = -1578206.4037\text{m}, \quad E = -422879.1313\text{m};$$

中间参数：

$$t_p = 0.1774418971, \quad m_p = 0.3430355367, \quad k_0 = 0.9698581903;$$
$$t = 0.1325083477, \quad \rho = 1633879.4975, \quad \chi = 1.3073145878;$$

计算结果：

$$B = 75°00'00.00000\text{ N}, \quad L = 60°00'00.00000''\text{W}.$$

3)极球面投影(方法C)

(1)南极投影正算：

$$E = E_F + \rho\sin\theta = E_F + \rho\sin(L - L_0);$$
$$N = N_F - \rho_0 + \rho\cos\theta = N_F - \rho_0 + \rho\cos(L - L_0).$$

式中：

$t = \tan(\pi/4 + B/2)\ [(1 - e\sin B)/(1 + e\sin B)]^{e/2}$;

$t_0 = \tan(\pi/4 - B_0/2)\ [(1 + e\sin B_0)/(1 - e\sin B_0)]^{e/2}$;

$m_0 = \cos B_0/\ (1 - e^2\sin^2 B_0)^{0.5}$;

//由圆锥投影可知 $\rho = am_0 t^\beta/(\beta t_0^\beta)$， $\beta = \sin 90° = 1$ //

//所以 $\rho = am_0 t/t_0$， $\rho_0 = am_0 t_0/t_0 = am_0$， 则 $\rho_0 = am_0$//

$\rho_0 = am_0$;

$\rho = \rho_0 t/t_0$.

(2)北极投影正算：

$$E = E_F + \rho\sin\theta = EF + \rho\sin(L - L_0);$$
$$N = N_F + \rho_0 - \rho\cos(L - L_0).$$

式中：

$t = \tan(\pi/4 - B/2)\ [(1 + e\sin B)/(1 - e\sin B)]^{e/2}$;

$t_0 = \tan(\pi/4 - B_0/2)\ [(1 + e\sin B_0)/(1 - e\sin B_0)]^{e/2}$;

m_0， ρ_0， ρ 的计算公式与上述南极投影正算相同.

(3)投影反算：

$\rho = [(E - E_F)^2 + (N - N_F + \rho_0)^2]^{1/2}$， 适用于南极；

$\rho = [(E - E_F)^2 + (N_F - N + \rho_0)^2]^{1/2}$， 适用于北极；

$t = \rho t_0/\rho_0$， ρ_0 和 t_0 的计算与正算相同；

$\chi = 2\arctan(t) - \pi/2$， 适用于南极；

$\chi = \pi/2 - 2\arctan(t)$, 适用于北极;

$$B = \chi + (e^2/2 + 5e^4/24 + e^6/12 + 13e^8/360 + \cdots)\sin 2\chi$$
$$+ (7e^4/48 + 29e^6/240 + 811e^8/11520 + \cdots)\sin 4\chi$$
$$+ (7e^6/120 + 81e^8/1120 + \cdots)\sin 6\chi + (4279e^8/161280 + \cdots)\sin 8\chi$$

如果 $E = E_F$, 则 $L = L_0$, 否则

$L = L_0 + \arctan[(E - E_F)/(N - N_F + \rho_0)]$, 适用于南极;

$L = L_0 + \arctan[(E - E_F)/(N_F - N + \rho_0)]$, 适用于北极.

算例 5-6:

投影坐标参照系: Petrels 1972/ Terre Adelie Polar_Stereographic.

(1)投影参数:

椭球参数: International 1924, a=6378388.0m, $1/f$=297.0;

原点纬度: B_0=90°00′00.000″S;

原点经度: L_0 = 140°00′00.000″E;

标准纬度: B_p = 67°00′00.000″S;

尺度因子: k_p = 1(缺省值);

东坐标伪偏移: FE=300000.00m;

北坐标伪偏移: FN=−2299363.48782m.

(2)投影正算:

点大地坐标:

B=66°36′18.820″S, L=140°04′17.040″E;

过程参数:

t_p = 0.20471763047, m_p = 0.39184876928, k_0 = 0.9602729482,
t = 0.20832630406, ρ = 2543421.1832;

计算结果:

N=244055.7205m, E=303169.5219m.

(3)投影反算:

输入点坐标:

N=244055.7205m, E=303169.5219m;

中间参数:

t_p = 0.20471763047, m_p = 0.39184876928, k_0 = 0.9602729482;
t = 0.20832630406, ρ = 2543421.1832, χ = −1.1600190221;

计算结果:

B=66°36′18.82000″S, L=140°04′17.04000″E.

算例 5-7:

投影坐标参照系: Petrels 1972/ Terre Adelie Polar Stereographic.

(1)投影参数:

椭球参数：International 1924，$a=6378388.0\text{m}$，$1/f=297.0$；

原点纬度：$B_0 = 67°00'00.000''\text{S}$；

原点经度：$L_0 = 140°00'00.000''\text{E}$；

标准纬度：$B_p = \quad 67°00'00.000''\text{S}$（一般为缺省值）；

尺度因子：$k_p = 1$（缺省值）；

东坐标平移量：$E_F = 300000.00\text{m}$；

北坐标平移量：$N_F = 200000.00\text{m}$.

（2）投影正算：

点大地坐标

$$B=66°36'18.820''\text{S}, \qquad L=140°04'17.040''\text{E};$$

计算过程参数：

$$t_0 = 0.2047176304, \quad m_0 = 0.3918487692, \quad \rho_0 = 2499363.4878,$$
$$t = 0.20832630406, \quad \rho = 2543421.1832;$$

计算结果：

$$N=244055.7205\text{m}, \qquad E=303169.5219\text{m};$$

（3）投影反算：

输入点坐标：

$$N=244055.7205\text{m}, \qquad E=303169.5219\text{m};$$

中间参数：

$$\rho = 2543421.1832, \quad t = 0.208326304, \quad \chi = -1.160019022;$$

计算结果：

$$B=66°36'18.82000''\text{S}, \qquad L=140°04'17.04000''.$$

由图 5-10 可知，在算例 5-5 与算例 5-6 中，自然原点北坐标平移值与原点北坐标的平移值满足：

$$N_F = FN + \rho_0 = -2299363.48782+2499363.4878=200000.000.$$

5.4　兰勃特等面积方位投影

5.4.1　等面积方位投影（适用于球体）

等面积投影条件 $P=1$，以此条件确定方位投影的投影半径 ρ 的函数形式. 由式（5-5）可知

$$P = \mu_1\mu_2 = \frac{\rho \mathrm{d}\rho}{R^2 \sin Z \mathrm{d}Z} = 1,$$

即

$$\rho \mathrm{d}\rho = R^2 \sin Z \mathrm{d}Z,$$

等式两边积分

$$\frac{\rho^2}{2} = C - R^2\cos Z. \tag{5-35}$$

式中，C 为积分常数，当 $Z=0$ 时，$\rho=0$，则有 $C=R^2$，将其代入式(5-35)，则有

$$\rho^2 = 2R^2(1-\cos Z) = 4R^2\sin^2\frac{Z}{2},$$

$$\rho = 2R\sin\frac{Z}{2}, \tag{5-36}$$

将上式代入式(5-5)，则斜轴等面积方位投影的长度比公式为

$$\left.\begin{aligned} \mu_1 &= m = \cos\frac{Z}{2} \\ \mu_2 &= n = \sec\frac{Z}{2} \end{aligned}\right\}. \tag{5-37}$$

1)等面积方位投影正算公式

$$\left.\begin{aligned} x &= \rho\cos\theta = 2R\sin\frac{Z}{2}\cos\alpha \\ y &= \rho\sin\theta = 2R\sin\frac{Z}{2}\sin\alpha \end{aligned}\right\}, \tag{5-38}$$

由于

$$\sin\frac{Z}{2} = \sqrt{\frac{1-\cos Z}{2}} = \frac{\sqrt{2}}{2}\frac{\sin Z}{\sqrt{1+\cos Z}}, \tag{5-39}$$

顾及式(5-39)，将式(2-87)、式(2-88)与式(2-89)代入式(5-38)可得

$$\left.\begin{aligned} x &= Rk[\cos\varphi_0\sin\varphi - \sin\varphi_0\cos\varphi\cos(\lambda-\lambda_0)] \\ y &= Rk\cos\varphi\sin(\lambda-\lambda_0) \\ k &= \{2/[1+\sin\varphi_0\sin\varphi+\cos\varphi_0\cos\varphi\cos(\lambda-\lambda_0)]\}^{1/2} \end{aligned}\right\}. \tag{5-40}$$

正轴与横轴等面积方位投影可由式(5-40)简化得到：

(1)北极等面积方位投影：$\varphi_0 = 90°$，

$$\left.\begin{aligned} x &= -2R\sin\left(\frac{\pi}{4}-\frac{\varphi}{2}\right)\cos(\lambda-\lambda_0) \\ y &= 2R\sin\left(\frac{\pi}{4}-\frac{\varphi}{2}\right)\sin(\lambda-\lambda_0) \\ \rho &= 2R\sin\left(\frac{\pi}{4}-\frac{\varphi}{2}\right),\quad \theta = \pi-(\lambda-\lambda_0) \\ \mu_1 &= m = \cos\left(\frac{\pi}{4}-\frac{\varphi}{2}\right) \\ \mu_2 &= n = \sec\left(\frac{\pi}{4}-\frac{\varphi}{2}\right) \end{aligned}\right\}, \tag{5-41}$$

(2)南极等面积方位投影：$\varphi_0 = -90°$，

$$\left.\begin{aligned}x&=2R\cos\left(\frac{\pi}{4}-\frac{\varphi}{2}\right)\cos(\lambda-\lambda_0)\\y&=2R\cos\left(\frac{\pi}{4}-\frac{\varphi}{2}\right)\sin(\lambda-\lambda_0)\\\rho&=2R\cos\left(\frac{\pi}{4}-\frac{\varphi}{2}\right),\ \theta=\lambda-\lambda_0\\\mu_1&=m=\sin\left(\frac{\pi}{4}-\frac{\varphi}{2}\right)\\\mu_2&=n=\csc\left(\frac{\pi}{4}-\frac{\varphi}{2}\right)\end{aligned}\right\}\tag{5-42}$$

(3)赤道等面积方位投影：$\varphi_0=0°$，

$$\left.\begin{aligned}x&=Rk\sin\varphi\\y&=Rk\cos\varphi\sin(\lambda-\lambda_0)\\k&=\sqrt{2/(1+\cos\varphi\cos(\lambda-\lambda_0))}\end{aligned}\right\}\tag{5-43}$$

2)球面等面积方位投影反算

$$\rho=(x^2+y^2)^{1/2},$$

如果$\rho=0$，则$\varphi=\varphi_0$；

如果$\rho\neq0$，则

$$Z=2\arcsin(\rho/2R);\qquad //\ \rho=2R\sin(Z/2)\ //$$

// 注：$\sin\varphi=\sin\varphi_0\cos Z+\cos\varphi_0\sin Z\cos\alpha$　式(2-97)，$\cos\alpha=x/\rho$ //

$$\varphi=\arcsin[\sin\varphi_0\cos Z+x\cos\varphi_0\sin Z/\rho];$$

// $\cos\alpha=x/\rho$，$\sin\alpha=y/\rho$ //

//注：$\tan(\lambda-\lambda_0)=\sin Z\sin\alpha/(\cos\varphi_0\cos Z-\sin\varphi_0\sin Z\cos\alpha)$ 式(2-100)//；

如果$\varphi_0\neq90°$，则

$$\lambda=\lambda_0+\arctan[y\sin Z/(\rho\cos\varphi_0\cos Z-x\sin\varphi_0\sin Z)];$$

如果$\varphi_0=90°$，则

$$\lambda=\lambda_0+\arctan[y/(-x)];$$

如果$\varphi_0=-90°$，则

$$\lambda=\lambda_0+\arctan(y/x).$$

5.4.2 兰勃特等面积方位投影(适用于椭球体)

椭球体等面积方位投影公式取自文献[33]，仿照球体等面积方位投影式(5-40)，将等面积纬度ω替换球面纬度，并添加尺度修正因子D.

1)投影正算

$$\left.\begin{aligned}N&=FN+R_P(k/D)[\cos\omega_0\sin\omega-\sin\omega_0\cos\omega\cos(L-L_0)]\\E&=FE+R_p(kD)\cos\omega\sin(L-L_0)\end{aligned}\right\}\tag{5-44}$$

式中：

$k=\{2/[1+\sin\omega_0\sin\omega+\cos\omega_0\cos\omega\cos(L-L_0)]\}^{1/2}$；

$D = a\cos B_0 / (1 - e^2 \sin^2 B_0)^{1/2} / (R_p \cos\omega_0)$ // 椭球面向球面投影尺度比//;

$F_p = a^2(1 - e^2)\{1/(1 - e^2) + 1/(2e)\ln[(1 + e)/(1 - e)]\}/2$;

$R_p = (F_P)^{1/2}$;

$F = a^2(1 - e^2)\{\sin B/(1 - e^2 \sin^2 B) + 1/(2e)\ln[(1 + e\sin B)/(1 - e\sin B)]\}/2$;

$F_0 = a^2(1 - e^2)\{\sin B_0/(1 - e^2 \sin^2 B_0) + 1/(2e)\ln[(1 + e\sin B_0)/(1 - e\sin B_0)]\}/2$;

$\omega = \arcsin(F/F_P)$;

$\omega_0 = \arcsin(F_0/F_P)$.

式中：L_0，B_0 为方位投影原点经度和纬度；ω_0，ω 是与纬度 B_0，B 相对的等面积纬度；R_p 为椭球面向球面等面积投影所对应的球面半径；D 为椭球面向球面投影尺度比.

2)投影反算

$$L = L_0 + \arctan\{(E - FE)\sin Z/[D\rho\cos\omega_0\cos Z - D^2(N - FN)\sin\omega_0\sin Z\}; \quad (5\text{-}45)$$

$$\begin{aligned} B = \omega &+ (e^2/3 + 31e^4/180 + 517e^6/5040 + 120389e^8/1814400 + \cdots)\sin 2\omega \\ &+ (23e^4/360 + 251e^6/3780 + 102287e^8/1814400 + \cdots)\sin 4\omega \\ &+ (761e^6/45360 + 47561e^8/1814400 + \cdots)\sin 6\omega \\ &+ (6059e^8/1209600 + \cdots)\sin 8\omega; \end{aligned} \quad (2\text{-}57)$$

式中：

//注：$\cos\alpha = x/\rho$，$\sin\varphi = \sin\varphi_0\cos Z + \cos\varphi_0\sin Z\cos\alpha$ //

// $\omega = \arcsin(\sin\omega_0\cos Z + x\cos\omega_0\sin Z/\rho)$ // $\omega_0 \to \varphi_0$，$\omega \to \varphi$，$x = D(N - FN)$ //

$\omega = \arcsin[\sin\omega_0\cos Z + D(N - FN)\cos\omega_0\sin Z/\rho]$;

$Z = 2\arcsin[\rho/(2R_P)]$;

$\rho = \{[(E - FE)/D]^2 + [D(N - FN)]^2\}^{1/2}$.

其中 D, R_P, ω_0 与正算相同.

3)极点特殊情况下投影正算与反算

(1)投影正算：

当 $B_0 = 90°$ 时，由于 $\omega_0 = 90°$，D 无解. 采用如下公式计算：

北极：$B_0 = 90°$,

$$N = FN - \rho\cos(L - L_0);$$
$$E = FE + \rho\sin(L - L_0);$$

//注：$\rho = 2R_p\sin(\pi/4 - \omega/2)$，$R_p^2 = F_p$，$\sin\omega = F/F_p$ //

$$\rho = \sqrt{2}\,(F_p - F)^{1/2}.$$

南极：$B_0 = -90°$,

$$N = FN + \rho\cos(L - L_0);$$
$$E = FE + \rho\sin(L - L_0);$$

//注：$\rho = 2R_p\cos(\pi/4 - \omega/2)$，$R_p^2 = F_p$，$\sin\omega = F/F_p$ //

$$\rho = \sqrt{2}\,(F_p + F)^{1/2}.$$

(2)投影反算：

$$\rho = [(N - FN)^2 + (E - FE)^2]^{1/2};$$

//因 $\rho^2 = 2(F_p - F)$，$\sin\omega = F/F_p$，则 $\sin\omega = 1 - \rho^2/2/F_p$ //

//因 $F_p = a^2(1 - e^2)\{1/(1 - e^2) + 1/(2e)\ln[(1 + e)/(1 - e)]\}/2$，则有 //

$\omega = \pm\arcsin[1 - \rho^2/(a^2\{[1 - (1 - e^2)/(2e)\ln[(1 - e)/(1 + e)]\})]$，取 B_0 的符号.

$$B = \omega + (e^2/3 + 31e^4/180 + 517e^6/5040 + 120389e^8/1814400 + \cdots)\sin 2\omega$$
$$+ (23e^4/360 + 251e^6/3780 + 102287e^8/1814400 + \cdots)\sin 4\omega$$
$$+ (761e^6/45360 + 47561e^8/1814400 + \cdots)\sin 6\omega$$
$$+ (6059e^8/1209600 + \cdots)\sin 8\omega;$$

北极：$L = L_0 + \arctan[(E - FE)/(FN - N)]$；

南极：$L = L_0 + \arctan[(E - FE)/(N - FN)]$.

算例 5-8：

投影坐标参考系统：Europe_ETRS 1989/ETRS 1989.

(1)投影方法：Lambert Azimuthal Equal Area(LAEA).

(2)投影参数：

参考椭球：GRS 1980，a=6378137m，$1/f$=298.257222101；

原点经度：B_0=10°00′00.00000″E；

原点纬度：L_0=52°00′00.00000″N；

北坐标平移量：FN=3210000m；

东坐标平移量：FE=4321000m.

(3)投影正算：

大地坐标：

$$B=50°00'00.00000''\text{N},\quad L=5°00'00.00000''\text{E};$$

过程参数：

$$F_P=1.995531087,\quad F_0=1.569825704,$$
$$F=1.525832247,\quad R_p=6371007.181,\quad \omega_0=0.905397517,$$
$$\omega=0.870458708,\quad k=6374393.455,\quad D=1.000425395;$$

计算结果：

$$N=2999718.8532\text{m},\quad E=3962799.451\text{m};$$

(4)投影反算：

投影坐标：

$$N=2999718.8532\text{m},\quad E=3962799.451\text{m};$$

过程参数：

$$\rho=415276.2083,\quad Z=0.065193736,\quad \omega=0.870458708;$$

计算结果：

$$B=50°00'00.00000''\text{N},\quad L=5°00'00.00000''\text{E}.$$

5.5 方位等距离投影

5.5.1 方位等距离投影基本理论(球体)

根据5.1节方位投影的基本理论，由等距离条件$\mu_1 = 1$(垂直圈)，确定方位投影ρ的函数形式，则可构成等距方位投影的投影公式. 由式(5-5)建立等距离投影条件

$$\mu_1 = \frac{d\rho}{RdZ} = 1,$$

即

$$d\rho = RdZ,$$

积分后可得

$$\rho = RZ + K,$$

式中，K为积分常数，因$Z=0$时，$\rho = 0$，则有$K=0$，因此有

$$\rho = RZ. \tag{5-46}$$

其长度比公式为：

$$\left.\begin{aligned} \mu_1 &= 1 \\ \mu_2 &= \frac{\rho}{R\sin Z} = \frac{Z}{\sin Z} \end{aligned}\right\} \tag{5-47}$$

等距离方位投影正算公式

$$\left.\begin{aligned} x &= \rho\cos\theta = RZ\cos\alpha \\ y &= \rho\sin\theta = RZ\sin\alpha \end{aligned}\right\} \tag{5-48}$$

顾及式(2-88)与式(2-89)，将式(5-48)改写为

$$\left.\begin{aligned} x &= Rk[\cos\varphi_0\sin\varphi - \sin\varphi_0\cos\varphi\cos(\lambda - \lambda_0)] \\ y &= Rk\cos\varphi\sin(\lambda - \lambda_0) \end{aligned}\right\} \tag{5-49}$$

式中：

$$k = \frac{Z}{\sin Z}. \tag{5-50}$$

1)正轴与横轴方位等距离投影

(1)北极：$\varphi_0 = 90°$,

$$\left.\begin{aligned} x &= -R(\pi/2 - \varphi)\cos(\lambda - \lambda_0) \\ y &= R(\pi/2 - \varphi)\sin(\lambda - \lambda_0) \\ \rho &= R(\pi/2 - \varphi) \\ \theta &= \pi - (\lambda - \lambda_0) \\ m &= 1 \end{aligned}\right\} \tag{5-51}$$

(2)南极：$\varphi_0 = -90°$,

$$\left.\begin{aligned}&x = R(\pi/2 + \varphi)\cos(\lambda - \lambda_0)\\&y = R(\pi/2 + \varphi)\sin(\lambda - \lambda_0)\\&\rho = R(\pi/2 + \varphi)\\&\theta = \lambda - \lambda_0\\&m = 1\end{aligned}\right\} \tag{5-52}$$

(3)赤道：$\varphi_0 = 0°$，

$$\left.\begin{aligned}&x = Rk\sin\varphi\\&y = Rk\cos\varphi\sin(\lambda - \lambda_0)\\&k = \frac{Z}{\sin Z}\\&\cos Z = \cos\varphi\cos(\lambda - \lambda_0)\end{aligned}\right\}. \tag{5-53}$$

2)方位等距离投影反算

$$\rho = (x^2 + y^2)^{1/2};$$

$$Z = \rho/R \qquad // \rho = RZ //;$$

如果$\rho = 0$，则$\varphi = \varphi_0$；

如果$\rho \neq 0$，则

$$// \sin\varphi = \sin\varphi_0\cos Z + \cos\varphi_0\sin Z\cos\alpha, \quad \cos\alpha = x/\rho //$$

$$\varphi = \arcsin[\sin\varphi_0\cos Z + x\cos\varphi_0\sin Z/\rho];$$

$$// \sin\alpha = y/\rho, \quad \cos\alpha = x/\rho //$$

$$// \tan(\lambda - \lambda_0) = \sin Z\sin\alpha/[\cos\varphi_0\cos Z - \sin\varphi_0\sin Z\cos\alpha] //$$

如果$\varphi_0 \neq \pm 90°$，则$\lambda = \lambda_0 + \arctan[y\sin Z/(\rho\cos\varphi_0\cos Z - x\sin\varphi_0\sin Z)]$；

如果$\varphi_0 = 90°$，则$\lambda = \lambda_0 + \arctan[y/(-x)]$；

如果$\varphi_0 = -90°$，则$\lambda = \lambda_0 + \arctan(y/x)$.

5.5.2　正轴方位等距离投影(椭球体)

极方位等距离投影可以由兰勃特切圆锥投影依据投影条件子午线长度比不变来加以导出，这里不加推导直接给出计算公式.

(1)北极：$B_0 = 90°$，

$$\left.\begin{aligned}&x = -\rho\cos(L - L_0)\\&y = \rho\sin(L - L_0)\\&\rho = S_p - S\\&n = \rho/(am)\end{aligned}\right\} \tag{5-54}$$

式中：$m = \cos B/(1 - e^2\sin^2 B)^{1/2}$，$S_P$对应$B = 90°$时子午线弧长$S$的值，且

$$\begin{aligned}S = a\{&(1 - e^2/4 - 3e^4/64 - 5e^6/256 - 175e^8/16384 - \cdots)B\\&-(3e^2/8 + 3e^4/32 + 45e^6/1024 + 105e^8/4096 + \cdots)\sin 2B\\&+(15e^4/256 + 45e^6/1024 + 525e^8/16384 + \cdots)\sin 4B\\&-(35e^6/3072 + 175e^8/12288 + \cdots)\sin 6B + (315e^8/131072 + \cdots)\sin 8B\}.\end{aligned}$$

(2)南极：$B_0=-90°$，

$$\left.\begin{aligned}x&=\rho\cos(L-L_0)\\y&=\rho\sin(L-L_0)\\\rho&=S_p+S\\n&=\rho/(am)\end{aligned}\right\}\tag{5-55}$$

式中，S_P，S，m 的计算与北极方位等距投影相同.

方位等距投影反算：

$$e_1=[1-(1-e^2)^{1/2}]/[1+(1-e^2)^{1/2}];$$

$$\rho=(x^2+y^2)^{1/2};$$

如果 $B_0=90°$，则 $S=S_p-\rho$；

如果 $B_0=-90°$，则 $S=\rho-S_p$；

$$\psi=S/[a(1-e^2/4-3e^4/64-5e^6/256-175e^8/16384-\cdots)];$$

$$\begin{aligned}B=\psi&+(3e_1/2-27e_1^3/32+269e_1^5/512-\cdots)\sin2\psi\\&+(21e_1^2/16-55e_1^4/32+\cdots)\sin4\psi+(151e_1^3/96-417e_1^5/128+\cdots)\sin6\psi\\&+(1097e_1^4/512-\cdots)\sin8\psi+(8011e_1^5/2560-\cdots)\sin10\psi+\cdots;\end{aligned}$$

如果 $B_0=90°$，则 $L=L_0+\arctan[y/(-x)]$；

如果 $\varphi_0=-90°$，则 $L=L_0+\arctan(y/x)$.

5.5.3 斜轴方位等距离投影(椭球体)

为了密克罗尼西亚(Micronesia)诸岛的地图投影，美国国家大地测量局研制了基于椭球斜轴方位等距离投影公式，公式中放弃了以往沿测地线的距离计算方法，而是采用沿法截线计算与原点的距离. 在一定的距离范围内(800 km 以内)这一改变不会造成太大的误差.

1)投影常数

$$N_0=a/(1-e^2\sin^2B_0)^{1/2}.$$

2)投影正算

$$N=a/(1-e^2\sin^2B)^{1/2};$$

$$\psi=\arctan[(1-e^2)\tan B+e^2N_0\sin B_0/(N\cos B)];$$

$$\alpha=\arctan\{\sin(L-L_0)/[\cos B_0\tan\psi-\sin B_0\cos(L-L_0)]\};$$

$$G=e\sin B_0/(1-e^2)^{1/2};$$

$$H=e\cos B_0\cos\alpha/(1-e^2)^{1/2};$$

如果 $\sin\alpha=0$，则 $S=\arcsin(\cos B_0\sin\psi-\sin B_0\cos\psi)\times\mathrm{sign}(\cos\alpha)$；

如果 $\sin\alpha\neq0$，则 $S=\arcsin[\sin(L-L_0)\cos\psi/\sin\alpha]$；

$$\begin{aligned}c=N_0S\{1&-S^2H^2(1-H^2)/6+S^3GH(1-2H^2)/8+S^4[H^2(4-7H^2)\\&-3G^2(1-7H^2)]/120-S^5GH/48\};\end{aligned}$$

式中，c 为大地线距离，α 为方位角.

$$N=FN+c\cos\alpha;$$

$$E = FE + c\sin\alpha.$$

3)投影反算

$$c = [(N - FN)^2 + (E - FE)^2]^{1/2};$$

$$\alpha = \arctan[(E - FE)/(N - FN)];$$

$$A = -e^2\cos^2 B_0\cos^2\alpha/(1 - e^2);$$

$$W = 3e^2(1 - A)\sin B_0\cos B_0\cos\alpha/(1 - e^2);$$

$$D = c/N_0;$$

$$J = D - A(1 + A)D^3/6 - W(1 + 3A)D^4/24;$$

$$K = 1 - AJ^2/2 - WJ^3/6;$$

$$\psi = \arcsin(\sin B_0\cos J + \cos B_0\sin J\cos\alpha);$$

$$B = \arctan[(1 - e^2K\sin B_0/\sin\psi)\tan\psi/(1 - e^2)];$$

$$L = L_0 + \arcsin(\sin\alpha\sin J/\cos\psi);$$

上述算法的投影名称为：Azimuthal_Equidistant.

算例 5-9：

投影坐标参照系：Guam 1963/ Guam 1963 Yap Islands.

(1)投影名称：Azimuthal_Equidistant.

(2)投影参数：

椭球参数：Clarke 1866，a=6378206.4m，$1/f$= 294.9786982；

原点纬度：B_0=9°32′48.15″N；

中央子午线经度：L_0= 138°10′07.48″E；

东坐标平移量：FE=40000.00m；

北坐标平移量：FN=60000.00m；

(3)投影正算：

大地坐标：

B=9°35′47.493″N，L=138°11′34.908″E；

过程参数：

Ψ=0.1674852494，　α=0.4506408655，

S=0.00095956579，　c=6120.8785；

计算结果：

N=65509.8200m，　E=42665.9028m；

(4)投影反算：

过程参数：

ψ=0.1674852494，　α=0.4506408655；

c=6120.8785，　D=0.00095956579；

J=0.00095956579；

计算结果：

B=9°35′47.49292″N，　L=138°11′34.90796″W.

5.5.4 斜轴方位等距离投影——关岛投影

关岛(Guam)投影是斜轴方位等距离投影的简化形式.

1)关岛投影正算模型

$$y = a(L - L_0)\cos B/(1 - e^2\sin^2 B)^{1/2};$$

$$N = FN + S - S_0 + y^2\tan B(1 - e^2\sin^2 B)^{1/2}/(2a);$$

$$E = FE + y.$$

式中：S，S_0 是纬度 B，B_0所对应的子午线弧长，即

$$\begin{aligned} S = a\{&(1 - e^2/4 - 3e^4/64 - 5e^6/256 - 175e^8/16384 - \cdots)B \\ &- (3e^2/8 + 3e^4/32 + 45e^6/1024 + 105e^8/4096 + \cdots)\sin 2B \\ &+ (15e^4/256 + 45e^6/1024 + 525e^8/16384 + \cdots)\sin 4B \\ &- (35e^6/3072 + 175e^8/12288 + \cdots)\sin 6B + (315e^8/131072 + \cdots)\sin 8B\}. \end{aligned}$$

2)关岛投影反算模型

计算大地经纬度(B，L)需要通过迭代计算来加以实现，关岛投影采用的三次迭代公式仅适用于面积小的区域，计算公式如下：

$$x = N - FN;$$

$$y = E - FE;$$

$$e_1 = [1 - (1 - e^2)^{1/2}]/[1 + (1 - e^2)^{1/2}];$$

取纬度的初值：$B^{(0)} = B_0$.

$$S^{(i+1)} = S_0 + x - y^2\tan B^{(i)}(1 - e^2\sin^2 B^{(i)})^{1/2}/(2a);$$

$$\psi^{(i+1)} = S^{(i+1)}/[a(1 - e^2/4 - 3e^4/64 - 5e^6/256 - 175e^8/16384 - 441e^{10}/65536\cdots)];$$

$$\begin{aligned} B^{(i+1)} = \psi^{(i+1)} &+ (3e_1/2 - 27e_1^3/32 + 269e_1^5/512 - \cdots)\sin 2\psi^{(i+1)} \\ &+ (21e_1^2/16 - 55e_1^4/32 + \cdots)\sin 4\psi^{(i+1)} + (151e_1^3/96 - 417e_1^5/128 + \cdots)\sin 6\psi^{(i+1)} \\ &+ (1097e_1^4/512 - \cdots)\sin 8\psi^{(i+1)} + (8011e_1^5/2560 - \cdots)\sin 10\psi^{(i+1)} + \cdots; \end{aligned}$$

$$i = 0,1,2$$

$$L = L_0 + y(1 - e^2\sin^2 B)^{1/2}/(a\cos B).$$

算例 5-10：

坐标参照系：Guam 1963/Guam Geodetic Triangulation Network 1963(Guam SPCS).

(1)投影参数：

椭球参数：Clarke 1866，　a=6378206.4m，　$1/f$=294.9786982；

原点纬度：B_0=13°28′20.87887″N；

中央子午线经度：L_0=144°45′55.50252″E；

东坐标平移：FE= 50000.00m；

北坐标伪平移：FN=50000.00m.

(2)投影正算：

点大地坐标：

B=13°20′20.53846″N，　L=144°38′07.19265″E；

计算过程参数：

$$y = -12287.5183, \quad S_0 = 1489888.7676;$$
$$S = 1475127.9629;$$

计算结果：

$$N = 35242.0011\text{m}, \quad E = 37712.4817\text{m}.$$

(3)投影反算：

过程参数：

$$S_0 = 1489888.7676,$$
$$S^1 = 1475127.9337, \quad \psi^1 = 0.231668814, \quad B^1 = 0.232810136;$$
$$S^2 = 1475127.9629, \quad \psi^2 = 0.231668819, \quad B^2 = 0.232810140;$$
$$S^3 = 1475127.9629, \quad \psi^3 = 0.231668819, \quad B^3 = 0.232810140;$$

计算结果：

$$B = 13°20'20.53846''\text{N}, \quad L = 144°38'07.19265''\text{E}.$$

第6章　测量与GIS常用投影程序设计

6.1　亚洲主要国家大地坐标系统简介

全球各国或国际机构在不同的历史条件下，建立了许多适合本国、地区或全球应用的大地坐标系与大地基准. 早期的大地坐标系通常是指采用天文大地测量控制网建立参心坐标系(或局部坐标系)，其历史比较悠久. 20世纪下半叶，随着空间大地测量技术的不断发展，尤其是全球导航卫星系统(美国GPS、俄罗斯GLONASS、欧洲伽利略Galileo、中国北斗卫星导航系统BDS)的建立，利用GNNS技术在全球范围内建立了许多精度较高的地心坐标系.

在亚洲范围内，印度大地测量历史悠久. 1831年英国开始在印度进行一、二等三角测量，1880年印度完成大地网的第一次平差计算，坐标系统称为Kalianpur 1880，原点在印度中部开兰普尔，采用埃费斯特参考椭球(Everest 1830)，该坐标系统得到了广泛应用. 随后对大地网进行了多次平差计算，相继有1916年印度坐标、Kalianpur1937、Kalianpur 1962和Kalianpur1975印度坐标系.

日本也是开展大地测量较早的国家之一，1882年至1913年间，日本陆地测量局已完成本土的基本控制测量工作，1892年至1915年期间将该网延伸至朝鲜半岛和我国东北，并进行了邻近岛屿联测，建立了"1918东京基准"(Tokyo Datum 1918)，属于参心大地基准，参考椭球为贝塞尔椭球1841，大地原点位于东京天文台. 随后利用空间大地测量技术，通过GPS网与IGS站联测，并与IGS站数据联合处理，在国际地球参考框架ITRF94下，建立了JGD2000大地基准，该基准于2002年4月开始使用. 随后进一步更新为JGD2011，同时建成了近1200个GPS连续运行的参考网GeoNet，为日本地壳运动监测、地震、地球动力学提供数据服务.

就东南亚而言，东南亚包括越南、老挝、柬埔寨、缅甸、泰国、马来西亚、新加坡、印度尼西亚、菲律宾、文莱和东帝汶等11个国家，地理上包括中南半岛和南洋群岛两大部分. 自法国1899年在越南成立的印度支那地理局，负责承担越南、老挝、柬埔寨境内的各项测绘事务，建立了印度支那坐标系，该坐标系大地原点位于河内，参考椭球为1880年克拉克椭球. 该坐标系自建立后到1954年，一直是越南、老挝和柬埔寨等国家的测量与制图基准，该坐标系在东南亚早期的测绘生产中曾发挥过重要作用. 从1954年到1975年，美国国防部制图局负责越南南方的基本测量和制图工作，1955年美国和南越、柬埔寨、老挝签订了共同测绘其领土的协议，美国利用已有控制网中三角点，在上述三国布设了测图大地控制网. 20世纪50年代末60年代初，美国将上述控制网与泰国三角网相连接，建立了 Indian 1960 坐标系. 1954 年越南北方独立后，在中国的援助下将越南边境上的三角点与中国云南、广西的三角网进行联测，沿用中国 1954 年北京坐标系大地点坐标和高程. 随后，通过三角锁延伸至河内，将河内天文点作为原点，建立越南大地坐标系，其参考椭球为 1940 年克拉索夫基椭球，该坐标系称为“1972 河内坐标系”(Hanoi 1972). 越南南北统一后，随着卫星定位技术的发展，越南国家测绘局完成了 GPS 网的建立及全国大地控制网整体平差，建立了现代大地参考基准 Vietnam 2000，简称为 VN2000，坐标原点位于首都河内，参考椭球采用 WGS-84 椭球，该坐标系覆盖范围包括越南、柬埔寨、老挝大部地区和泰国东部.

缅甸最早使用的大地基准为 1916 年的印度基准，原点位于 Kalianpur Hill(1880 年定义)，因此坐标系称为 Kalianpur 1880，参考椭球为 Everest 1830 椭球，该坐标系覆盖巴基斯坦、印度、孟加拉国、尼泊尔、缅甸和泰国西部地区. 1937 年，Kalianpur 1880 三角网经过重新平差调整，新坐标系为 Kalianpur 1937，参考椭球为 Everest Adjustment 1937. 1975 年，美国陆军远东制图局对缅甸的三角网进行重新平差，形成了 Indian 1975 坐标系统，椭球仍沿用 Everest Adjustment 1937 椭球. 从 2000 年开始，缅甸在国际支援下开始建立全国的 GPS 控制网，启用 Myanmar 2000 坐标系统，该坐标系统采用的参考椭球为 Everest 1830 椭球.

老挝在国家建设过程中使用过几种不同的坐标系，包括法国殖民时期的 Indian 1954、Indian1960 和独立后的 Vientiane 1982、Lao 1993，以及最新的 Lao 1997(The Lao National Datum 1997). 其中 Indian 1954 是基于泰国边境的 10 个三角点平差计算得到的，1960 年老挝控制网基于柬埔寨和越南平差成果重新平差形成 Indian 1960 基准，参考椭球是 Everest 1830，该坐标系统与越南、缅甸坐标系统来源基本一致. Vientiane 1982 坐标系由苏联支持建立，参考椭球 Krassovsky 1940. 1993 年在越南协助下用 GPS 测量方法建立了 Lao 1993 坐标系统，Lao 1997 是老挝现行的坐标系统，两坐标系统均采用 Krassowsky1940 椭球，原点是位于首都万象的天文点.

泰国历史上使用过的坐标系统有 Indian 1937、Indian 1954、Indian 1960 和 Indian 1975，均是基于 Indian 1916 坐标系统演变而来的，与相邻国家缅甸、老挝的演变过程一致，参考椭球为 Everest 1830. 但泰国 Indian 1975 的基准原点与他国不同，原点位于乌泰他尼府的 Khao Sakae rang. 直到 2008 年底，泰国已经建成基于 ITRF2005 框架，历元 1996.3 的 0 级和 1 级 GPS 控制网，该坐标系统称为 Thailand ITRF2005，实现了坐标系统由参心坐标系向地心坐标系的转变.

柬埔寨属世界上较不发达国家之一，国内的基础设施比较落后. 柬埔寨国家坐标系有 Indian 1960 和 Indian 1975，参考椭球为 Everest Adjustment 1937，坐标系起源与前述几个国家基本一致，坐标系覆盖范围包括柬埔寨和越南南部地区. 随着全球卫星定位测量技术的发展，柬埔寨在越南等国家的帮助下建立了现代大地坐标基准，即柬埔寨大地测量基准 2003(简称 CGD2003)，该坐标系统的参考基准为 IFRF2005，历元 2009.56，参考椭球为 GRS80 椭球.

马来西亚分为西马来西亚与东马来西亚两大部分，西马来西亚位于马来半岛，北接泰国，南部隔着柔佛海峡，以新柔长堤和第二通道连接新加坡；东马来西亚位于加里曼丹岛的北部，南部接印度尼西亚. 殖民时期西马来西亚和东马来西亚所用坐标系统有所不同，东马来西亚(含文莱)在1947年通过三角测量所建立的坐标系统称为Timbalai 1948，原点位于Timbalai Sarawak，参考椭球Everest 1830(Modified Sabah Sarawak). 1968年马来西亚测绘局对三角网进行了重测和重新平差，其成果定义为Timbalai 1968. 西马来西亚(含新加坡)所用坐标系统为Kertau 1948，坐标原点位于Kertau Pahang，参考椭球为Everest 1830(Modified for Malay. & Sing). 马来西亚现行的坐标系统GDM 2000，由15个连续运行参考站基于ITRF2000，历元2000.0建立的平面坐标系统，参考椭球为GRS80，投影采用Rectified Skew Orthomorphic投影，该坐标系统覆盖整个马来西亚. 除此之外，西马来西亚各州有不同的地方平面坐标系，其坐标基准为Kertau 1948与GDM 2000，采用Cassini投影. 如槟城地方Cassini坐标系，其投影中心位于Georgetown.

就文莱与新加坡两国而言，文莱历史上使用的坐标系统与东马来西亚一致，使用Timbalai 1948坐标系. 现行的坐标系统为Geocentric Datum Brunei Darussalam 2009(GDBD2009). 新加坡历史上使用的坐标系统与西马来西亚一致，采用Kertau 1948大地坐标系统，参考椭球为Everest 1830(Modified for Malay. & Sing). 2004年8月，新加坡建立现代大地坐标系统SVY95，取代Kertau1948，不久之后更新为SVY21.

历史上印度尼西亚在不同地理区域使用过多个坐标系统. 1883年至1916年，由殖民地当局布设测量118个点苏门答腊岛的三角网，建立了Padang1884坐标系统，参考椭球为Bessel 1841. 爪哇岛的三角测量起于1862年止于1880年，由114个点组成，该坐标系统为Batavia(巴达维亚，印尼首都和最大商港雅加达的旧名)；苏拉威西岛的三角测量始于1911年，建立的坐标系统为Makassar(孟加锡：印度尼西亚苏拉威西岛西南部港市)，该坐标系统覆盖范围为印度尼西亚中部苏拉威西岛的西南区域；邦加-勿里洞群岛适用的坐标系统为Bukit Rimpah；加里曼丹岛及东部沿海地区适用的坐标系统为Gunung Segara；西加里曼丹岛地区适用的坐标系统为Serindung；以上坐标系的参考椭球都采用Bessel 1841椭球. 为了统一全国的坐标系统，印度尼西亚国家测绘局在1980年建立全国统一的坐标系统Indonesian 1974 Datum，简称ID74，参考椭球为Indonesian椭球，其椭球参数与GRS1967椭球较为接近. 从1989年开始，ID74逐渐向WGS-84过渡，形成新的三维坐标系统Indonesian Geodetic Datum 1995(IGD95或DGN95)，参考椭球为WGS-84. ID74和DGN95均覆盖整个印度尼西亚.

在1991年以前，菲律宾使用三角测量方法建立的坐标系统是Luzon Datum 1911，参考椭球为Clarke 1866. 1992年菲律宾在澳大利亚的支持下，使用GPS测量技术建立了新的坐标系统Philippine Reference System 1992(简称PRS1992)，参考椭球为Clarke 1866，坐标原点Station Balanacan. PRS1992坐标系统覆盖菲律宾全境，该坐标系从2000年启用.

我国自新中国成立后大地测量进入了一个全面发展阶段，在全国范围内逐步开展正规的、全面的大地测量与制图工作，鉴于当时的历史条件，将我国的天文大地一等三角锁与苏联远东地区的一等三角锁相连接，以连接处基线网端点的苏联1954年普尔科沃坐标系的坐标为起算数据，平差计算我国东北部一等锁建立了我国大地坐标系，即1954年北京坐标系，参考椭球为Krassovsky 1940，该坐标系是苏联1954年普尔科沃坐标系在我国境内的延伸，其坐标原点在苏联的普尔科沃(Pulkovo). 为了满足我国大地测量发展的需要，以北京 54 坐标系为基础，采用多点定位的方法建立新的大地坐标系，参考椭球采用 International 1975 国际椭球，在 1972—1982 年期间，完成了全国天文大地网的平差计算，其成果命名为 1980 国家大地坐标系，坐标系原点位于西安境内，该坐标系又简称 1980 西安坐标系. 除此之外，我国相继建立了新 1954 北京坐标系、1978 地心坐标系(DX-1)、1988 地心坐标系(DX-2). 总体而言，这几种坐标系使用的时间相对较短. 直到 2008 年底，我国已建成基于 ITRF1997 框架，历元 2000.0 基准数据的新一代大地测量参考框架，该坐标系统称为 CGCS2000 地心坐标系统，自 2008 年 7 月 1 日开始正式使用.

其他亚洲国家主要坐标系统与参考椭球参见表 6-1.

表 6-1　**亚洲主要国家坐标系统与参考椭球**

国家	大地坐标系统	参考椭球
中国	Beijing 54	Krassovsky 1940
	Xian 80	International 1975
	CGCS2000	CGCS2000(GRS80)
日本	Tokyo	Bessel 1841
	JGD_2000	GRS 1980
	JGD_2011	GRS 1980
印度	Kalianpur 1880	Everest 1830
	Kalianpur 1975	Everest Definition 1975
巴基斯坦	Kalianpur 1880	Everest 1830
	Kalianpur 1962	Everest Definition 1962
越南	Indian 1960	Everest Adjustment 1937
	Hanoi 1972	Krasovsky 1940
	VN 2000	WGS 1984
缅甸	Indian 1954	Everest Adjustment 1937
	Myanmar 2000	Everest 1830
老挝	Vientiane 1982	Krassovsky 1940
	Lao 1993	Krassovsky 1940
	Lao 1997	Krassovsky 1940
菲律宾	Luzon 1911	Clarke 1866
	PRS 1992	Clarke 1866

续表

国家	大地坐标系统	参考椭球
泰国	Indian 1954	Everest Adjustment 1937
	Indian 1975	Everest Adjustment 1937
	Thailand ITRF2005	GRS80
柬埔寨	Indian 1960	Everest Adjustment 1937
	Indian 1975	Everest Adjustment 1937
	CGD2003	GRS80
马来西亚	Kertau	Everest 1830 Modified
	Timbalai 1948	Everest Definition 1967
	GDM 2000	GRS 1980
文莱	Timbalai 1948	Everest 1830(Sabah Sarawak)
	GDBD2009	GRS 1980
印度尼西亚	Indonesian_1974	Indonesian
	DGN 1995	WGS 1984
	Batavia	Bessel 1841
	Gunung Segara	Bessel 1841
	Makassar	Bessel 1841
	Samboja	Bessel 1841
孟加拉国	Kalianpur 1937	Everest Adjustment 1937
	Kalianpur 1975	Everest Definition 1975
新加坡	Kertau	Everest 1830 Modified
	SVY21	WGS_1984
蒙古	MONREF 1997	GRS 1980
卡塔尔	Qatar 1948	Helmert 1906
	Qatar 1974	International 1924
	QND 1995	International 1924
伊朗	Nakhl-e Ghanem	WGS 1984
	European 1950 ED77	International 1924
	Rassadiran	International 1924
阿拉伯联合酋长国(UAE)	Nahrwan 1967	Clarke 1880(RGS)
	TC 1948	Helmert 1906
	WGS 1984	WGS 1984

续表

国家	大地坐标系统	参考椭球
土耳其	European 1950	International 1924
	TUREF	GRS 1980
叙利亚	Deir ez Zor	Clarke 1880(IGN)
也门	Yemen NGN 1996	WGS 1984
	South Yemen	Krassovsky 1940
斯里兰卡	Kandawala	Everest Adjustment 1937
	SLD1999	Everest Adjustment 1937
约旦	European 1950	International 1924
	Jordan	International_1924
科威特	Kuwait Oil Company	Clarke 1880(RGS)
	NGN	GRS 1980
	Nahrwan 1967	WGS 1984
朝鲜	Korean Datum 1985	Bessel 1841
	Korea 2000	GRS 1980
哈萨克斯坦 土库曼斯坦 乌兹别克斯坦等	Pulkovo 1942	Krassovsky 1940
	Pulkovo 1995	Krassovsky 1940
吉尔吉斯斯坦	Pulkovo 1942	Krassovsky 1940
	Kyrg-06	GRS 1980

6.2　投影计算程序设计

以国际石油与天然气生产协会(OGP)欧洲石油勘探组(EPSG)发布并维护的坐标参考系统数据集为主要数据源，以 ESRI 公司 ArcGIS 软件地图投影作为辅助分析工具，收集与整理全球五大洲主要国家与地区大地坐标基准与大地坐标系统、投影坐标系以及相应的投影参数等数据信息，建立大地坐标系统与投影坐标系数据库文件，该数据文件作为投影计算程序运行的基础数据.

数据文件的基本结构如下：

国家(或地区)，大地坐标系名称，投影坐标系名称，投影方法，投影参数 1，投影参数 2，…，投影参数 n.

……

程序设计过程框图如图 6-1 所示.

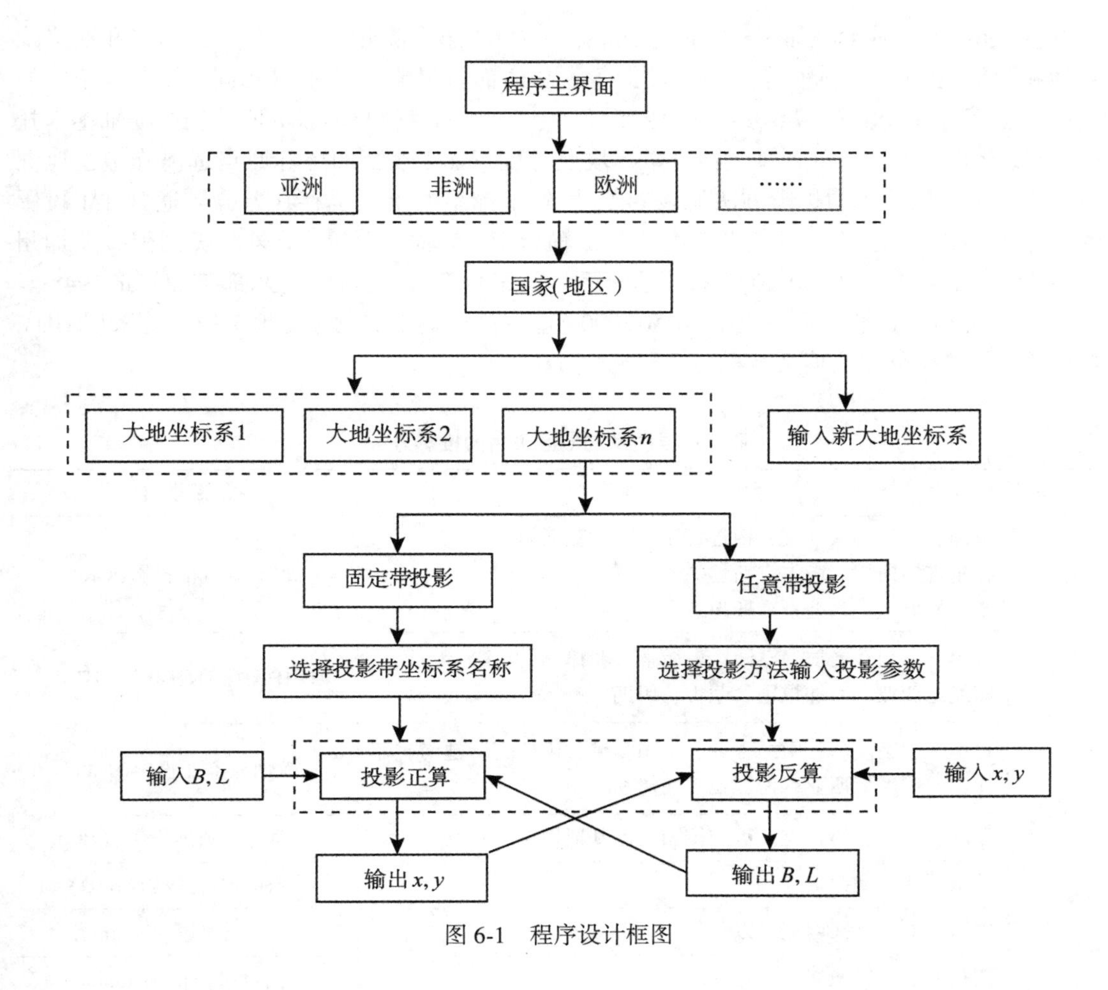

图 6-1 程序设计框图

6.3 投影方法与参数设置

6.3.1 投影方法及名称

20 世纪中叶投影变换的理论与方法得到了较快发展，地图投影变换的基本理论与方法总体来说较为成熟，不同的国家根据本国地理特征以及不同用途选择了不同的投影方法. 据初步的分析与统计，在全球范围内就等角投影方法而言多达十多种. 非洲国家主要采用的投影方法有横轴墨卡托(TM)投影、通用横轴墨卡托(UTM)投影、兰勃特等角圆锥(LCC)投影、拉波德斜轴墨卡托(LOM)投影. 在亚洲范围内，地图投影与大地测量主要采用的投影方法有高斯-克吕格(GK)投影、TM 投影、UTM 投影、LCC 投影、卡西尼(Cassini)投影或卡西尼-斯洛德(Cassini-Soldner)投影，还包括少数国家如印度尼西亚使用的墨卡托(Mercator)投影，马来西亚的 Hotine Oblique Mercator(HOM)投影或称为矫正斜轴正形(Rectified Skew Orthomorphic Projection，RSO)投影，除此之外，如中欧捷克和斯洛伐克共和国采用 Krovak 斜轴等角圆锥投影等，总体而言投影方法不尽相同. 其次就相同的投影方法而言，投影坐标系参数的设定也存在差异，如我国与苏联等所采用的横轴墨卡托(TM)投影的坐标原点在赤道上，日本、埃及等国家 TM 投影的坐标原点远离赤道，亚洲主要国家和地区采用的投影方法见表 6-2. 另外坐标系的指向也存在差异，通常 TM 投影的 X 轴指北，Y 轴指东，而南非 TM 投影 X 轴指南，Y 轴向西等. 此外，美国阿拉斯加州 State Plane Zone 1、匈牙利 EOV 投影坐标系、马来西亚大地坐标系(东部 Timbalai_1948 坐标系、西部 Kertau 坐标系、全境 GDM 2000 坐标系)、瑞士的测量与地图投影等采用 HOM 投影等. 各种投影方法英文名称与简称见表 6-3.

表 6-2　**亚洲主要国家或地区采用的投影方法**

范围	主要国家或地区	投 影 方 法
亚洲	中国、越南、土耳其、格鲁吉亚、哈萨克斯坦 吉尔吉斯斯坦、塔吉克斯坦 土库曼斯坦、乌兹别克斯坦等	高斯-克吕格投影(GK)
	日本、缅甸、老挝、泰国、柬埔寨、菲律宾 印度尼西亚、孟加拉国、蒙古、伊朗	通用横轴墨卡托投影(UTM)
	日本、中国澳门、中国香港、中国台湾、伊拉克、越南、菲律宾、印度尼西亚、孟加拉国、伊朗、斯里兰卡、朝鲜	横轴墨卡托投影(TM)
	印度、沙特、伊拉克、孟加拉国、巴基斯坦、叙利亚	兰勃特等圆锥投影(LCC)
	马来西亚、文莱	斜轴墨卡托投影(RSO)
	中国香港、马来西亚、以色列	卡西尼投影(Cassini)
	叙利亚、黎巴嫩	球面投影(Stereographic)

表 6-3　**投影方法中文与英文名称**

投影中文名称	投影英文名称	投影简称
墨卡托投影	Mercator	Mercator
横轴墨卡托投影	Transverse Mercator	TM
高斯-克吕格投影	Gauss Kruger	GK
通用横轴墨卡托投影	Universal Transverse Mercator	UTM
Hotine 投影(A)	Rectified Skew Orthomorphic Natural Origin (or Hotine Oblique Mercator Azimuth Natural Origin)	RSO
Hotine 投影(B)	Hotine Oblique Mercator Azimuth Center	HOM
Laborde 投影	Laborde Oblique Mercator	LOM
斜轴墨卡托投影	Oblique Mercator Projection	OMP

续表

投影中文名称	投影英文名称	投影简称
等距离圆柱投影	Equidistant Cylindrical Projection	ECP
卡西尼投影	Cassini_Soldner	Cassini
单纬线兰勃特投影	Lambert Conformal Conic SP1	LCC-1
双纬线兰勃特投影	Lambert Conformal Conic SP2	LCC-2
Krovak 斜轴等角圆锥投影	Krovak	Krovak
斜轴等角圆锥投影	Oblique Conformal Conic Projection	OCCP
多圆锥投影	Polyconic Projection	Polyconic
Bonne 等面积伪圆锥投影	Bonne	Bonne
双标准纬线等面积圆锥投影	Albers	Albers
兰勃特方位等面积投影	Lambert Azimuthal Equal Area	LAEA
斜轴与赤道球面投影	Oblique and Equatorial Stereographic	Double Stereographic
极球面投影	Polar Stereographic	Polar Stereographic
等距离方位投影	Equidistant Azimuthal Projection	EAP
等距离方位投影(关岛)	Guam Projection	Guam

6.3.2 投影参数设置

由上一节所列出的投影方法，其投影方法所需主要投影参数见表 6-4. 除上述投影参数之外，不同投影方法还涉及如下投影参数：

1)起始子午线

全球范围内不同的国家在不同的历史时期建立了不同的大地坐标系，大多数采用格林尼治子午线作为大地坐标系的起始子午线，有些国家由于历史的原因，其早期的大地坐标系统也采用本地区某地子午线作为大地坐标系的起始子午线，因此计算时其经度需要换算，起始子午线的名称及其数值如下：

Greenwich = 0° 'Degree
Bern = 7.43958333333333° 'Degree
Jakarta = 106.807719444444° 'Degree
Rome = 12.4523333333333° 'Degree
Oslo = 10.7229166666667° 'Degree
Ferro = −17.6666666666667° 'Degree
Lisbon = −9.13190611111111° 'Degree
Brussels = 4.367975° 'Degree
Madrid = −3.68793888888889° 'Degree

表 6-4　　主要投影方法与投影参数

投影方法中文名称	投影方法英文简称	原点经度	原点纬度	尺度比	中心点经度	中心点纬度	标准纬度 1	标准纬度 2	伪标准纬度	方位角	旋转角	东坐标平移	北坐标平移
墨卡托投影	Mercator	✓	✓	✓			✓					✓	✓
横轴墨卡托投影	TM，GK，UTM	✓	✓	✓								✓	✓
斜轴墨卡托投影	HOM，RSO			✓	✓	✓				✓	✓	✓	✓
	LOM，OMP			✓	✓	✓				✓		✓	✓
等距离圆柱投影	ECP	✓					✓					✓	✓
卡西尼投影	Cassini	✓	✓	✓								✓	✓
单纬兰勃特投影	LCC-1	✓	✓	✓			✓					✓	✓
双纬兰勃特投影	LCC-2	✓	✓				✓	✓				✓	✓
斜轴等角圆锥投影	Krovak	✓		✓		✓			✓		✓	✓	✓
	OCCP	✓		✓		✓			✓		✓	✓	✓
多圆锥投影	Polyconic	✓	✓									✓	✓
等面积伪圆锥投影	Bonne	✓	✓									✓	✓
双纬等面积圆锥投影	Albers	✓	✓				✓	✓				✓	✓
兰勃特方位等面积投影	LAEA	✓	✓									✓	✓
斜轴与赤道球面投影	Double Stereographic	✓	✓	✓								✓	✓
极球面投影	Polar Stereographic	✓	✓	✓			✓					✓	✓
等距离方位投影	EAP	✓	✓									✓	✓
等距离方位投影(关岛)	Guam	✓	✓									✓	✓

Paris = 2. 33722916666667°　　　　'Grad

Paris_RGS = 2. 33720833333333°　　　　'Grad

2) 角度单位与换算关系

Degree = 1. 74532925199433×10^{-2}E−02(rad)

Grad = 0. 015707963267949(rad)

3) 长度单位与换算关系

全球主要国家投影坐标系统所涉及的长度单位如下：

Meter = 1;

Foot_Gold_Coast = 0. 304799710181509;

Yard_Indian_1937 = 0. 91439523;

Yard_Clarke = 0. 9143917962;

Yard_Sears = 0. 914398414616029;

Foot_Clarke = 0. 3047972654;

Foot_Sears = 0. 304799471538676;

Foot_US = 0. 304800609601219;

Foot = 0. 3048;

Link_Clarke = 0. 201166195164;

Chains = 20. 1168;

Chain_Sears = 20. 1167651215526;

Chain_Sears_1922_Truncated = 20. 116756;

Chain_Benoit_1895_B = 20. 1167824943759.

4) 参考椭球及其几何参数(见表 6-5)

表 6-5　　**参考椭球及其几何参数**

序号	椭球名称	长半径 a	扁率的倒数 $1/f$
1	Airy 1830	6377563. 396	299. 3249646
2	Airy 1830	6377563. 396	299. 3249646
3	Airy_Modified	6377340. 189	299. 3249646
4	Australian	6378160	298. 25
5	ATS1977	6378135	298. 257
6	Bessel 1841	6377397. 155	299. 1528128
7	Bessel_Namibia	6377483. 86528041	299. 1528128
8	Bessel_Modified	6377492. 018	299. 1528128
9	Clarke 1880	6378249. 14480801	293. 466307655625
10	Clarke 1880_RGS	6378249. 145	293. 465
11	Clarke 1880_IGN	6378249. 2	293. 466021293626
12	Clarke 1880_Arc	6378249. 145	293. 466307656

续表

序号	椭球名称	长半径 a	扁率的倒数 $1/f$
13	Clarke 1880_Benoit	6378300. 789	293. 46631553898
14	Clarke 1858	6378293. 64520875	294. 260676369
15	Clarke 1866	6378206. 4	294. 9786982
16	CGCS 2000	6378137	298. 257222101
17	Everest_Adjustment1937	6377276. 345	300. 8017
18	Everest 1830	6377299. 36	300. 8017
19	Everest1830_Modified	6377304. 063	300. 8017
20	Everest_Definition 1962	6377301. 243	300. 8017255
21	Everest_Modified 1969	6377295. 664	300. 8017
22	Everest_Definition 1967	6377298. 556	300. 8017
23	Everest_Definition 1975	6377299. 151	300. 8017255
24	GRS 1980	6378137	298. 257222101
25	GRS1967_Truncated	6378160	298. 25
26	GRS 1967	6378160	298. 247167427
27	Helmert 1906	6378200	298. 3
28	Indonesian	6378160	298. 247
29	International 1924	6378388	297
30	International 1975	6378140	298. 257
31	Krassovsky 1940	6378245	298. 3
32	Plessis 1817	6376523	308. 64
33	Struve 1860	6378298. 3	294. 73
34	War_Office	6378300	296
35	WGS1984	6378137	298. 257223563
36	WGS1972	6378135	298. 26

5)投影面高程

工程独立坐标系建立一般与工程的性质、工程范围的大小、工程所要求的精度相关.就大型工程(如铁路公路、港口桥梁、大坝与隧道等)测量坐标而言，为了控制长度变形，通常选择一个合适的边长归算面，边长归算面的大地高称为投影面高程. 以该投影面为基础，通过椭球变换建立工程独立椭球，以工程独立椭球作为基准椭球，采用相应的投影方法建立工程测量坐标系. 因此，投影面高程一般是建立工程独立坐标系的重要参数. 工程独立坐标系建立流程如图 6-2 所示.

在程序设计中，编制了基于任意高程投影面的斜轴墨卡托投影的计算程序，对于其他投影方法而言，未能顾及任意高程投影面独立坐标系建立问题，因此，为了更好地解决工程独立坐标系的建立问题，该投影计算程序软件需要进一步补充完善.

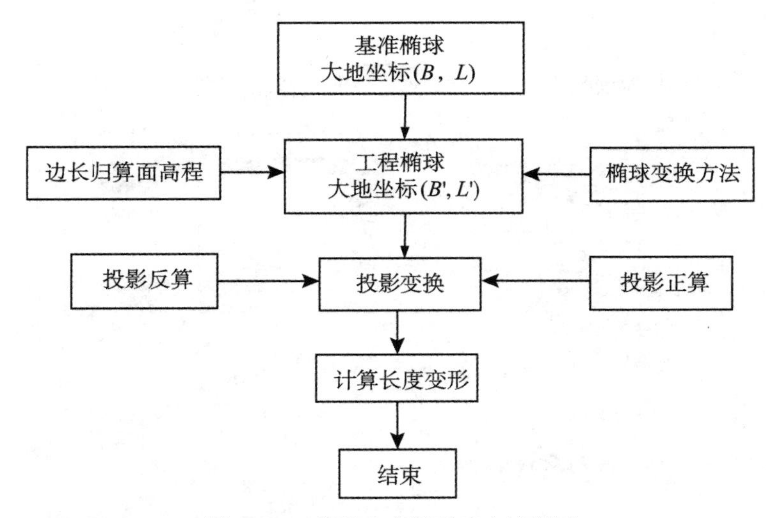

图 6-2 工程独立坐标系建立流程图

6.4 程序运行界面

(1) 运行程序，选择地区，如亚洲，如图 6-3 所示。

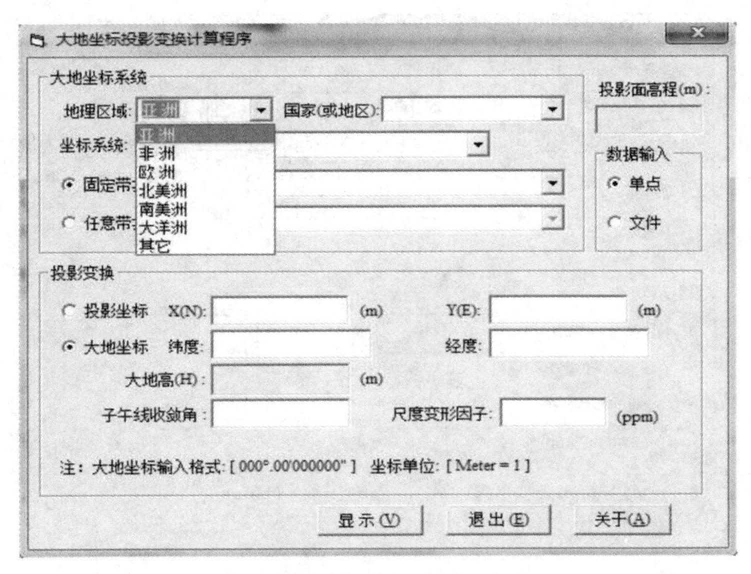

图 6-3 地理区域对话框选择界面

(2) 亚洲选项范围内，国家组合框中包含 51 个国家或地区名称，选择任一国家名称，如中国；若没有现存国家选择，可手工输入其他国家或地区名称，如图 6-4 所示.

(3) 坐标系统对话框中显示特定国家(地区)所包含大地坐标系统名称，选择其中投影

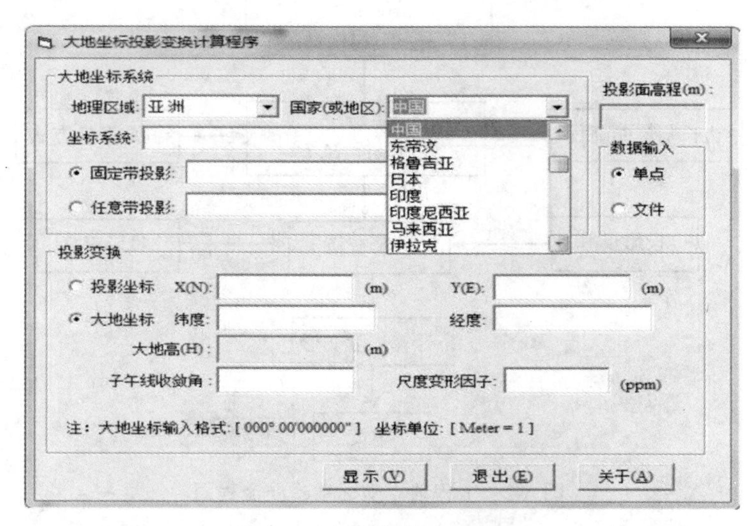

图 6-4　国家对话框选择界面

所需大地坐标系统；若没有可供选择的大地坐标系统，请输入新的大地坐标系统名称，如图 6-5 所示.

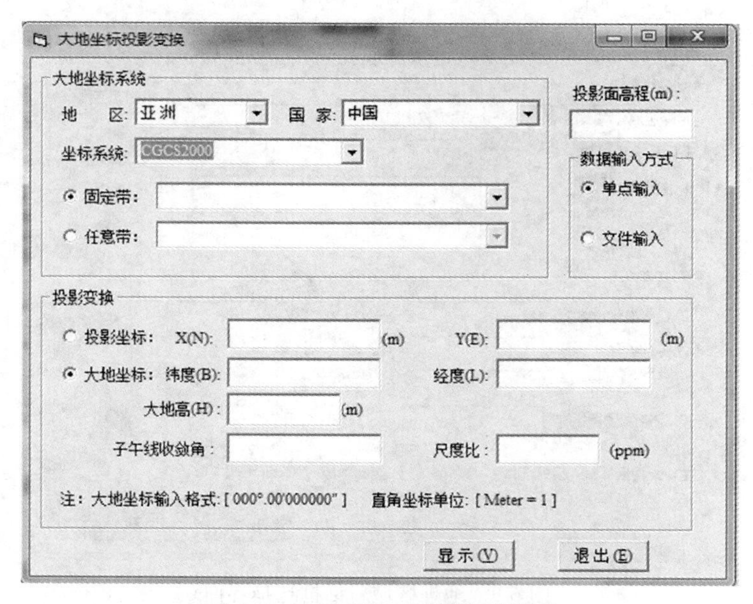

图 6-5　坐标系统对话框选择界面

(4)点击固定带投影选项按钮，组合框中包含大地坐标系统所对应的投影方法与固定带投影坐标系，选择其中所需固定投影坐标系名称，如图 6-6 所示.

按鼠标左键，选择固定带投影坐标系；按鼠标右键，则显示固定带投影变换相关的转

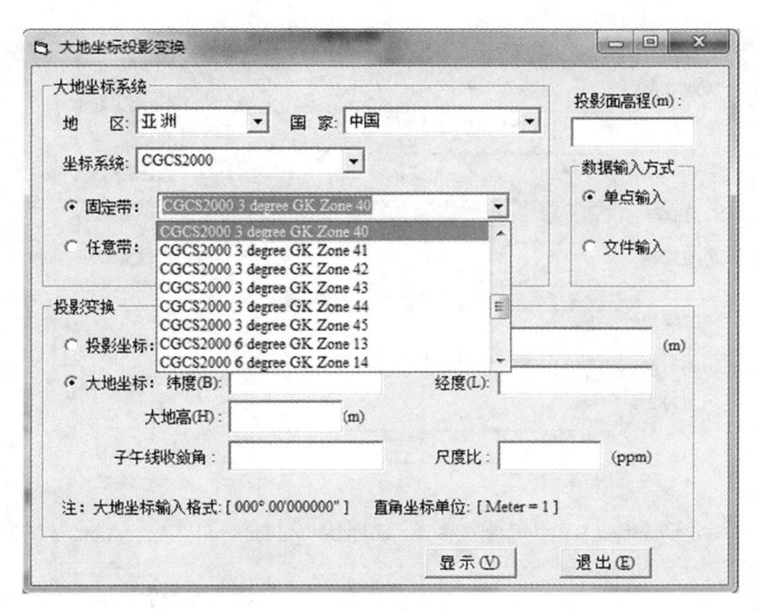

图 6-6 固定带投影坐标系对话框选择界面

换参数信息，如图 6-7 所示.

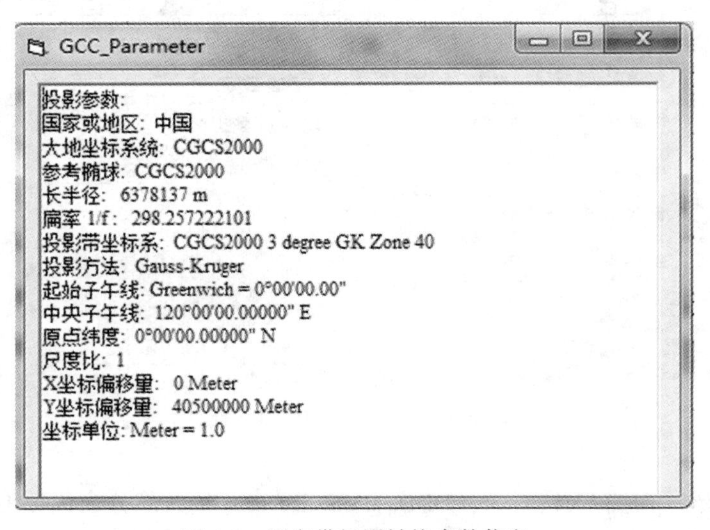

图 6-7 固定带投影转换参数信息

如果采用任意带投影，点击任意带投影选项按钮，选择投影方法，如图 6-8 所示. 弹出投影参数输入对话框，输入投影参数，如图 6-9 所示.

(5)选择数据输入方式选项按钮，点击单点输入，输入纬度与经度，如纬度 35°，经度 122° 30′00. 00000″，则在纬度文本框中输入 35，在经度文本框中输入 112. 300000000，

图 6-8　投影方法选择界面(任意带投影)

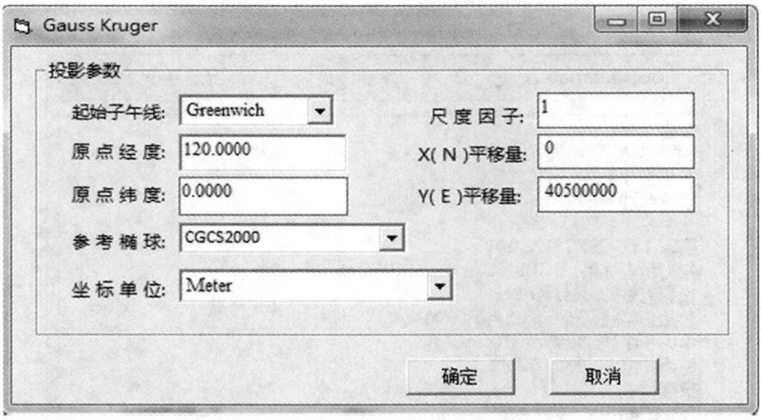

Gauss Kruger
投影参数
起始子午线: Greenwich
原点经度: 120.0000
原点纬度: 0.0000
参考椭球: CGCS2000
坐标单位: Meter
尺度因子: 1
X(N)平移量: 0
Y(E)平移量: 40500000
确定
取消

图 6-9　投影参数输入对话框

如图 6-10 所示. 经纬度输入格式为：DDD. MMSSSSSSS，整数部分三位数 DDD 表示度；小数点后两位 MM 表示分，小数点第三位起 SSSSSSSS 表示秒，如 SSSSSSS＝0506785，则为 5. 06785″.

(6)点击“投影坐标”选项按钮，计算投影坐标系平面直角坐标 x，y；点击大地坐标选项按钮，投影反算得到大地经纬 B，L. 同时也可在投影坐标对话框中输入平面直角坐标 x，y，计算大地坐标，如图 6-11 所示.

(7)点确认按钮，计算结束.

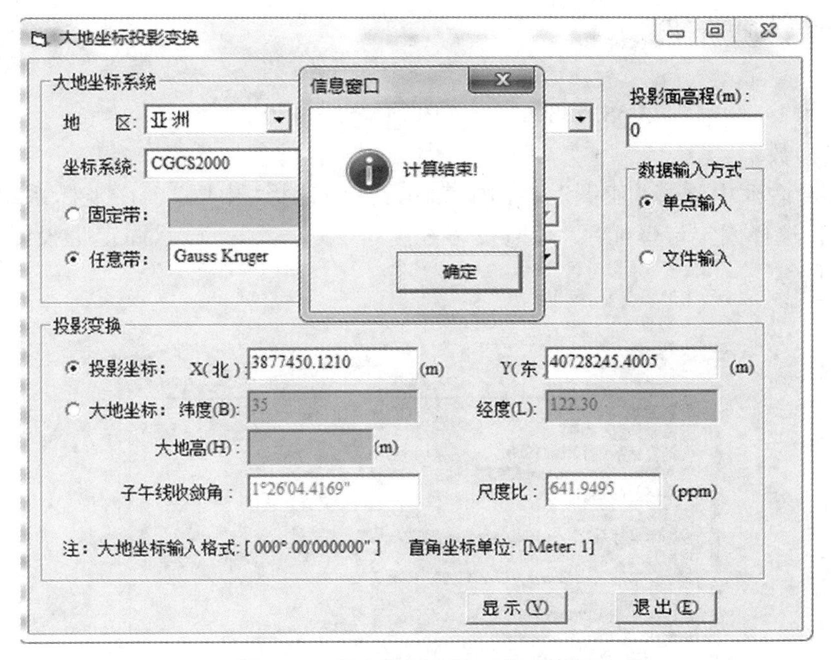

图 6-10 输入数据投影正算对话框

图 6-11 投影反算对话框

6.5　程序计算范例

计算范例 1：$B=17°33'55.7339''$，$L=119°\ 15'52.1159''$.

1)投影参数

在地区对话框中选择“亚洲”，在国家对话框中选择“中国”，在坐标系统对话框中 Xian 1980”，选择固定带坐标系“高斯投影 6 度带 20 号带”，显示固定带投影参数信息，如图 6-12 所示.

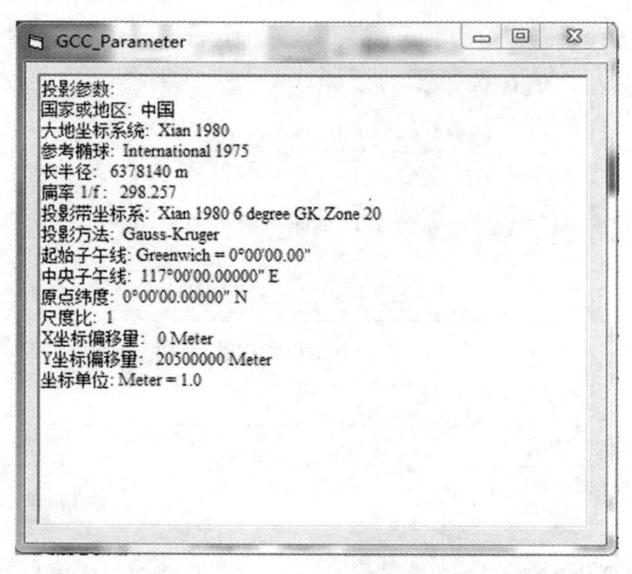

图 6-12　固定带投影参数

2)投影正算

在经纬度对话框中输入大地纬度与经度，点击“投影坐标”选择按钮计算平面直角坐标 X(北)，Y(东)，如图 6-13 所示.

3)投影反算

点击“大地坐标”选择按钮直接反算大地经纬度，或在直角坐标对话框中输入平面直角坐标，点击“大地坐标”选择按钮计算大地经纬度，如图 6-14 所示.

计算范例 2：数据取第 3 章计算示例 3-2，采用任意带投影.

1)参数输入

在地区对话框中选择如“亚洲”；在国家对话框中选择“沙特”；在坐标系统对话框中选择坐标系统“Ainel Abd 1970”或输入坐标系统名称；点击“任意带投影”选择按钮选择投影名称“Lambert Conformal Conic SP2”，显示投影参数输入对话框，输入投影参数，点击“确定”按钮，如图 6-15 所示.

2)投影正算

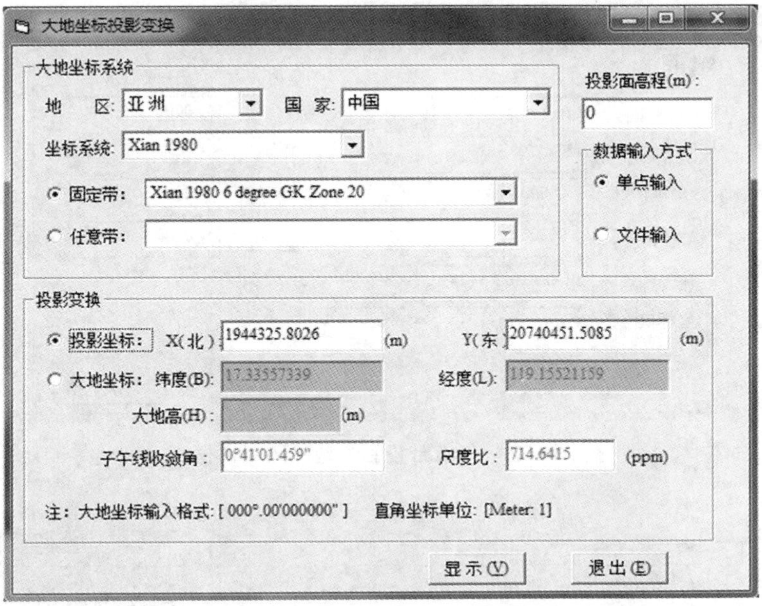

大地坐标投影变换

大地坐标系统

地 区: 亚洲 国 家: 中国

坐标系统: Xian 1980

固定带: Xian 1980 6 degree GK Zone 20

任意带:

投影面高程(m):

0

数据输入方式

单点输入

文件输入

投影变换

投影坐标: X(北): 1944325.8026 (m) Y(东): 20740451.5085 (m)

大地坐标: 纬度(B): 17.33557339 经度(L): 119.15521159

大地高(H): (m)

子午线收敛角: 0°41'01.459" 尺度比: 714.6415 (ppm)

注: 大地坐标输入格式: [000°.00'000000"] 直角坐标单位: [Meter: 1]

显示(V) 退出(E)

图 6-13 固定带投影正算

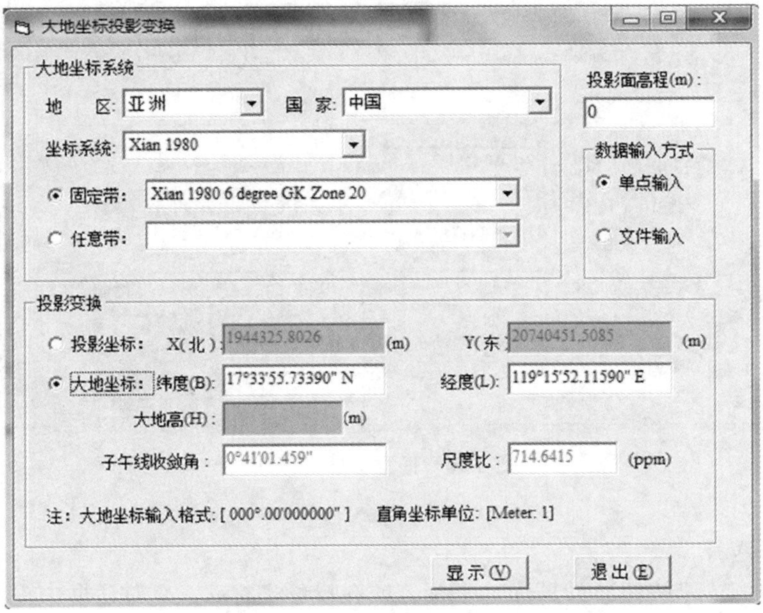

大地坐标投影变换

大地坐标系统

地 区: 亚洲 国 家: 中国

坐标系统: Xian 1980

固定带: Xian 1980 6 degree GK Zone 20

任意带:

投影面高程(m):

0

数据输入方式

单点输入

文件输入

投影变换

投影坐标: X(北): 1944325.8026 (m) Y(东): 20740451.5085 (m)

大地坐标: 纬度(B): 17°33'55.73390" N 经度(L): 119°15'52.11590" E

大地高(H): (m)

子午线收敛角: 0°41'01.459" 尺度比: 714.6415 (ppm)

注: 大地坐标输入格式: [000°.00'000000"] 直角坐标单位: [Meter: 1]

显示(V) 退出(E)

图 6-14 固定带投影反算

选择数据输入：点击“单点输入”选择按钮，在经纬度输入对话框中输入纬度和经度，点击“投影坐标”按钮计算投影坐标，如图 6-16 所示.

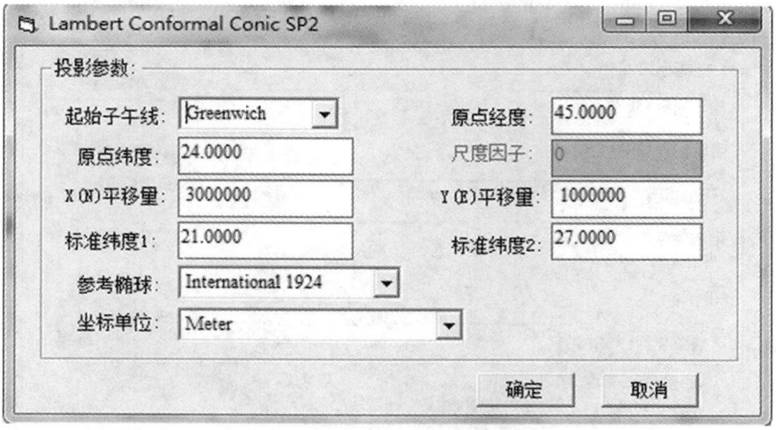

图 6-15　任意带投影参数输入对话框

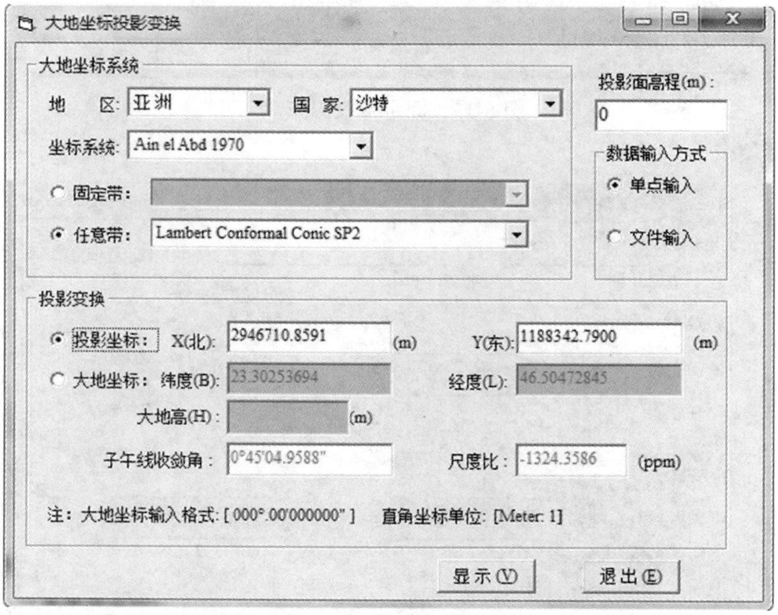

图 6-16　任意带投影正算

3) 投影反算

点击“大地坐标”按钮，计算大地坐标，或在投影坐标 X，Y 对话框中输入投影平面坐标，点击“大地坐标”按钮进行投影反算，如图 6-17 所示.

注：选择数据输入方式“文件输入”选择按钮，经纬度与投影坐标 X、Y 输入对话框不激活，多点数据以文件方式编辑存储在任意目录下，其文件格式为：

投影正算：

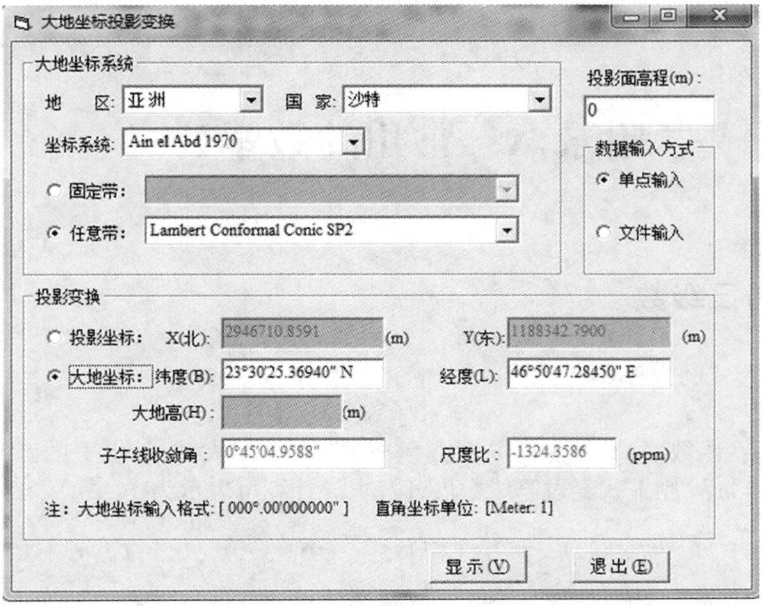

图 6-17　任意带投影反算

BLH
点名 1，B1，L1，H1
点名 2，B2，L2，H2
点名 3，B3，L3，H3

点名 n，Bn，Ln，Hn

投影反算：
XYH
点名 1，x1，y1，H1
点名 2，x2，y2，H2
点名 3，x3，y3，H3

点名 n，xn，yn，Hn

如果要精确计算某些等角投影的长度比，大地高 H 是不可缺少的重要参数，若不顾及长度比的计算，大地高 H 可以输入“0”来替代. 另外，在建立斜轴墨卡托投影独立坐标时，需要在投影面高程对话框中输入投影面高程，其他投影情况下可不考虑或输入“0”.

附录 A　常用的数学公式

A1. 拉格朗日级数

对于如下形式的方程式：

$$y = m + xf(y), \tag{A.1}$$

满足以下条件：函数$f(y)$在点$y=m$处是解析的，在x不大时，y是x的函数，在$x=0$处解析，并且$y = m$；则上式经过幂级数展开及求导计算可表示为

$$y = m + xf(m) + \frac{x^2}{2!}\frac{\mathrm{d}}{\mathrm{d}m}[f^2(m)] + \cdots + \frac{x^n}{n!}\frac{\mathrm{d}^{n-1}}{\mathrm{d}m^{n-1}}[f^n(m)], \tag{A.2}$$

则上式为式(A.1)的反解计算公式，又称为拉格朗日级数公式.

在$x = 1$特殊情况下

$$y = m + f(m) + \frac{1}{2!}\frac{\mathrm{d}}{\mathrm{d}m}[f^2(m)] + \cdots + \frac{1}{n!}\frac{\mathrm{d}^{n-1}}{\mathrm{d}m^{n-1}}[f^n(m)], \tag{A.3}$$

大地测量与地图投影中，辅助纬度与大地纬度之间的一般可表达三角函数的级数形式：

$$\varphi = B + p_2\sin(2B) + p_4\sin(4B) + p_6\sin(6B) + p_8\sin(8B) + \cdots; \tag{A.4}$$

即反解计算公式为

$$B = \varphi + f(B). \tag{A.5}$$

式中：

$$f(B) = -[p_2\sin(2B) + p_4\sin(4B) + p_6\sin(6B) + p_8\sin(8B) + \cdots]. \tag{A.6}$$

由拉格朗日级数公式(A.2)可得式(A.4)反解计算公式

$$B = \varphi + f(\varphi) + \frac{1}{2!}\frac{\mathrm{d}}{\mathrm{d}\varphi}[f^2(\varphi)] + \cdots + \frac{1}{n!}\frac{\mathrm{d}^{n-1}}{\mathrm{d}\varphi^{n-1}}[f^n(\varphi)], \tag{A.7}$$

求各阶导数，并略去相关高次项代入式(A.7)，经整理后得到

$$B = \varphi + a_2\sin(2\varphi) + a_4\sin(4\varphi) + a_6\sin(6\varphi) + a_8\sin(8\varphi) + \cdots, \tag{A.8}$$

式中各系数为

$$\left.\begin{aligned}
a_2 &= -p_2 - p_2p_4 + \frac{1}{2}p_2^3 + \cdots \\
a_4 &= -p_4 + p_2^2 - 2p_2p_6 + 4p_2^2p_4 - \frac{4}{3}p_2^4 + \cdots \\
a_6 &= -p_6 + 3p_2p_4 - \frac{3}{2}p_2^3 + \cdots \\
a_8 &= -p_8 + 2p_4^2 + 4p_2p_6 - 8p_2^2p_4 + \frac{8}{3}p_2^4 + \cdots
\end{aligned}\right\} \tag{A.9}$$

若保留 10 倍角三角函数形式：

$$\left.\begin{aligned}\varphi &= B + p_2\sin(2B) + p_4\sin(4B) + p_6\sin(6B) + p_8\sin(8B) + p_{10}\sin(10B) + \cdots\\ B &= \varphi + a_2\sin(2\varphi) + a_4\sin(4\varphi) + a_6\sin(6\varphi) + a_8\sin(8\varphi) + a_{10}\sin(10\varphi) + \cdots\end{aligned}\right\}\tag{A. 10}$$

则其系数关系为：

$$\left.\begin{aligned}a_2 &= -p_2 - p_2p_4 - p_4p_6 + \frac{1}{2}p_2^3 + p_2p_4^2 - \frac{1}{2}p_2^2p_6 + \frac{1}{3}p_2^3p_4 - \frac{1}{12}p_2^5 + \cdots\\ a_4 &= -p_4 + p_2^2 - 2p_2p_6 + 4p_2^2p_4 - \frac{4}{3}p_2^4 + \cdots\\ a_6 &= -p_6 + 3p_2p_4 - 3p_2p_8 - \frac{3}{2}p_2^3 + \frac{9}{2}p_2p_4^2 + 9p_2^2p_6 - \frac{27}{2}p_2^3p_4 + \frac{27}{8}p_2^5 + \cdots\\ a_8 &= -p_8 + 2p_4^2 + 4p_2p_6 - 8p_2^2p_4 + \frac{8}{3}p_2^4 + \cdots\\ a_{10} &= -p_{10} + 5p_2p_8 + 5p_4p_6 - \frac{25}{2}p_2p_4^2 - \frac{25}{2}p_2^2p_6 + \frac{125}{6}p_2^3p_4 - \frac{125}{24}p_2^5 + \cdots\end{aligned}\right\}\tag{A. 11}$$

在大地测量中式(A. 10)与式(A. 11)称为三角级数回代公式.

A2. 三角函数公式

1)半角三角函数

$$\left.\begin{aligned}\sin\frac{\alpha}{2} &= \sqrt{\frac{1-\cos\alpha}{2}} = \frac{1}{2}(\sqrt{1+\sin\alpha} - \sqrt{1-\sin\alpha})\\ \cos\frac{\alpha}{2} &= \sqrt{\frac{1+\cos\alpha}{2}} = \frac{1}{2}(\sqrt{1+\sin\alpha} + \sqrt{1-\sin\alpha})\\ \tan\frac{\alpha}{2} &= \sqrt{\frac{1-\cos\alpha}{1+\cos\alpha}} = \frac{\sin\alpha}{1+\cos\alpha} = \frac{1-\cos\alpha}{\sin\alpha}\\ \cot\frac{\alpha}{2} &= \sqrt{\frac{1+\cos\alpha}{1-\cos\alpha}} = \frac{\sin\alpha}{1-\cos\alpha} = \frac{1+\cos\alpha}{\sin\alpha}\end{aligned}\right\}\tag{A. 12}$$

$$\left.\begin{aligned}\tan\left(\frac{\pi}{4} - \frac{\alpha}{2}\right) &= \frac{\cos\alpha}{1+\sin\alpha}\\ \tan\left(\frac{\pi}{4} + \frac{\alpha}{2}\right) &= \frac{\cos\alpha}{1-\sin\alpha}\end{aligned}\right\}\tag{A. 13}$$

2)倍角三角函数

$$\left.\begin{aligned}\sin 2nx &= \sum_{k=0}^{n-1}(-1)^k C_{2k+1}^{2n}\sin^{2k+1}x\cos^{2(n-k)-1}x\\ \sin(2n-1)x &= \sum_{k=0}^{n-1}(-1)^k C_{2k+1}^{2n-1}\sin^{2k+1}x\cos^{2(n-k)-2}x\end{aligned}\right\}\tag{A. 14}$$

$$\left.\begin{aligned}
\sin 2x &= 2\sin x\cos x \\
\sin 3x &= 3\sin x\cos^2 x - \sin^3 x \\
\sin 4x &= 4\sin x\cos^3 x - 4\sin^3 x\cos x \\
\sin 5x &= 5\sin x\cos^4 x - 10\sin^3 x\cos^2 x + \sin x^5 \\
\sin 6x &= 6\sin x\cos^5 x - 20\sin^3 x\cos^3 x + 6\sin^5 x\cos x \\
\sin 7x &= 7\sin x\cos^6 x - 35\sin^3 x\cos^4 x + 21\sin^5 x\cos^2 x - \sin^7 x \\
\sin 8x &= 8\sin x\cos^7 x - 56\sin^3 x\cos^5 x + 56\sin^5 x\cos^3 x - 8\sin^7 x\cos x
\end{aligned}\right\} \tag{A.15}$$

$$\left.\begin{aligned}
\cos 2nx &= \sum_{k=0}^{n} (-1)^k C_{2k}^{2n} \cos^{2(n-k)} x \sin^{2k} x \\
\cos(2n-1)x &= \sum_{k=0}^{n-1} (-1)^k C_{2k}^{2n-1} \cos^{2(n-k)-1} x \sin^{2k} x
\end{aligned}\right\} \tag{A.16}$$

$$\left.\begin{aligned}
\cos 2x &= \cos^2 x - \sin^2 x \\
\cos 3x &= \cos^3 x - 3\cos x\sin^2 x \\
\cos 4x &= \cos^4 x - 6\cos^2 x\sin^2 x + \sin^4 x \\
\cos 5x &= \cos^5 x - 10\cos^3 x\sin^2 x + 5\cos x\sin^4 x \\
\cos 6x &= \cos^6 x - 15\cos^4 x\sin^2 x + 15\cos^2 x\sin^4 x - \sin^6 x \\
\cos 7x &= \cos^7 x - 21\cos^5 x\sin^2 x + 35\cos^3 x\sin^4 x - 7\cos x\sin^6 x \\
\cos 8x &= \cos^8 x - 28\cos^6 x\sin^2 x + 70\cos^4 x\sin^4 x - 28\cos^2 x\sin^6 x + \sin^8 x
\end{aligned}\right\} \tag{A.17}$$

3)三角函数的幂函数化为倍角函数

$$\left.\begin{aligned}
\sin^{2n-1} x &= \frac{1}{2^{2n-2}} \sum_{k=0}^{n-1} (-1)^k C_{n+k}^{2n-1} \sin(2k+1)x \\
\sin^{2n} x &= \frac{1}{2^{2n-1}} \left[\frac{1}{2} C_n^{2n} + \sum_{k=1}^{n} (-1)^k C_{n+k}^{2n} \cos 2kx \right]
\end{aligned}\right\} \tag{A.18}$$

$$\left.\begin{aligned}
\sin^2 x &= \frac{1}{2} - \frac{1}{2}\cos 2x \\
\sin^3 x &= \frac{3}{4}\sin x - \frac{1}{4}\sin 3x \\
\sin^4 x &= \frac{3}{8} - \frac{1}{2}\cos 2x + \frac{1}{8}\cos 4x \\
\sin^5 x &= \frac{5}{8}\sin x - \frac{5}{16}\sin 3x + \frac{1}{16}\sin 5x \\
\sin^6 x &= \frac{5}{16} - \frac{15}{32}\cos 2x + \frac{3}{16}\cos 4x - \frac{1}{32}\cos 6x \\
\sin^7 x &= \frac{35}{64}\sin x - \frac{21}{64}\sin 3x + \frac{7}{64}\sin 5x - \frac{1}{64}\sin 7x \\
\sin^8 x &= \frac{35}{128} - \frac{7}{16}\cos 2x + \frac{7}{32}\cos 4x - \frac{1}{16}\cos 6x + \frac{1}{128}\cos 8x
\end{aligned}\right\} \tag{A.19}$$

$$\left.\begin{aligned}\cos^{2n-1}x &= \frac{1}{2^{2n-2}}\sum_{k=0}^{n-1} C_{n+k}^{2n-1}\cos(2k+1)x \\ \cos^{2n}x &= \frac{1}{2^{2n-1}}\left(\frac{1}{2}C_n^{2n} + \sum_{k=1}^{n} C_{n+k}^{2n}\cos 2kx\right)\end{aligned}\right\} \tag{A.20}$$

$$\left.\begin{aligned}\cos^2 x &= \frac{1}{2} + \frac{1}{2}\cos 2x \\ \cos^3 x &= \frac{3}{4}\cos x + \frac{1}{4}\cos 3x \\ \cos^4 x &= \frac{3}{8} + \frac{1}{2}\cos 2x + \frac{1}{8}\cos 4x \\ \cos^5 x &= \frac{5}{8}\cos x + \frac{5}{16}\cos 3x + \frac{1}{16}\cos 5x \\ \cos^6 x &= \frac{5}{16} + \frac{15}{32}\cos 2x + \frac{3}{16}\cos 4x + \frac{1}{32}\cos 6x \\ \cos^7 x &= \frac{35}{64}\cos x + \frac{21}{64}\cos 3x + \frac{7}{64}\cos 5x + \frac{1}{64}\cos 7x \\ \cos^8 x &= \frac{35}{128} + \frac{7}{16}\cos 2x + \frac{7}{32}\cos 4x + \frac{1}{16}\cos 6x + \frac{1}{128}\cos 8x\end{aligned}\right\} \tag{A.21}$$

A3. 常用级数

1)泰勒级数

$$f(x) = f(x_0 + h) = f(x_0) + f'(x_0)h + \frac{f''(x_0)}{2!}h^2 + \frac{f'''(x_0)}{3!}h^3 + \cdots; \tag{A.22}$$

2)三角函数级数

$$\sin x = \sin(x_0 + h) = \sin x_0 + \frac{h''}{\rho''}\cos x_0 - \frac{h''^2}{2!\ \rho''^2}\sin x_0 - \frac{h''^3}{3!\ \rho''^3}\cos x_0 + \cdots; \tag{A.23}$$

$$\cos x = \cos(x_0 + h) = \cos x_0 - \frac{h''}{\rho''}\sin x_0 - \frac{h''^2}{2!\ \rho''^2}\cos x_0 + \frac{h''^3}{3!\ \rho''^3}\sin x_0 + \cdots; \tag{A.24}$$

$$\tan x = \tan(x_0 + h) = \tan x_0 + \frac{h''}{\rho''}\frac{1}{\cos^2 x_0} - \frac{h''^2}{2!\ \rho''^2}\cos x_0 + \frac{h''^3}{3!\ \rho''^3}\sin x_0 + \cdots; \tag{A.25}$$

$$\sin x = x - \frac{1}{6}x^3 + \frac{1}{120}x^5 - \frac{1}{5040}x^7 + \cdots + \frac{(-1)^{n-1}}{(2n-1)!}x^{2n-1}(-\infty < x < \infty); \tag{A.26}$$

$$\cos x = 1 - \frac{1}{2}x^2 + \frac{1}{24}x^4 - \frac{1}{720}x^6 + \cdots + \frac{(-1)^n}{(2n)!}x^{2n} \quad (-\infty < x < \infty); \tag{A.27}$$

$$\tan x = x + \frac{1}{3}x^3 + \frac{2}{15}x^5 + \frac{17}{315}x^7 + \frac{62}{2835}x^9 + \frac{1382}{155925}x^{11} + \cdots \quad \left(-\frac{\pi}{2} < x < \frac{\pi}{2}\right); \tag{A.28}$$

$$\sec x = 1 + \frac{1}{2}x^2 + \frac{5}{24}x^4 + \frac{61}{720}x^6 + \frac{277}{8064}x^8 + \frac{50521}{3628800}x^{10} + \cdots \quad \left(-\frac{\pi}{2} < x < \frac{\pi}{2}\right). \tag{A.29}$$

3）反三角函数级数

$$y = \arcsin x = 1 + \frac{1}{6}x^3 + \frac{3}{40}x^5 + \frac{5}{112}x^7 + \frac{35}{1152}x^9 + \frac{63}{2816}x^{11} + \cdots \quad (-1 < x < 1); \tag{A.30}$$

$$y = \arctan x = 1 - \frac{1}{3}x^3 + \frac{1}{5}x^5 - \frac{1}{7}x^7 + \frac{1}{9}x^9 - \frac{1}{11}x^{11} + \cdots \quad (-1 < x < 1). \tag{A.31}$$

4）二项式幂级数

$$(1 \pm x)^n = 1 \pm nx + \frac{n(n-1)}{2!}x^2 \pm \frac{n(n-1)(n-2)}{3!}x^3 + \cdots \quad (-1 < x < 1); \tag{A.32}$$

$$\frac{1}{1 \pm x} = 1 \mp x + x^2 \mp x^3 + \cdots + (\mp)^n x^n + \cdots (-1 < x < 1); \tag{A.33}$$

$$\frac{1}{(1 \pm x)^2} = 1 \mp 2x + 3x^2 \mp 4x^3 + \cdots + (\mp)^n (n+1) x^n + \cdots \quad (-1 < x < 1); \tag{A.34}$$

$$\sqrt{1 \pm x} = 1 \pm \frac{1}{2}x - \frac{1}{8}x^2 \pm \frac{1}{16}x^3 - \cdots - \frac{(\mp)^n 1 \cdot 3 \cdot 5 \cdot 7 \cdots (2n-3)}{2^n n!}x^n + \cdots; \tag{A.35}$$

$$\frac{1}{\sqrt{1 \pm x}} = 1 \mp \frac{1}{2}x + \frac{3}{8}x^2 \mp \frac{5}{16}x^3 + \cdots + \frac{(\mp)^n 1 \cdot 3 \cdot 5 \cdot 7 \cdots (2n-1)}{2^n n!}x^n + \cdots; \tag{A.36}$$

$$\sqrt[n]{(1 \pm x)^m} = 1 \pm \frac{m}{n}x + \frac{m(m-n)}{n \cdot 2n}x^2 \pm \frac{m(m-n)(m-2n)}{n \cdot 2n \cdot 3n}x^3 + \cdots + \frac{(\pm)^k m(m-n)(m-2n)\cdots[m-(k-1)n]}{n \cdot 2n \cdot 3n \cdots kn}x^k + \cdots. \tag{A.37}$$

5）幂级数回代公式

设

$$y = \sum_{k=1}^{\infty} a_k x^k \quad (a_1 \neq 0); \tag{A.38}$$

则反算公式为

$$x = \sum_{k=1}^{\infty} \bar{a}_k y^k, \tag{A.39}$$

采用逐渐趋近法进行级数回求，可得如下系数：

$$\left.\begin{aligned}
\bar{a}_1 &= \frac{1}{a_1} \\
\bar{a}_2 &= -\frac{a_2}{a_1^3} \\
\bar{a}_3 &= -\frac{a_3}{a_1^4} + 2\frac{a_2^2}{a_1^5} \\
\bar{a}_4 &= -\frac{a_4}{a_1^5} + 5\frac{a_2 a_3}{a_1^6} - 5\frac{a_2^3}{a_1^7} \\
\bar{a}_5 &= -\frac{a_5}{a_1^6} + 6\frac{a_2 a_4}{a_1^7} + 3\frac{a_3^2}{a_1^7} - 21\frac{a_2^2 a_3}{a_1^8} + 14\frac{a_2^4}{a_1^9} \\
\bar{a}_6 &= -\frac{a_6}{a_1^7} + 7\frac{a_2 a_5}{a_1^8} + 7\frac{a_3 a_4}{a_1^8} - 28\frac{a_2 a_3^2}{a_1^9} - 28\frac{a_2^2 a_4}{a_1^9} + 84\frac{a_2^3 a_3}{a_1^{10}} - 42\frac{a_2^5}{a_1^{11}}
\end{aligned}\right\} \tag{A.40}$$

A4. 常用导数与积分

1)常用导数

$$\left.\begin{aligned}
&\mathrm{d}(ax) = a\mathrm{d}x && \mathrm{d}(x^n) = nx^{n-1}\mathrm{d}x \\
&\mathrm{d}\sqrt{x} = \frac{1}{2\sqrt{x}}\mathrm{d}x && \mathrm{d}\left(\frac{1}{x}\right) = -\frac{1}{x^2}\mathrm{d}x \\
&\mathrm{d}\left(\frac{1}{x^n}\right) = -\frac{n}{x^{n+1}}\mathrm{d}x && \mathrm{d}(a^x) = a^x \ln a\mathrm{d}x \\
&\mathrm{d}(\ln x) = \frac{1}{x}\mathrm{d}x && \mathrm{d}(\mathrm{e}^x) = \mathrm{e}^x\mathrm{d}x \\
&\mathrm{d}(\log x) = \frac{\log e}{x}\mathrm{d}x &&
\end{aligned}\right\} \tag{A.41}$$

$$\begin{aligned}
&\mathrm{d}(\sin x) = \cos x\mathrm{d}x && \mathrm{d}(\cos x) = -\sin x\mathrm{d}x \\
&\mathrm{d}(\tan x) = \frac{1}{\cos^2 x}\mathrm{d}x && \mathrm{d}(\cot x) = -\frac{1}{\sin^2 x}\mathrm{d}x \\
&\mathrm{d}(\sec x) = \frac{\sin x}{\cos^2 x}\mathrm{d}x && \mathrm{d}(\csc x) = \frac{\cos x}{\sin^2 x}\mathrm{d}x \\
&\mathrm{d}(\arcsin x) = \frac{1}{\sqrt{1-x^2}}\mathrm{d}x && \mathrm{d}(\arccos x) = \frac{1}{\sqrt{1-x^2}}\mathrm{d}x \\
&\mathrm{d}(\arctan x) = \frac{1}{1+x^2}\mathrm{d}x && \mathrm{d}(\mathrm{arccot} x) = \frac{1}{1+x^2}\mathrm{d}x \\
&\mathrm{d}(\mathrm{arcsec} x) = \frac{1}{x\sqrt{x^2-1}}\mathrm{d}x && \mathrm{d}(\mathrm{arccsc} x) = -\frac{1}{x\sqrt{x^2-1}}\mathrm{d}x
\end{aligned} \tag{A.42}$$

$$\left.\begin{aligned}
&d(u \pm v \pm w \pm \cdots) = du \pm dv \pm dw \pm \cdots \\
&d(uv) = vdu + udv \\
&d\left(\frac{u}{v}\right) = \frac{vdu - udv}{v^2} \\
&d(u^v) = u^v \ln u dv + vu^{v-1} du \\
&df(u, v, w, \cdots) = \frac{\partial f}{\partial u}du + \frac{\partial f}{\partial v}dv + \frac{\partial f}{\partial w}dw + \cdots
\end{aligned}\right\} \tag{A.43}$$

2)常用积分公式

$$\left.\begin{aligned}
&\int adu = au + K \quad \int e^x dx = e^x + K \\
&\int udv = uv - \int vdu \quad \int \frac{dx}{\sqrt{1-x^2}} = \arcsin x + K \\
&\int x^m dx = \frac{x^{m+1}}{m+1} + K \quad \int \frac{dx}{x\sqrt{1-x^2}} = \mathrm{arcsec}\, x + K \\
&\int \frac{dx}{x} = \ln x + K \quad \int \frac{dx}{\sqrt{x^2 \pm a^2}} = \ln(x + \sqrt{x^2 \pm a^2}) + K \\
&\int a^x \ln a dx = a^x + K \quad \int \frac{dx}{x^2 - a^2} = \frac{1}{2a}\ln\left(\frac{x-a}{x+a}\right) = K
\end{aligned}\right\} \tag{A.44}$$

$$\left.\begin{aligned}
&\int \sin x dx = -\cos x + K \quad \int \cos x dx = \sin x + K \\
&\int \tan x dx = -\ln\cos x + K \quad \int \cot x dx = \ln\sin x + K \\
&\int \frac{dx}{\cos^2 x} = \tan x + K \quad \int \sec x dx = \ln(\sec x + \tan x) + K \\
&\int \frac{dx}{\sin^2 x} = -\cot x + K \quad \int \csc x dx = \ln(\csc x - \cot x) + K \\
&\int \frac{dx}{\cos x} = \ln\left(\frac{\pi}{4} + \frac{x}{2}\right) + K \quad \int \cos(nx) = \frac{1}{n}\sin nx + K
\end{aligned}\right\} \tag{A.45}$$

A5. 球面三角形公式

1)球面三角形公式(见图 A-1)

正弦定理:

$$\frac{\sin a}{\sin A} = \frac{\sin b}{\sin B} = \frac{\sin c}{\sin C}; \tag{A.46}$$

余弦定理:

$$\left.\begin{aligned}
\cos a &= \cos b\cos c + \sin b\sin c\cos A \\
\cos b &= \cos a\cos c + \sin a\sin c\cos B \\
\cos c &= \cos a\cos b + \sin a\sin b\cos C
\end{aligned}\right\} \tag{A.47}$$

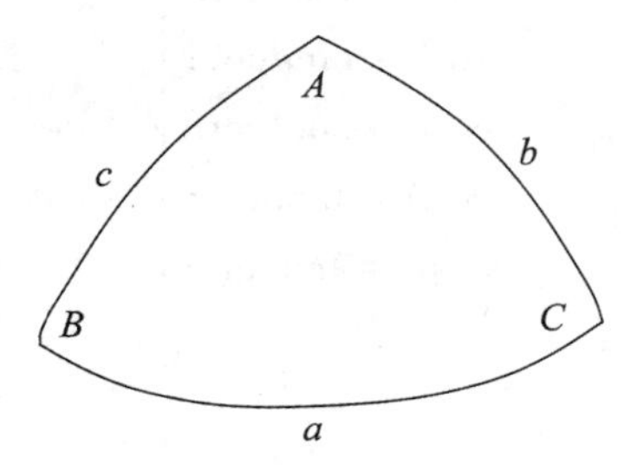

图 A-1 球面三角形

正弦与余弦定理(五元素):

$$\left.\begin{aligned}\sin a\cos B &= \cos b\sin c - \sin b\cos c\cos A\\ \sin a\cos C &= \cos c\sin b - \sin c\cos b\cos A\\ \sin b\cos C &= \cos c\sin a - \sin c\cos a\cos B\\ \sin b\cos A &= \cos a\sin c - \sin a\cos c\cos B\\ \sin c\cos A &= \cos a\sin b - \sin b\cos a\cos C\\ \sin c\cos B &= \cos b\sin a - \sin b\cos a\cos C\end{aligned}\right\} \tag{A.48}$$

2)球面直角三角形公式(见图 A-2)

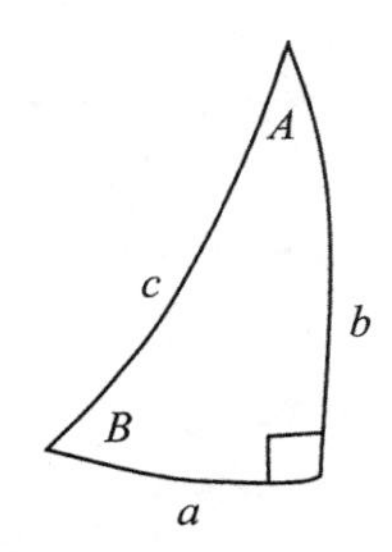

图 A-2 球面直角三角形

球面直角三角形五元素:$\frac{\pi}{2}-a$、$\frac{\pi}{2}-b$、A、c、B.

定理 1:一个元素的余弦等于不相邻两元素的正弦之积.

$$\left.\begin{aligned}\sin a &= \sin A\sin c\\ \sin b &= \sin B\sin c\\ \cos c &= \cos a\cos b\\ \cos A &= \cos a\sin B\\ \cos B &= \cos b\sin A\end{aligned}\right\} \tag{A.49}$$

定理 2:一个元素的余弦等于相邻两元素的余切之积.

$$\left.\begin{aligned}\sin a &= \tan b\cot B\\ \sin b &= \tan a\cot A\\ \cos c &= \cot A\cot B\\ \cos A &= \tan b\cot c\\ \cos B &= \tan a\cot c\end{aligned}\right\}\tag{A.50}$$

附录 B　世界主要国家与地区常用椭球及参数

附表 B-1　　**世界主要国家与地区常用椭球**

椭球体名称	国家与地区	长半轴 a	扁率的倒数 $1/f$
Airy 1830	英国、爱尔兰	6377563. 396	299. 3249646
Airy Modified	爱尔兰	6377340. 189	299. 3249646
Australian	澳大利亚	6378160	298. 25
ATS 1977	加拿大	6378135	298. 257
Bessel 1841	埃塞俄比亚、厄立特里亚、印度尼西亚、日本、韩国、葡萄牙、德国、希腊、捷克、奥地利、瑞士、斯洛文尼亚、马其顿、瑞典、荷兰	6377397. 155	299. 1528128
Bessel Namibia	纳米比亚	6377483. 86528041	299. 1528128
Bessel Modified	挪威	6377492. 018	299. 1528128
Clarke 1880	牙买加、圣基茨和尼维斯	6378249. 14480801	293. 466307655625
Clarke 1880 RGS	安哥拉、刚果(金)、喀麦隆、毛里塔尼亚、科特迪瓦、加纳、利比里亚、尼日利亚、阿尔及利亚、塞拉利昂、毛里求斯、阿曼、伊拉克、阿拉伯联合酋长国、科威特、蒙特塞拉特岛(英属)、安圭拉(英)等	6378249. 145	293. 465
Clarke 1880 IGN	苏丹、突尼斯、刚果(金)、多哥、加蓬、摩洛哥、阿尔及利亚、塞内加尔、尼日尔、叙利亚、黎巴嫩、法国	6378249. 2	293. 466021293626
Clarke 1880 Arc	斯威士兰、布隆迪、博茨瓦纳、赞比亚、津巴布韦、马拉维、南非、纳米比亚	6378249. 145	293. 466307656
Clarke 1880 Benoit	以色列、巴勒斯坦	6378300. 789	293. 46631553898
Clarke 1858	中国香港、伯利兹、特立尼达和多巴哥	6378293. 64520875	294. 260676369

续表

椭球体名称	国家与地区	长半轴 a	扁率的倒数 $1/f$
Clarke 1866	刚果、莫桑比克、菲律宾、关岛、帕劳、波纳佩、巴拿马、百慕大、波多黎各(美)、多米尼克、哥斯达黎加、古巴、加拿大、开曼群岛(英)、尼加拉瓜、萨尔瓦多、危地马拉、牙买加、北美	6378206.4	294.9786982
CGCS2000	中国	6378137	298.257222101
Everest Adjustment 1937	越南、缅甸、柬埔寨、马来西亚、孟加拉国、斯里兰卡、尼泊尔	6377276.345	300.8017
Everest 1830	缅甸、孟加拉国、印度、巴基斯坦	6377299.36	300.8017
Everest 1830 Modified	马来西亚、新加坡	6377304.063	300.8017
Everest Definition 1962	巴基斯坦、阿富汗	6377301.243	300.8017255
Everest Modified 1969	马来西亚	6377295.664	300.8017
Everest Definition 1967	马来西亚	6377298.556	300.8017
Everest Definition 1975	孟加拉国、印度	6377299.151	300.8017255
GRS 1980	刚果、毛里塔尼亚、阿曼、马来西亚、文莱、日本、蒙古、朝鲜、土耳其、科威特、吉尔吉斯斯坦、以色列、不丹、意大利、西班牙、保加利亚、北美洲、欧洲	6378137	298.257222101
GRS 1967 Truncated	巴西、中国台湾	6378160	298.25
GRS 1967	匈牙利	6378160	298.247167427
Helmert 1906	阿拉伯联合酋长国，卡塔尔	6378200	298.3
Indonesian	印度尼西亚	6378160	298.247
International 1924	几内亚比绍、安哥拉、喀麦隆、利比亚、马达加斯加、科摩罗、留尼汪岛(法)、中国香港、中国澳门、中国台湾、沙特阿拉伯、巴林、伊拉克、伊朗、卡塔尔、土耳其、欧洲	6378388	297
International 1975	中国	6378140	298.257
Krassovsky 1940	中国、老挝、越南、罗马尼亚、阿尔巴尼亚、波兰、苏联等	6378245	298.3
Plessis 1817	法国	6376523	308.64
Struve 1860	西班牙	6378298.3	294.73

续表

椭球体名称	国家与地区	长半轴 a	扁率的倒数 $1/f$
War Office	塞拉利昂、加纳	6378300	296
WGS 1984	美国	6378137	298.257223563
WGS 1972	美国	6378135	298.26

参考文献

[1] 孔祥元，郭际明，刘宗泉．大地测量学基础[M]．武汉：武汉大学出版社，2010.
[2] 熊介．椭球大地测量学[M]．北京：解放军出版社，1988.
[3] 朱华统，黄继文．椭球大地计算[M]．北京：八一出版社，1993.
[4] 孙达，蒲英霞．地图投影[M]．南京：南京大学出版社，2012.
[5] 吴中性，胡毓钜．地图投影论文集[M]．北京：测绘出版社，1983.
[6] 杨启和．等角投影变换原理和 BASIC 程序[M]．北京：测绘出版社，1987.
[7] 杨启和．等角投影变换原理与方法[M]．北京：解放军出版社，1987.
[8] 边少锋，柴洪洲，金际航．大地坐标系与大地基准[M]．北京：国防工业出版社，2005.
[9] 程阳．复变函数与等角投影[J]．测绘学报，1985，14(1)：51-60.
[10] 杨启和，杨晓梅．测量和地图学中应用的三种纬度函数及其反解变换的线性插值方法[J]．测绘学报，1997，26(1)：92-95.
[11] 边少锋，张传定．Gauss 投影的复变函数表示[J]．测绘学院学报，2001，18(3)：106-115.
[12] 李松林，李厚朴，边少锋，等．等角纬度与子午线弧长变换的直接表达式[J]．海洋测绘，2019，39(2)：21-25.
[13] 边少锋，纪兵．等距离纬度等量纬度和等面积纬度展开式[J]．测绘学报，2007，36(2)：218-223.
[14] 李厚朴，边少锋，刘敏．地图投影中三种纬度间变换直接展开式[J]．武汉大学学报(信息科学版)，2013，38(2)：17-22.
[15] 洪维恩．数学运算大师 Mathematica 4 [M]．北京：人民邮电出版社，2002.
[16] 李厚朴，边少锋．等量纬度展开式的新解法[J]．海洋测绘，2007，27(4)：6-10.
[17] 王解先，伍吉仓，高小兵．斜轴墨卡托投影及其在高铁建设工程中的应用[J]．工程勘察，2011，8：69-72.
[18] 金立新，付宏平．法截面子午线椭球高斯投影理论[M]．西安：西安地图出版社，2012.
[19] 冯光东，王鹏．高速铁路 GPS 控制网投影变形处理方法的探讨[J]．铁路勘测，2011，1：4-7.
[20] 刘灵杰，原玉磊，卫建东．斜轴墨卡托投影在高速铁路测量中的应用分析[J]．测绘通报，2009，2：43-45.

[21] 施一民．用定向定位调整法确定区域性椭球面[J]．测绘学报，2002，31(2)：118-120.

[22] 李世安，刘经南，施闯．应用GPS建立区域独立坐标中椭球变换的研究[J]．武汉大学学报(信息科学版)，2005，30(10)：889-891.

[23] 丁士俊，畅开狮，高锁义．独立网椭球变换与坐标转换的研究[J]．测绘通报，2008(8)：4-6.

[24] 丁士俊，何亮云，李鹏鹏．斜轴墨卡托圆柱投影及其在高速铁路控制网中的应用[J]．武汉大学学报(信息科学版)，2016，41(4)：541-546.

[25] 丁士俊，李鹏鹏，邹进贵，等．兰勃特等角圆锥投影反解不同算法的解析[J]．武汉大学学报(信息科学版)，2022，47(9)：1452-1459.

[26] 陈俊勇．邻近国家大地基准的现代化[J]．测绘通报，2003，9：1-3.

[27] 宋紫春．日本网的布设与新大地基准的建立[J]．全球定位系统，2004(5)：16-20.

[28] 陈俊勇．大地测量的现代化和卫星大地测量新成果-参加国际大地测量协会(IAG)2003年日本札幌大会札记[J]．地球科学进展，2004，19(1)：12-15.

[29] 陈俊勇．中国现代大地基准——中国大地坐标系统2000(CGCS2000)及其框架[J]．测绘学报，2008，37(3)：269-271.

[30] 金立新，王连俊，杨松林．尼日利亚铁路坐标系统的选择与研究[J]．北京交通大学学报，2009，33(1)：127-130.

[31] Snyder, John P. Map projections: a working manual. Geological Survey professional paper 1395[M]. Washington D. C.: United States Government Printing Office, 1987.

[32] Bowring B R. The Transverse Mercator Projection -A Solution by Complex Numbers[J]. Survey Review, 1990, 30: 325-342.

[33] Snyder, John P. Map projections Used by the U. S[M]. Geological Survey, Washington: United States Government Printing Office, 1982.

[34] Andrews H J. Note on the use of Oblique Cylindrical Orthomorphic Projection[J]. Geographical Journal, 1935, 86: 446.

[35] Andrews H J. An Oblique Mercator projection for Europe and Asia[J]. Geographical Journal, 1938, 92: 538.

[36] Craster J E E. Oblique Conical Orthomorphic Mercator for New Zealand[J]. Geographical Journal, 1938, 92: 537-538.

[37] International Association of Oil & Gas Producers. Geomatics Guidance Note Number7, Part 2: Coordinate Conversions and Transformations including Formulas[C]. October 2018.

[38] Federal Office of Topography. Formulas and constants for the calculation of the Swiss conformal cylindrical projection and for the transformation between coordinate systems[J]. Swiss Topo, 2008.

[39] http://www.epsg.org/GuidanceNotes.

[40] https://Gps2cad-supported-grid-translations.html.